Actuator
アクチュエータが未来を創る

岡山大学アクチュエータ研究センター 編

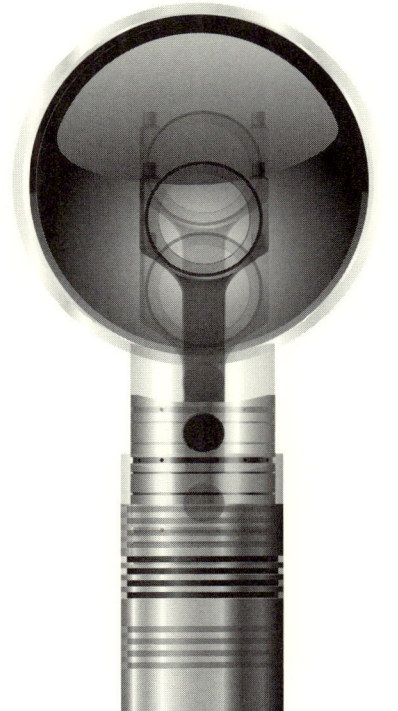

産業図書

編　集　岡山大学アクチュエータ研究センター

執筆者　（五十音順）

入部 玄太郎	大学院医歯薬学総合研究科	5.1.3	
宇野　義幸	中国職業能力開発大学校（元岡山大学）	2.2.2	
大橋　一仁	大学院自然科学研究科	2.2.3	
岡　　久雄	大学院保健学研究科	5.2	
岡田　　晃	大学院自然科学研究科	2.2.2	
岡本　康寛	大学院自然科学研究科	2.2.2	
小野　　努	大学院環境学研究科	2.1.4,　4.3	
神田　岳文	大学院自然科学研究科	2.1.1,　2.1.3,　3.1,　4.2	
岸本　　昭	大学院自然科学研究科	2.1.1,　3.1	
木村　幸敬	大学院環境学研究科	4.6	
金　　錫範	大学院自然科学研究科	4.5	
五福　明夫	大学院自然科学研究科	4.4	
鈴森　康一	大学院自然科学研究科	1章,　6.2	
千田　益生	大学病院総合リハビリテーション部	5.3	
高岩　昌弘	大学院自然科学研究科	3.2,　5.4	
高橋　則雄	大学院自然科学研究科	2.3,　3.3	
塚田　啓二	大学院自然科学研究科	2.4.1	
鄧　　明聡	東京農工大学（元岡山大学）	2.4.2	
冨田　栄二	大学院自然科学研究科	4.1	
成瀬　恵治	大学院医歯薬学総合研究科	5.1	
則次　俊郎	大学院自然科学研究科	3.2,　5.3	
藤井　正浩	大学院自然科学研究科	2.2.1	
藤原　貴典	研究推進産学官連携機構	6.1	
松浦　宏治	異分野融合先端研究コア	5.1.4	
宮城　大輔	東北大学（元岡山大学）	2.1.2	
武藤　明徳	大阪府立大学（元岡山大学）	4.3	
村上　英夫	研究推進産学官連携機構	6.1	
山田　嘉昭	アクチュエータ研究センター	2.2.4	
脇元　修一	異分野融合先端研究コア	3.2,　5.5	

はじめに

　機械の動きを作りだす部品をアクチュエータと言います．電気自動車やハイブリッドカーを動かすモータ，ロボットの関節を動かすモータ，建設機械を動かす油圧シリンダ，バスのドアを開閉する空気圧シリンダ，等々，これらはわかりやすいアクチュエータの例ですが，実は様々な種類のアクチュエータが色々な場面で現代社会を支えています．例えば，超音波で体内の様子を見る診断装置は，体に超音波振動を与える圧電アクチュエータにより実現されたものです．原子の像を見るプローブ顕微鏡というものがありますが，これも原子レベルの超精密位置決めアクチュエータがなければ実現できません．高層ビルには大出力油圧アクチュエータが搭載され，地震による建物の振動を抑制しています．これらはほんの一例です．新しい優れたアクチュエータが実現すれば今までできなかった色々なことができるようになります．

　新しいアクチュエータの開発には，機械工学や電気工学のほか，材料，制御，物理学，化学等様々な研究者や技術者が力を合わせなければなりません．さらに，アクチュエータを使うユーザの立場からの参加も不可欠です．このような観点から，岡山大学では2008年にアクチュエータ研究センターという組織を作りました．アクチュエータに関して異分野融合研究を進めるために，学内の工学，理学，医学，保健学，産学連携，等々を専門とする教員が集まって作った学際的なユニークな組織です．

　本書は，このメンバーが集まって，アクチュエータとはなにか，また，アクチュエータが持つ大きな可能性についてまとめたものです．本書がアクチュエータ研究の現状と可能性についての理解を深めるのに役立つとともに，この分野の進展の一助になれば幸いです．

2011年6月　　著者を代表して

鈴森　康一
則次　俊郎
高橋　則雄

目　次

はじめに

第1章　アクチュエータとは何か？ ……………………… 1
1.1　アクチュエータ概観 ………………………………… 1
1.2　アクチュエータが拓く新領域 ……………………… 6
1.3　本書の構成 …………………………………………… 10
参考文献 ………………………………………………………… 11

第2章　アクチュエータの要素技術 …………………… 13
2.1　材料 …………………………………………………… 13
2.1.1　セラミックス ……………………………………… 13
2.1.2　電磁材料 …………………………………………… 21
2.1.3　形状記憶合金 ……………………………………… 25
2.1.4　機能性高分子材料 ………………………………… 29
2.2　設計と加工 …………………………………………… 34
2.2.1　機械要素 …………………………………………… 34
2.2.2　特殊加工 …………………………………………… 41
2.2.3　研削加工・砥粒加工 ……………………………… 48
2.2.4　切削加工と塑性加工 ……………………………… 56
2.3　磁界解析 ……………………………………………… 64
2.3.1　有限要素法とは …………………………………… 64
2.3.2　概略計算手順 ……………………………………… 66
2.3.3　境界条件 …………………………………………… 68
2.3.4　電圧源の考慮 ……………………………………… 69
2.3.5　電磁力・トルクの計算法 ………………………… 70
2.3.6　最適化手法の適用 ………………………………… 71

2.4 計測・制御 72
2.4.1 センサ 72
2.4.2 制御技術 79
参考文献 86

第3章 アクチュエータの高性能化 93
3.1 固体アクチュエータ 93
3.1.1 位置決めアクチュエータ 93
3.1.2 圧電トランス 94
3.1.3 超音波モータ 95
3.1.4 静電アクチュエータ 98
3.1.5 その他の固体アクチュエータ 99
3.2 流体アクチュエータ 100
3.2.1 従来型油空圧アクチュエータ 100
3.2.2 ソフトアクチュエータ 101
3.2.3 空気圧シリンダのモーションコントロール 105
3.3 電磁アクチュエータ 107
3.3.1 概要 107
3.3.2 電磁ソレノイド 108
3.3.3 リニア電磁アクチュエータ 111
3.3.4 モータ 113
3.3.5 その他の電磁アクチュエータ 116
参考文献 117

第4章 アクチュエータが切り拓く科学, 技術 121
4.1 エンジン用アクチュエータ 121
4.1.1 ディーゼルエンジン用燃料噴射弁 121
4.1.2 ガソリンエンジン用燃料噴射弁 125
4.1.3 可変動弁機構 127
4.1.4 その他可変システム 128
4.2 先端科学機器 129
4.1.2 走査型プローブ型顕微鏡におけるアクチュエータ 129

  4.2.2　真空機器におけるアクチュエータ …………………………… 132
  4.2.3　強磁場環境におけるアクチュエータ …………………………… 133
 4.3　マイクロ化学システム ……………………………………………………… 134
  4.3.1　マイクロ化学プロセスとは ……………………………………… 134
  4.3.2　マイクロスケールでの化学合成 ………………………………… 136
  4.3.3　微小液滴生成（乳化）および微粒子製造 ……………………… 138
  4.3.4　アクチュエータを用いたスラグ発生デバイス
     および分離デバイスの開発 ……………………………………… 140
  4.3.5　今後の展望 ………………………………………………………… 143
 4.4　球面モータ …………………………………………………………………… 143
  4.4.1　球面モータの構造と特長 ………………………………………… 143
  4.4.2　球面モータの応用性 ……………………………………………… 144
  4.4.3　球面モータの種類 ………………………………………………… 146
  4.4.4　電磁石駆動の球面ステッピングモータ ………………………… 149
  4.4.5　球面モータの技術的課題 ………………………………………… 151
 4.5　超電導アクチュエータ ……………………………………………………… 151
  4.5.1　超電導の基礎 ……………………………………………………… 152
  4.5.2　超電導体の種類（第一種と第二種超電導体） ………………… 154
  4.5.3　ピン止め効果と浮上原理 ………………………………………… 155
  4.5.4　高温超電導バルク体を用いる三次元アクチュエータ ………… 158
  4.5.5　今後の展望 ………………………………………………………… 161
 4.6　環境問題の解決に貢献するアクチュエータ技術 ………………………… 163
  4.6.1　アクチュエータと環境問題との関係 …………………………… 163
  4.6.2　特殊環境で動作するアクチュエータ …………………………… 164
  4.6.3　環境負荷の小さいアクチュエータ ……………………………… 164
  4.6.4　環境浄化に寄与するアクチュエータ …………………………… 166
  4.6.5　今後の期待 ………………………………………………………… 171
参考文献 ……………………………………………………………………………… 171

第5章　アクチュエータが切り拓く医療，福祉 …………………………… 177
 5.1　医学，バイオ研究での利用 ………………………………………………… 177

5.1.1　はじめに ……………………………………………………… 177
　　5.1.2　培養細胞伸展システム ………………………………………… 178
　　5.1.3　単離心筋細胞伸展システム …………………………………… 179
　　5.1.4　生殖補助医療におけるアクチュエータの可能性 …………… 182
　5.2　生体計測 ………………………………………………………………… 186
　　5.2.1　振動計測と生体 ………………………………………………… 186
　　5.2.2　医学への応用 …………………………………………………… 188
　　5.2.3　生体の硬さ評価 ………………………………………………… 190
　　5.2.4　生体インプラントの植立評価 ………………………………… 196
　5.3　リハビリテーション …………………………………………………… 201
　　5.3.1　リハビリテーションとアクチュエータ ……………………… 201
　　5.3.2　空気圧ゴム人工筋を用いた動作支援装置 …………………… 203
　　5.3.3　機能回復訓練への応用と評価 ………………………………… 206
　5.4　空気式パラレルマニピュレータ ……………………………………… 209
　　5.4.1　手首リハビリ支援装置 ………………………………………… 209
　　5.4.2　乳癌触診シミュレータ ………………………………………… 210
　5.5　内視鏡誘導アクチュエータ …………………………………………… 212
　参考文献 ……………………………………………………………………… 215

第6章　産業界の課題とアクチュエータの将来展望 ……………………… 221
　6.1　産学連携, 特許動向 …………………………………………………… 221
　　6.1.1　産学連携から生まれたアクチュエータの実用化 …………… 221
　　　　　〜現状と今後の展望〜
　　6.1.2　アクチュエータ特許の現状 …………………………………… 223
　　6.1.3　産業界に向けたアクチュエータ特許のライセンス戦略 …… 227
　6.2　アクチュエータの将来展望 …………………………………………… 228
　　6.2.1　異分野融合・産学連携による研究推進 ……………………… 228
　　6.2.2　新アクチュエータ開発の期待 ………………………………… 232
　参考文献 ……………………………………………………………………… 236

索　引 ………………………………………………………………………… 237

第1章

アクチュエータとは何か？

1.1 アクチュエータ概観

アクチュエータ（actuator）とは，例えば，モータ，油空圧シリンダ，圧電素子，人工筋肉といった，「動き」を作りだす装置の総称である．機械を動かす原動力となったり，様々なものを操る手段として社会の至る所で使われている．最近の自家用車では1台に100以上のモータが搭載されていると言われる．一家庭にあるモータの数がその国の文化レベルのバロメータになるとも言われる[1-1]．このように，アクチュエータは，「縁の下の力持ち」的なデバイスとして，我々の生活や産業等，至る所で数多く活躍している．

アクチュエータには様々な種類があるが，その代表的なものを以下に紹介する．

現在最も頻繁に用いられているのは**電磁アクチュエータ**である．例えば，図1.1に示すように，新幹線の車輪，ハイブリッドカーや電気自動車の電磁モータ，コンピュータのハードディスクの磁気ヘッド駆動，等々，身の周りを見渡してもきりがない．回転運動をするものだけではない．直線運動を行うリニアアクチュエータは，既に工作機械の精密位置決め機構に頻繁に用いられている．

図1.1　電磁アクチュエータの活用例

日本で消費されるエネルギーの51%が電磁モータで消費されているという調査結果がある（図1.2）[1-2]．電磁モータの効率は，地球環境にも大きく影響を与えるのである．

電磁アクチュエータに次いで良く用いられているアクチュエータは，油や空気の圧力によって動作する油空圧アクチュエータである．

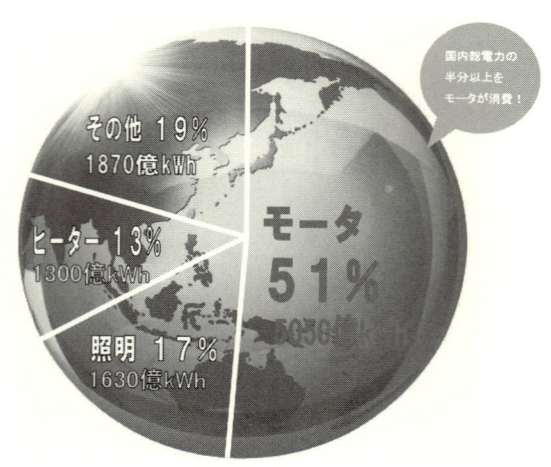

図1.2　国内電力消費内訳（2003年度，推定）
パナソニック株式会社資料より

ブルドーザやショベルカーといった建設機械のアーム，大形建造物の耐震試験を行う加振機[1-3]，自動車のパワーステアリング，航空機の操舵機構は，**油圧アクチュエータ**で動いている（図1.3）．また，最近の高層ビルの下には油圧アクチュエータが組み込まれていて，地震発生時に地面の動きと反対の動きを行って，ビルを揺らさない仕組みが組み込まれているものも多い．いわゆるアクティブ制振と呼ばれる技術である．このように油圧アクチュエータは，大きな力を出すのに向いている．

電車やバスのドアの開閉装置，工場の生産ラインの組み立て装置，リアルな表情を出す人間型ロボットの顔の動き等は，**空圧アクチュエータ**で実現される（図1.4）．空圧アクチュエータは精密な動作制御には向いていないが，構造が簡単で，安く，軽く，その割には力や速度もでる．柔らかくて滑らかな動きが

できるのも，他のアクチュエータにはない空圧アクチュエータの優れた特性である．

建設機械

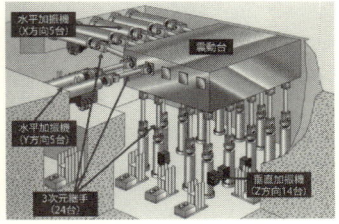
大形振動台による建造物の加振実験（防災科学技術研究所Ｅディフェンス提供）

図 1.3　油圧アクチュエータの活用例

工場の生産ライン
(株)コガネイ提供

バスのドアの開閉

リアルな人間型ロボットの顔の動き
©KOKORO CO LTD
「アクロイド-DER」

図 1.4　空気圧アクチュエータの活用例

この数十年の間に急速に研究，実用化が進んだアクチュエータとして，**圧電アクチュエータ**が挙げられる．セラミックには電圧を加えると微小な歪が発生する性質がある．この性質が強いセラミックを用い，電圧をかけることによっ

て生じる歪を利用したのが圧電アクチュエータである．変位量は小さいが高速に動作するアクチュエータ，あるいは超精密に動作するアクチュエータとして，近年様々な分野で使われるようになってきた．例えば，メガネ屋さんの店頭でしばしば見かけるメガネ洗浄器は，洗浄水に超音波の振動を与えて，それによってレンズ表面に付着した汚れを落とすものである．水に高周波の振動を与えるのに圧電アクチュエータが用いられている．また，病院で心臓の動きや胎児の様子を見る超音波画像診断装置は，体表にあてるプローブに圧電アクチュエータが組み込まれており，圧電アクチュエータの動きによって振動を体内に送り込み，骨や臓器から反射してきた振動を処理することによって体内の画像を得ている．

近年，一眼レフカメラのレンズに駆動には，**超音波モータ**がよく用いられる[1-4]．超音波モータは圧電アクチュエータで起こした振動でモータシャフトを駆動する新しい動作原理のモータである．

最近の携帯電話に搭載されるカメラにはオートフォーカスやズームといったレンズを駆動する機構が組み込まれている（図1.5）．小型軽量，省電力，耐衝撃性といった問題を解決して，これを世界で初めて実現したのは圧電アクチュエータを応用した駆動機構である[1-5]．

図 1.5 圧電アクチュエータを用いたレンズ駆動機構（左）と携帯電話用オートフォーカスカメラ[1-6]
（コニカミノルタオプト社提供）

以上，大まかに紹介した電磁アクチュエータ，油圧アクチュエータ，空圧アクチュエータ，圧電アクチュエータは，現在一般的に使われている代表的なアクチュエータである．

このほかにも様々なアクチュエータが研究，実用化されている．

形状記憶合金は，力をかけて変形させても，熱を加えると元の形状に戻る性質を持つ金属である（図 1.6）が，この動作を利用したアクチュエータも開発されている[1-6]．細い線材に加工された形状記憶合金は，細い筋肉のように使える．血管の中に通して血管内の血栓や狭窄の治療に用いられるカテーテルという医療器具があるが，この先端に形状記憶合金アクチュエータを組み込んで，首振り機構を持たせようとする研究も行われている．数 mm の太さのスペースにこのような駆動機構を組み込むのは他のアクチュエータでは難しい．

図 1.6 形状記憶合金(Shape Memory Alloy)；手で引き伸ばしても(左図)，お湯につけると元の形状に戻る(右図)．

静電気力を利用した**静電アクチュエータ**も開発されている．静電気力は，小さな領域でその特徴を発揮する．例えば，空気清浄機はその内部にある部品に高電圧をかけることによって，空気中に漂う微細な粒子を静電気力で吸いつけて集める．コピー機やレーザプリンタでは，ドラムの表面に光を当てて帯電させることにより，帯電部分のみにトナー粒子を静電気力で吸いつけ，これを紙に転写する．このように静電気力は小さな領域で小さなものに働きかけるのに適した力である．コイルなど立体的な構造物を作る必要がなく，薄い電極でもその性能が発揮できるので，小さく作りやすい．半導体素子を作る際に用いられる微細加工技術を応用した MEMS（Micro Electro Mechanical Systems）と呼ばれる加工プロセスがある．静電アクチュエータの構造はこのプロセスともマッチングがよく，MEMS プロセスで形成された静電マイクロアクチュエータがいくつかある．図 1.7 に示すのは，テキサス・インスツルメンツ社が開発した MMD（Micro Mirror Device）と呼ばれるデバイスで，プロジェクタに搭載されている．個々のミラーの下部に設けた電極に電圧を印加することによって静電気力を発生させ，各画素に相当するミラーを駆動することで，画像

を投影する[1-7]．透過型の液晶プロジェクタに比べて明るい画像が得られる．このような多数のミラーを簡単な構造で駆動するには，静電アクチュエータ以外にはなかなか考えにくい．

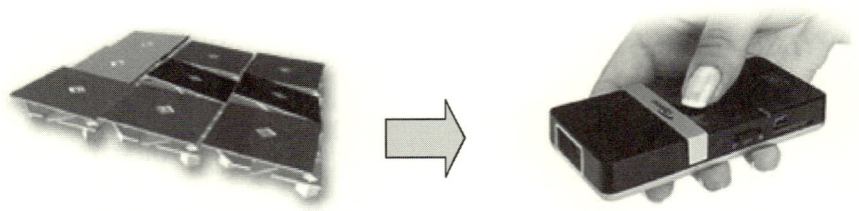

図 1.7 静電マイクロアクチュエータによるマイクロミラーデバイスと小型プロジェクタへの応用(テキサス・インスツルメンツ社提供)

そのほかにも，機能性の高分子材料を用いた人工筋肉，機能性の流体を用いたモータ，光を当てることで動作する光アクチュエータ，等々様々な新しいアクチュエータが研究されている．

1.2 アクチュエータが拓く新領域

新しいアクチュエータの出現によって，今まで不可能だったことが実現できる．図 1.8 は，現在筆者らが研究を進めているアクチュエータを応用という観点から，(1) 医療・福祉，(2) 先端科学，(3) 産業技術，(4) 環境，(5) 安全・安心の 5 つのグループに分類したものである．これを例にとって，新しいアクチュエータによって何ができるかを簡単に説明したい．

(1) 医療・福祉

医療・福祉の分野には，種々の新アクチュエータが活躍できる可能性が沢山ある．

その一つは，相手を傷つけず柔らかに動作する，ソフトアクチュエータである．一般に従来の工学は，精密，高速，大出力の実現を目標にして発展してきたと言える．このために，アクチュエータは，いかに高剛性の駆動機構を実現するかという観点から，設計，開発が進められてきた．これに対して生体と接する機械では，安全で人体への形状適応性を持った柔らかいアクチュエータが

図 1.8 アクチュエータの応用分野の例

必要となる．ソフトアクチュエータの実現によって，人間に装着可能なリハビリ介護機器が実現できる．大腸への内視鏡挿入は必ずしも容易ではなく，医師にはテクニックが要求され，患者はしばしば苦痛を感じるものだが，芋虫のように大腸内を移動するソフトアクチュエータが実現すれば安全確実で苦痛のない大腸内視鏡検査が実現する．

歯科におけるインプラント治療において，歯に振動を与え，その反力の応答から歯の固定の状態を確認する装置が開発できる．

マイクロアクチュエータも医療での活用が期待されている．外径が 1 mm 以下の高トルクモータが実現すれば，血管内に挿入するカテーテルに，先端の首振り機構，超音波の走査機構，狭窄部の治療具等を実装することができる．

磁気共鳴画像法（Magnetic Resonance Imaging, MRI）内等，強磁場下では通常のモータは動作しない．それどころか磁場にひきつけられ弾丸のように飛んで大変危険と言われている．強磁場下で動作するアクチュエータが実現すれば，MRI 内で動作する手術ロボットや処置具も実現される．

(2) 先端科学

極低温，高温，超真空，強磁場等，特殊環境下で動作するアクチュエータは，これまで不可能だった試料の取り扱いを可能とし，先端科学分野における革新的な研究ツールをもたらす．

その一例は，走査型プローブ顕微鏡である．走査型プローブ顕微鏡は，先端を尖らせた探針を試料表面をなぞるように動かしてその形状情報を得る顕微鏡である．原子以下のレベルの観察を行うことができ，ナノテクノロジーやバイオテクノロジーの研究において，不可欠な研究ツールになっている．この探針の駆動には，nm 以下の超精密位置決めが必要となるが，これを実現したのが圧電アクチュエータである．最初の走査型プローブ顕微鏡は 1982 年に開発され，ノーベル賞にも輝いているが，その実現に不可欠な役割りを圧電アクチュエータが果たしている．超精密アクチュエータの出現によって，それまでできなかった「原子の像を見る」ことが可能と言える．現在はさらに探針を高速に走査することで，ナノレベルのきれいな動画を得る研究が進められている．

NMR（核磁気共鳴）は強い磁場を与えたときの物質の応答から物質の分析や同定を行う装置で幅広く使われているが，試料を極低温に保ち回転させることにより，分析精度が格段に上がることが期待されている．強磁場，極低温という過酷な環境下で動作するアクチュエータが実現すれば，物質科学の新しい研究ツールを提供できる．

メカノバイオロジーは，細胞等生体に力学的な刺激を与え，生体の応答を研究する学術分野である．ここでは，生体からの微弱な電磁信号をとらえる必要があるため，電磁ノイズを一切出さずに動作して生体に力学的刺激を与えるアクチュエータが要求されている．

以上いくつかの例を示したが，先端科学の分野では，特殊な環境下，条件下で行う実験が多数ある．このような環境下で動作するアクチュエータが実現すれば，科学技術の進展に大きく貢献する．

(3) 産業技術

産業技術は，最も様々なアクチュエータが数多く活用される分野である．その分野は多岐にのぼる．安価で信頼性に富む，マイクロアクチュエータ，超薄型アクチュエータが提供できるようになれば，新しい機能を持ったIT機器と

して様々な活用が期待できる．次世代エレベータ用として，リニアモータの研究も進められている．エレベータ室を直接駆動することによって乗り心地に優れた高速エレベータの実現が期待できる．

高度な知能ロボットの実用化を妨げている原因の一つはアクチュエータである．現在のアクチュエータは，人間の筋肉に比べると，出力/自重比やエネルギー効率の面で大きく劣っているのが実状である．これらの改善とともに，さらに，知能を持ち自律的な制御機能を持ったインテリジェントアクチュエータや多自由度アクチュエータの実現により，ロボット工学の大きな進展が期待できる．

化学プロセスや製薬プロセスにも新しいアクチュエータ技術が活用できる．マイクロリアクターと呼ぶ微小空間で行う化学反応プロセスがある．筆者らの一部は，マイクロリアクターに各種のアクチュエータを搭載し，搬送，攪拌，分離，等々，化学物質を能動的に操ることにより，高効率，高品位の化学反応を実現する研究を進めている．例えば，圧電アクチュエータによって超音波振動を化学物質に加えることで，細かな油の粒を水溶液中に分散させることができる．これをエマルションと言うが，ナノレベルの粒径がそろったエマルションを作るプロセスが確立すれば，副作用が少なく，効果の高い制癌剤の実現が期待できる．

(4) 環境

既に1.1節で述べたとおり，エネルギー消費の多くの部分がモータで消費されており，高効率のアクチュエータの実現は地球規模のエネルギー節約に大きく寄与する．特に，今後，ハイブリッドカーや電気自動車の普及に伴い，その重要性はますます上がるものと考えられる．

自動車用ディーゼルエンジンにおける燃料噴射では，高速の噴射弁を適切に開閉することにより，燃焼効率が向上するとともに，排気ガスの有害物質を大きく低減することができる．高速で動作する制御性のよいアクチュエータにより弁の開閉を行うことにより，実現できる．

(5) 安全・安心

超高圧の大出力油圧アクチュエータにより小型で大きな力を発揮できるレ

スキューロボットが実現できる．原子力発電所，工場，都市ガス供給，上水供給，等々においては，配管の検査要求が高い．このために従来より様々な配管検査ロボットが研究されているが，特に内径が 10 cm 以下の比較的小さな配管に対しては実用化されたロボットは極めて少ない．その原因の一つはアクチュエータにある．現状のモータを使って長距離の配管を移動するには，トルク／容積比が低い，信頼性が低い，といった問題がある．また，配管の種類によっては，防水性，防爆性が要求される．このような小型モータの誕生により配管内メンテナンスロボットの実現が期待できる．

1.3 本書の構成

　以上述べたように，アクチュエータは様々な分野で現代の文明を支えている．新しいアクチュエータの出現によってそれまでできなかったことが可能となる．アクチュエータの研究開発の現状と，新しいアクチュエータが持つ大きな可能性を本書で探ってみたい．

　優れたアクチュエータを実現するには，従来の機械工学，電気工学，材料工学といった枠に制約されることなく，工学，理学の様々な分野の技術や知見を活用することが必要である．本書では，新しいアクチュエータを実現するための基盤技術として，材料，機構設計，加工，電磁解析，センサ，制御を取り上げて，第 2 章で述べる．

　第 3 章では，現在ある代表的なアクチュエータの動作原理と特徴についてまとめる．新しいニーズに対して，最適な動作原理を選択し，適切な新アクチュエータとその応用技術を開発するには，アクチュエータ全般に関する客観的で幅広い知見が必要である．そのような観点から，第 3 章をまとめている．

　第 4 章と第 5 章では，アクチュエータが切り拓く新しい可能性について述べる．第 4 章では，産業応用として，球面モータ，内燃機関用燃料噴射弁，超電導アクチュエータ，マイクロ科学システム，先端科学機器，環境，について，第 5 章では，医療，福祉分野への応用について，それぞれ，最新の研究開発状況と今後の展望を述べる．

　第 6 章では，新しいアクチュエータを実現するためのシステム，すなわち，産学連携，知的財産，等々について述べる．

参 考 文 献

[1-1] 見城尚志：モータのABC，ブルーバックス，講談社（1992）．

[1-2] 地球環境と共存するモータ事業，パナソニック株式会社 モータ社資料．

[1-3] 佐藤正義，小川信行：世界最大の震動台「E-ディフェンス」，建築雑誌 119（1524），004-005，2004-10-20．

[1-4] 前野隆司：超音波モータ，日本ロボット学会誌 Vol.21 No.1, pp.10-14, (2003).

[1-5] 吉田龍一，岡本泰弘，樋口俊郎，浜松玲：スムーズインパクト駆動機構（SIDM）の開発—駆動機構の提案と基本特性—，精密工学会誌65巻1号，(1999).

[1-6] 本間大，中澤文雄：機能異方性形状記憶合金の開発と応用，電気製鋼：Vol.77, p.277（2006）．

[1-7] P. F. Van Kessel, L. J. Hornbeck, R. E. Meier, M. R. Douglass, MEMSbased projection display, Pro. IEEE Micro Eletro Mechanical Systems Workshop, MEMS'98, German, January 1998, p.1687.

第 **2** 章

アクチュエータの要素技術

　本章では，アクチュエータの創成に必要な材料，機械要素，精密微細加工，電磁解析およびセンサ・制御技術について紹介する．2.1節では，セラミックス，電磁材料，形状記憶合金および機能性高分子材料の特性や特徴について，2.2節ではアクチュエータに用いる基本的な機械要素と種々の精密加工法について解説する．2.3節では有限要素法による磁界解析について，2.4節ではセンサおよび制御技術について解説する．

2.1　材　　料

2.1.1　セラミックス
(1)　セラミックス誘電体
　金属，高分子（有機材料）と並び三大材料の一つであるセラミックスは，一般に融点が高く，化学的安定性に優れるために，高温構造材料として発達してきた．またこれら特性の基礎となる強固な化学結合は，高硬度，良好な耐摩耗性といった機械特性を導き，セラミックスは摺動部材として広く使用されている．また，弾性率が大きく外力に対する変形への抵抗性が高いため，寸法変化を嫌う用途に重用される一方，ほとんど変形せず脆性的に破断に至るその破壊様式が広範な構造材料としての使用を制限している．アクチュエータとしてセラミックスを使用する場合には，これら機械特性の利点・欠点を念頭に置かなくてはならない．
　一方，電磁気特性については，実に多彩な特性を持つものがセラミックスに

は存在する．一般的な絶縁体に加え，半導体，金属電導体，更には超電導体まで存在し，広く研究されている．ごく一部を除き，金属が金属伝導体，高分子が絶縁体であるのとは対照的である．更に一つの物質でも，温度・雰囲気・外場といった周囲環境によって，電気の流れやすさが大きく変化するものがあり，環境変化を検知するセンサとして，セラミックスは用いられている．

セラミックスをアクチュエータに用いるときには，電場や磁場に対する応答を用いるが，本章では電場応答について主に解説する．金属材料も含めた磁場応答については第4章を参照されたい．

セラミックス誘電体のマクロな特性を考える上で基礎となるのは，電束密度（D）の電場（E）依存性である．電束密度は誘電体に於いて単位面積当たりの電荷に相当する．この二つを結びつける係数を誘電率（ε）と呼ぶ．電位差を設けた電極間に誘電体が存在すると，真空の時に比べ電束密度が増すため，真空の時との比あるいは増分で記述することもある．

$$D = \varepsilon_r \varepsilon_0 E = \varepsilon_0 E + P \tag{2.1}$$

において，ε_rを比誘電率，ε_0を真空の誘電率，Pを分極と呼ぶ．式の後半から，

$$P = \varepsilon_0 (\varepsilon_r - 1) E \tag{2.2}$$

と表される．誘電体の研究では，分極の外場応答を議論することになる．

(2) 強誘電体と D-E ヒステリシス

a. 分域（強誘電体分域）

誘電体のうちでも，分極の向きが揃っているものを強誘電体と呼ぶ．強磁性体に自発磁気があるように，強誘電体には自発分極が存在する．強誘電体の結晶中では，全ての領域で分極の向きが等しいわけではなく，いくつかの領域内でのみ揃っていることが多い．この領域を分域（ドメイン）といい，強誘電体分域とも呼ばれている．つまり多結晶の粒子相互で通常のセラミックス同様，結晶方位がまちまちである上に，強誘電体中では一つの結晶（粒）が，更にいくつかの方向性の異なる分域に分かれていることになる．

b. 分域の移動とヒステリシス

強誘電体や強磁性体を焼結により作製した時点では，分域内では分極が揃っていても，分域相互にはこれらの向きがランダムであるため，見かけの分極は

観測されない．電場により分域境界が移動し，全体が一つの大きな分域となり，マクロな分極が観測されることになる．この様子を図2.1に従って説明する．強誘電体に電場 E をかける前は，先に述べたとおり見かけの分極は0である（ア）．電場を大きくしていくと，電場の向きの分極が優勢となるよう分極壁が移動するため，見かけの分極が大きくなる（イ）．分極壁が粒界まで移動すると結晶粒は単一分極となる（ウ）が，分極の向きは，外部電場とは必ずしも一致しない．更に電場を大きくすると分極の向きが外部電場と平行になるまで回転し，見かけの分極も飽和（エ）する．このときの分極を飽和分極（Ps）と呼ぶ．

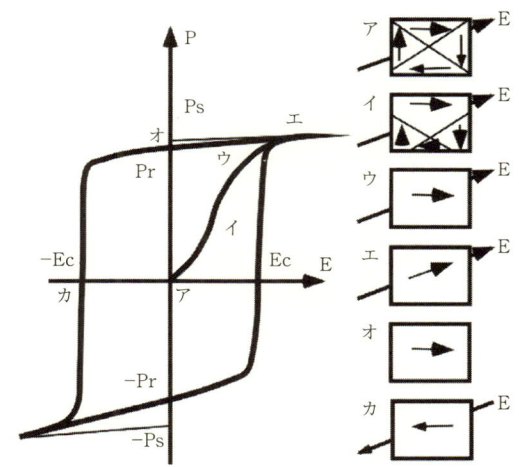

図 2.1 強誘電体材料の P-E ヒステリシスと分極構造の変化

電場を減少させたとき，電場の向きと反対あるいは垂直方向の分極の生成はほとんどないため，飽和分極からの減少は分極の回転によるものに限られる．よって，電場の増加時と減少時では，同じ印加電場でも見かけの分極の値は，異なり，電場0でも，分極が残ることになる（オ）．この値を残留分極（Pr）と呼ぶ．

更に電場を減少させ，当初とは逆向きに印加した場合でも分極は直ちには消失することはなく，もとの向きに分極が残っている．分極の向きと逆向きの外部電場を大きくしていくと，ある値で一挙に分極は反転し電場と同一方向に揃

う．この反転させる電場を抗電場（$-Ec$）と呼ぶ（カ）．以下，負の向きに分極は飽和（$-Ps$）し，電場をプラスに振ると，0で残留分極（$-Pr$）が残り，正の抗電場（Ec）で再び，分極は正に反転する．

この様に強磁性体に正負交互に電場を増減させると，見かけの分極は矩形に近いプロファイルを描く．同じ外場でもそれ以前の履歴により対象物が示す特性値が異なるようなプロファイルを履歴曲線（ヒステリシス曲線）と言う．

c. メモリー材料

前節で強誘電体の特性を見たが，分極の代わりに分域内でスピンが揃い，分極 P を磁化 M と置き換えたものが，強磁性体の特性であり，前者の Pr, Ec に相当するものが後者では，残留磁化（Mr），抗磁場（Hc）である．

強誘電体と強磁性体では，ともに電場・磁場を取り除いても，分極あるいは磁化が残るため，記録材料として利用されていたり，今後の利用が検討されていたりする．

強誘電体メモリー（FeRAM：Ferroelectric Random Access Memory）はDRAM（Dynamic Random Access Memory）やSRAM（Static Random Access Memory）等半導体メモリーとは異なり，不揮発性の記録媒体である．不揮発性のメモリーには，Flash Memory や EEPROM（Electronically Erasable and Programmable Read Only Memory）などがすでに実用化されているが，自発分極を利用する強誘電体メモリーは書き込み速度がこれらの1000倍以上で，書き込み電力が大きくできるという特長を持っている．FeRAM用の材料としては，$Pb(Zr, Ti)O_3$，$SrBi_2TaO_9$，$BiLaTiO_3$の三種のペロブスカイト酸化物が，Pr のみならず繰り返し書き込み耐性の点からも検討されている．

(3) 圧電体，焦電体と対称性

2.1.1項の(2)では，電束密度（D）と電場（E）を結びつける比例定数として，誘電率を定義した．実際には，D は応力（T）や温度変化（dQ），磁場（H）の関数でもある．ここで磁場の影響は小さいものとして排除して，D を完全微分型で表すと，

$$D = (\partial D/\partial E)E + (\partial D/\partial T)T + (\partial D/\partial dQ)dQ \tag{2.3}$$

となる．各示強変数の前の微分係数は，$(\partial D/\partial T) = d$：圧電定数，$(\partial D/\partial dQ) = p$：焦電係数と呼ばれ電束密度の応力，温度変化依存性を示す．

圧電現象は，32 の点群のうち，中心対称のない点群から立方晶系の点群 O を除いた 20 の点群にのみ生ずる現象であり，外部から応力を加えたとき電気分極を発生する現象を圧電効果，また外部から電場を加えた場合歪みを生じる現象を逆圧電効果と呼ぶ．上式の第二項までと，電気歪み S を与える式，の 2 式，

$$D = \varepsilon^T E + dT \tag{2.4}$$

$$S = dE + s^E T \tag{2.5}$$

を圧電基本式という．ここに s は $(\partial S / \partial T)$ つまり，歪みと応力の係数を表し，弾性コンプライアンス定数と呼ばれる．また，ギブスの自由エネルギー変化 G によって，$S = (G/T)_E$，$D = -(G/E)_T$ と表されるため，第 2 式第 1 項の微分係数は，

$$(\partial S / \partial E)_T = -((\partial^2 G / \partial E \partial T)$$
$$= -((\partial^2 G / \partial T \partial E) = (\partial D / \partial T)_E = d$$

となって，第 1 式の第 2 項と第 2 式第 1 項の係数は等しいことが分かる．これまで詳しく述べてこなかったが，E, D はベクトル（一階のテンソル），T, S は二階のテンソルであるので，ε は二階のテンソル，d は三階のテンソル，s は四階のテンソルとなる．

圧電体のうち 10 の点群は結晶内において正電荷の対称中心と，負電荷の対称中心が一致せず，分極を持つ．これが自発分極であり，温度によって変化する．この温度係数が，q であり，温度に依存して自発分極が小さくなるため一般には負である．このような特性を焦電効果という．焦電体ではある温度で自発分極を相殺している浮遊電荷が，温度の上昇による自発分極の減少により放出されるため，赤外線センサとして用いることができる．焦電体を用いた赤外線センサは待機時省電力のパッシブ型であり，人感センサとして身近なものになっている．

さらに先に述べたとおり自発分極を電場により反転させうる物質を特に強誘電体と呼ぶ．すなわち，強誘電体は焦電体かつ圧電体でもある．この関係を図 2.2 に示す[2-1]．

(4) 圧電体・焦電体に用いられる材料

圧電体，焦電体として最初に注目されたのは，チタン酸バリウム（$BaTiO_3$：

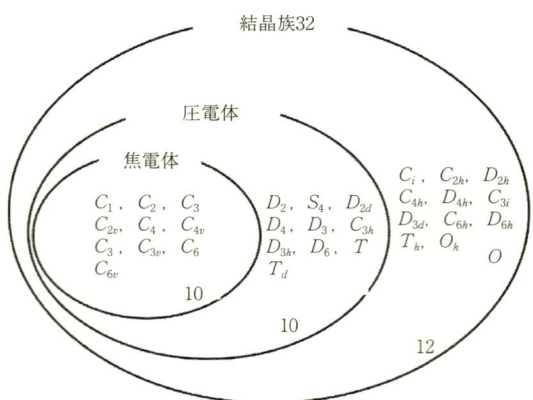

図2.2 焦電性，圧電性を示す結晶族

BT) であり，分極処理により単結晶同様に利用できることが見いだされて以来精力的に研究された．現在主に用いられているのは，圧電定数，焦電係数の観点から鉛系のチタン酸鉛（$PbTiO_3$：PT）やチタン酸ジルコン酸鉛（$Pb(Zr, Ti)O_3$：PZT）である．後者は，強誘電体であるPTと反強誘電体の$PbZrO_3$の固溶体であり，結晶構造が可変的になり，圧電特性が最大になる，Zr/Ti=53/47組成（モルフォトロピック境界相と呼ばれる）で使用される．

鉛系ペロブスカイトのうち，$Pb(Mg_{1/3}Nb_{2/3})O_3$（PMNと略す）を中心とした一群の材料は誘電率の温度依存性が小さく「リラクサー」と呼ばれる．PMNは電界誘起歪みに及ぼす電歪の寄与が大きく，誘起歪みは極めて大きい．電界－歪み特性の履歴が小さいことから，位置決めアクチュエータへの応用が期待されている．

近年，環境保護の観点から，鉛の使用が制限される傾向にあり，非鉛の圧電体や焦電体の研究が盛んとなっている．（$Bi_{1/2}Na_{1/2}$）TiO_3やビスマス層状構造強誘電体などが検討されてきたが，2004年になって鉛もビスマスも含まない$(K, Na)NbO_3$系セラミックスにおいて，PZTに匹敵する圧電定数を持つ材料が見いだされ，盛んに研究されている．

主要な圧電体材料とその電気機械結合係数，圧電定数の比較を表2.1に示す．圧電体のアクチュエータ材料としての性能は，電気機械結合係数や，圧電定数で表される．電気機械結合係数は，電気的エネルギーと機械的エネルギー

の，エネルギー変換の割合の目安を与える．また，圧電定数は，電界，電圧と歪，変位，力などの，電気的変数と機械的変数の変換の割合を示す．現在，アクチュエータ材料として広く利用されているPZTは，これらの値が優れている．

圧電性を示す物質のうち，ペロブスカイト型と呼ばれるものは，圧電性が大きく，工業的に広く利用されている．ペロブスカイト型とは，ABO_3型の組成を持つもので，図2.3に示される構造を持つ．表2.1中の物質のうち，$BaTiO_3$やPZTはこのような構造を持つ．

ペロブスカイトのうち，チタン酸バリウムでは，Ti^{4+}がBサイトをとる．室温付近では，正方晶系となり，陰イオン（O^{2-}）の作る六配位位置の重心からずれた位置にTi^{4+}は存在する．これが2.1.1項の(3)で述べた陽イオン重心と陰イオン重心のずれ，即ち分極の起源である．

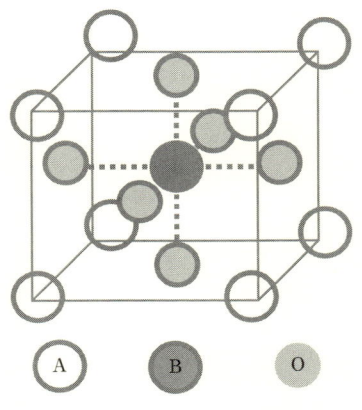

図2.3 ペロブスカイト型構造

表2.1 主要な圧電性物質の特性

	化学式	電気機械結合係数 k (%)	圧電定数 (pC / N)
水晶（結晶）	SiO_2	7～11	2.0～3.3
チタン酸バリウム（BT: セラミックス）	$BaTiO_3$	21～50	34～190
チタン酸ジルコン酸鉛（PZT: セラミックス）	$PbZrO_3$ / $PbTiO_3$	33～71	120～450
ニオブ酸鉛（セラミックス）	$PbNb_2O_6$	15～36	30～240

(5) 圧電体薄膜の形成方法

通常，圧電体をアクチュエータの駆動やセンサの検出に用いる場合には，圧電セラミックスの焼結体を接着したり，ボルト締めしたりすることによって固定する．これらの方法では，デバイスの小型化に限界があるため，マイクロアクチュエータなどの分野では，薄膜として基板表面に圧電体を形成する技術が使われている．

薄膜の形成方法としては，大きく分けて，スラリー（泥状の原料）の成型・焼結による方法，真空中での物理・化学的作用を利用する方法，液中での化学的反応を利用する方法がある．

スラリーから成型・焼結する方法としては，グリーンシート法，スクリーン印刷法，エアロゾル法などがある．これらの方法では数十μmから100μm程度の，アクチュエータとしての使用に適する比較的厚い膜を生成することが可能である．

グリーンシート法は積層型素子の作成に用いられている方法である．積層型圧電素子は圧電セラミックスと電極とが交互に積層されている．圧電セラミックスの厚さは数十μmから100μmである．セラミックスの粉末をスラリー状にして流し，ブレードによって均一な厚さに成型して切断した後に焼結する．この表面に金属ペーストを印刷して数百枚積層させる．同様に，パターンを形成したスクリーンの開口部からスラリー状のセラミックス材料を押し出して基板上に印刷し，焼結する方法は，スクリーン印刷法と呼ばれる．

エアロゾル法では，原料となる微粒子をガスと混合し，ノズルから基板に吹き付け，衝突付着現象を利用して成膜を行う．このとき，微細な開口を持つマスクを介することによりパターニングが可能である．この方法では表面への付着力が強く，しかも高速に微細なパターンの厚い膜をつけることが可能である．

真空中での成膜方法としては，スパッタリング法，CVD（Chemical Vapor Deposition）法などがある．一般に，組成の制御が容易であり，比較的薄い膜が得られる．

スパッタリング法は，原料物質からなるターゲットに衝撃を与え，飛び出した原子を基板上に堆積させて，薄膜を形成する方法である．ターゲットに衝撃を与える高エネルギー粒子の生成には，プラズマやイオンビームが用いられる．PZT薄膜の成膜方法として工業的にも利用されている．

CVD法は，原料をガス状で送り込み，化学反応によって薄膜を形成する方法である．比較的低い温度（数百℃）で成膜が可能であり，膜の成長速度も速く，組成の制御性がよい．

液体中での反応を用いるものとして，ゾルゲル法，水熱合成法などがある．ゾルゲル法は，コロイド状の原料溶液を基板上に塗布し，固化させたうえで熱処理を加えて膜を形成するものである．一回の成膜プロセスあたりの膜厚は薄いため，繰り返して膜厚を増加させる．

水熱合成法は，密閉された容器中の水溶液を加熱し，加圧された環境下で基板上に圧電体を成膜する方法である．セラミックスの生成温度としては比較的低い200℃程度の反応温度で数μm以上の膜厚を得ることができる．

2.1.2 電磁材料
(1) 各種磁性材料

電磁アクチュエータでは，電磁石により回転磁界や移動磁界を発生させて回転子や可動子を動作させる．その際，磁束密度が大きいほど生じるトルクは大きくなる．そのため小さな磁界を印加した場合でも，たくさんの磁束を生ずるような物質（強磁性体）を用いることにより，より小形で高出力なエネルギー密度の高い電磁アクチュエータの設計が可能となる．ここではアクチュエータの性能を大きく左右する磁性材料として強磁性体を取り上げ，その特性について説明する．

小形，高効率の電磁アクチュエータを開発する際に用いられる磁性材料としては，透磁率（磁束の通りやすさ）が大きい，飽和磁束密度が高い，鉄損（磁性材料に交流磁界を印加した時に生じる損失）が小さい，導電率が小さい材料が望ましい．ここでは電磁アクチュエータに用いられている幾つかの磁性材料を紹介する．電磁鋼板は鉄にケイ素が数%添加された材料で，比較的安価でかつ飽和磁束密度が2T前後と高く，比透磁率も数千～数万と大きいので最も一般的に用いられる磁性材料である[2-2, 2-3]．飽和磁束密度が高く比透磁率も大きな磁性材料としては，鉄コバルト合金（パーメンジュール）がある[2-2, 2-3]．飽和磁束密度は2.4Tにも達するが，非常に高価な材料であるため，工業製品ではあまり使用されていない。一方，安価で導電率が小さな磁性材料として代表的なのは，フェライト（酸化鉄を焼結してセラミックとしたもの）である．

高速に動作するようなアクチュエータでは，渦電流損の発生を抑えるためにフェライトが広く用いられている[2-2, 2-3]．しかし，フェライトは飽和磁束密度が0.5T程度と小さく，比透磁率も数百〜数千程度であるため，高出力機には不向きである．以上挙げた磁性材料の特徴からもわかるように，電磁アクチュエータの用途に合わせて，様々な磁性材料が用いられている．その中でも最も一般的に用いられている電磁鋼板について，もう少し詳しく解説する．

(2) 電磁鋼板

電磁鋼板は，鉄に0〜6.5%のケイ素を添加して保持力を小さくした磁性材料である．ケイ素含有量の増加とともに透磁率は増加し，低保磁力となり，導電率は低下するため，交流磁界で生じる渦電流損は小さくなる．ケイ素の含有量が3%を超えると脆化が著しく加工が難しくなるため，3%未満のものが一般的である．また渦電流損を低減するために，厚さが0.1〜0.5mmの薄板形状を有し，表面に絶縁被膜を塗布して，それらを積層した積層鉄心として使用される．電磁鋼板の磁気特性は，JIS（日本工業規格）C2550によるエプスタイン法（短冊状の鋼板を井桁にならべて特性を測定）やJISC2556やIEC（国際電気標準会議）60404-3による単板磁気特性試験法（1枚の鋼板の特性を測定）により測定して評価される[2-4]．

電磁鋼板は，無方向性電磁鋼板と方向性電磁鋼板に大別される。無方向性電磁鋼板は，結晶配列がランダムに近く磁気異方性が小さい材料（どの方向にも磁束が同じように通る特性）である．無方向性電磁鋼板はエプスタイン法に従い，周波数50Hz，最大磁束密度1.5Tの磁束密度正弦波励磁のときの単位重量当たりの鉄損の大きさ（圧延方向とそれに対する直角方向の平均値）から各グレードに分類される[2-4]．例えば，35A360というグレードであれば，最初の35は鋼板の厚さ0.35mmを表し，Aは無方向性を，360は周波数50Hz，最大磁束密度1.5T正弦波励磁における鉄損値が3.6W/kg以下であることを表している．無方向性電磁鋼板は，モータの鉄心のようにあらゆる方向に磁束が通る場合に用いられる．また無方向性電磁鋼板の中には，ケイ素の含有量を6.5%まで高めて高抵抗化し，さらに板厚を0.1mmとした高周波用電磁鋼板も開発されており[2-3]，表皮効果が生じない数百Hzで使用（高速用のモータなど）されている．

方向性電磁鋼板は，磁化容易軸を圧延方向に揃えた電磁鋼板である[2-2, 2-3]．これは粒径が数 mm 以上の多結晶組織で，各結晶粒の磁化容易軸方向が圧延方向から約 7° 以内のずれ角で分布しているものを JIS G グレードとし，約 3° 以内のずれ角で分布しているものを JIS P グレード（高配向性）としている．方向性電磁鋼板は圧延方向の磁気特性は非常に優れているが，直角方向の磁気特性は無方向性電磁鋼板の直角方向の磁気特性よりも劣っている．そのため，変圧器やリアクトルといった磁束の方向が一方向の機器に使用が限られている．

図 2.4 に各種電磁鋼板の圧延方向（RD）と直角方向（TD）の比透磁率の大きさと鉄損の一例を示す．それぞれ特徴ある比透磁率特性を示しており，アクチュエータに用いる際には運転状況や用途などに応じて選別することが重要である．

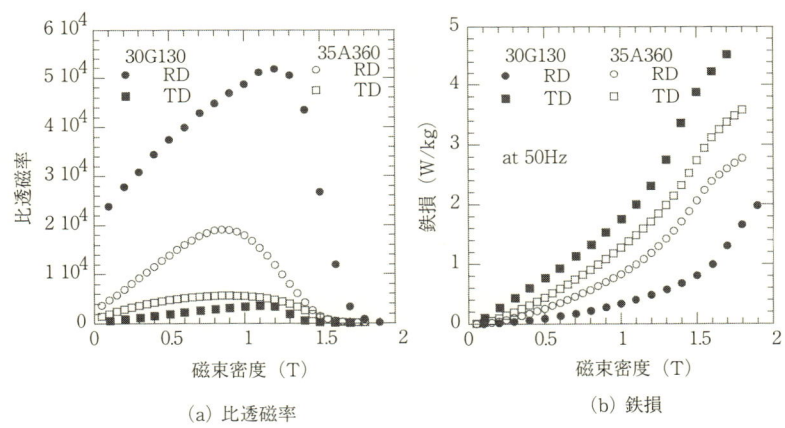

(a) 比透磁率　　　(b) 鉄損

図 2.4　各種電磁鋼板の圧延方向（RD）と直角方向（TD）の磁気特性の一例

(3) 鉄損

電磁材料として用いられる強磁性体に交流磁界を印加すると，鉄損と呼ばれる損失が生じる．鉄損は主にヒステリシス損と渦電流損からなり，これらの損失の発生要因や特徴を理解しておくことは，低損失な高効率アクチュエータを設計するためには重要である．

磁性体は磁界が印加されると磁化されるが，この磁化される過程において，図 2.5 のように磁束密度と磁界の強さが増加する時と減少する時で異なる経路

を通る（これをヒステリシスと呼ぶ）．磁界の変化によってヒステリシス曲線を1周するごとに，そのループの面積に等しい損失，すなわち鉄損が生じる．特に，磁性体内に渦電流が生じないような準静的に磁界を変化させたヒステリシスループを直流ヒステリシスループと呼び，直流ヒステリシスループより得られた損失がヒステリシス損である．一般的に，保磁力が小さい材料ほど直流ヒステリシスループの面積は小さ

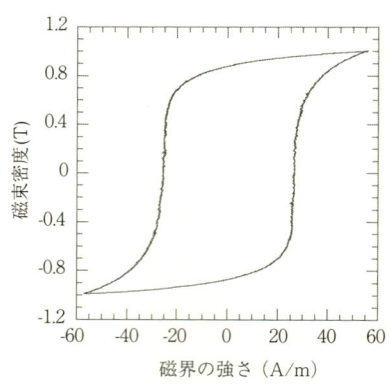

図2.5 準静的に磁界を変化させたときの直流ヒステリシスループ（35A360 RD）

くなるため，ヒステリシス損は小さく，透磁率は大きくなる．また磁性体に f（Hz）の交流磁界が印加された場合は，1秒間にヒステリシスループが f 回発生するため，1秒間当たりのヒステリシス損は周波数 f に比例する．

磁性体が導体である場合には，磁性体内で磁束が変化すると渦電流が流れるため渦電流損が生じる．電磁鋼板のような薄板に一様に磁界が印加され，周波数 f（Hz）の正弦波で変化する場合の薄板の渦電流損は，次式で表される[2-5]．

$$W_e = \frac{\pi^2 d^2 B_m^2 f^2}{6\rho} \quad (\text{W/m}^2) \tag{2.6}$$

ここで，d は板厚，B_m は最大磁束密度，ρ は電気抵抗率である．(2.6) 式のように渦電流損が板厚の2乗に比例することから，鉄心は薄板である電磁鋼板を積層した構造にすべきである．また1秒間当たりの渦電流損は，周波数 f の2乗に比例するため，使用される周波数領域に適した磁性材料を選ぶ必要がある．一般に，渦電流損を低減するために，印加される交流磁界が数 Hz～数百 Hz では 0.35 mm 厚や 0.5 mm 厚の電磁鋼板が，数百 Hz～数 kHz では 0.1 mm 厚の 6.5% 電磁鋼板が，数 kHz 以上では抵抗率が大きなフェライトが使用されている．

2.1.3 形状記憶合金
(1) 形状記憶材料とは

形状記憶材料とは,変形が何らかの処理(加熱など)によって元に戻る機能,形状記憶効果(Shape Memory Effect, SME)を持つ材料のことである.特にこのような性質を持つ合金材料である形状記憶合金(Shape Memory Alloy, SMA)は,熱的な特性を利用したセンサやアクチュエータの材料として広く利用されている.

合金における形状記憶効果は,Au-Cd合金について1951年にチャン(Chang)とリード(Read)によって発表された[2-6].その後,1960年代にビューラー(Beuhler)らによって発表されたTi-Ni合金[2-7]によって,本格的な応用が進められるようになった.Ti-Ni合金は現在に至るまで代表的な実用的形状記憶合金であり,開発者ビューラーらの所属先(米国海軍の研究所,Naval Ordnance Laboratory, NOL)にちなんだニチノール(NITI-NOL)の名称でも知られている.

(2) 形状記憶効果と超弾性効果

形状記憶合金における特徴的な性質として,前述の形状記憶効果に加え超弾性効果が挙げられる.これらはいずれも固体の変形に関する性質である.

図2.6に通常の金属および形状記憶合金の形状記憶効果・超弾性効果に関する応力歪曲線を示す.金属の弾性変形の最大歪は,通常0.5%にも満たない.

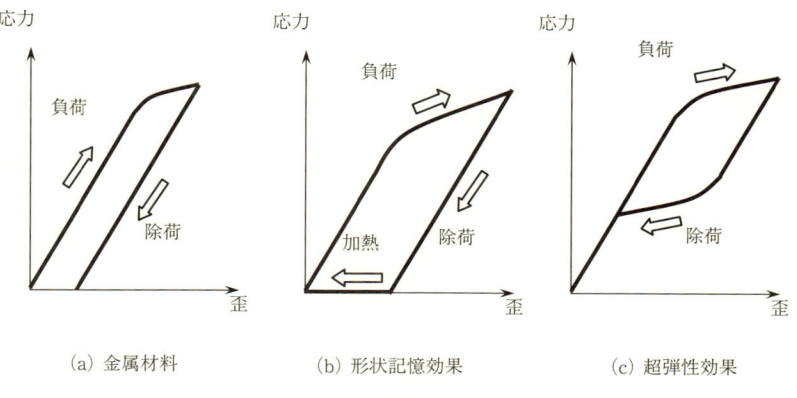

(a) 金属材料　　　　(b) 形状記憶効果　　　　(c) 超弾性効果

図2.6　金属と形状記憶・超弾性効果を示す形状記憶合金の応力歪曲線

これに対して形状記憶効果を示す合金では，最大変形歪が10から20%にも達し，この変形が記憶，すなわち保持される．さらに，加熱による変形回復時には大きな力を発生する．これが，形状記憶合金がアクチュエータとして利用される理由である．一方，超弾性効果とは，形状記憶合金において，変形歪が5から10%に及ぶ，擬似的な弾性特性を示すことを指す．この効果による変形は可逆的なものであり，フックの法則に従わない非線形のものであるが，機構上，大きな弾性変形を利用したい場合に有効である．

加熱によって金属が変形し，大きな歪量を得られるものとして，二種類の金属を張り合わせたバイメタルがある．これは加熱時の膨張率の違いを利用したものである．これに対して形状記憶合金が形状記憶効果を示すのは，マルテンサイト（martensite）変態と呼ばれる結晶構造変化を伴う現象（相変態）が生じるためである．

図2.7に合金のすべり変形と，マルテンサイト変態による形状記憶効果・超弾性効果に関する変形機構の概略を示す．すべり変形では，外力によって原子が再配置されることによって不可逆な塑性変形が生じる．一方，形状記憶効果・超弾性効果は可逆的な相変態によるものである．

一般的な形状記憶合金では，高温相であるオーステナイト（austenite）相から冷却されることによってマルテンサイト相へと変態する．この状態で負荷を与えると変形が生じるが，マルテンサイト状態ではすべり変形と違って原子構造の再配置（すべり）は生じない．さらに加熱によってマルテンサイト相をオーステナイト相に戻すこと（逆変態）によってもとの形状を回復することができる．変形前の形状を記憶しているように見えることが，形状記憶効果と呼ばれるゆえんである．また，相変態は加熱・冷却のみによって生じるだけではなく，応力付加によっても誘起されることがある．超弾性効果は，応力付加によってマルテンサイト変態，応力除去によって逆変態が生じることによって得られる．

(3) 様々な形状記憶合金

これまで多数の合金について形状記憶効果が認められ，また開発が進められている．最も一般的なものは，Ti-Ni合金である．Ti-Ni合金は優れた形状記憶効果を示すだけでなく，加工性や耐摩耗性といった実用的な条件を満たした

2.1 材料

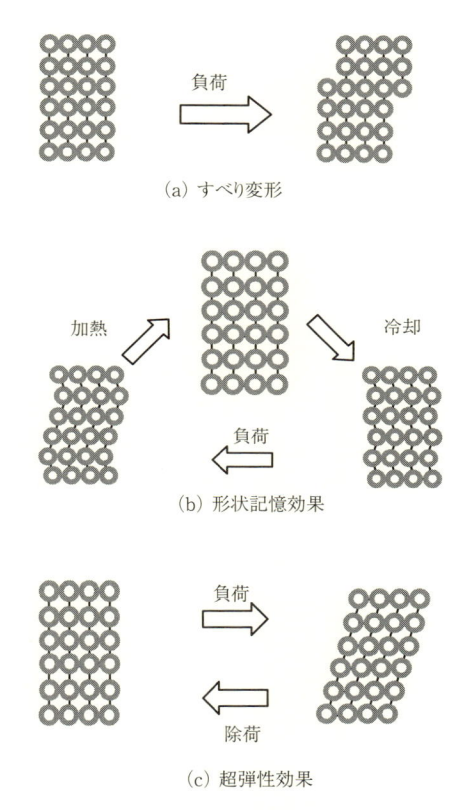

(a) すべり変形

(b) 形状記憶効果

(c) 超弾性効果

図 2.7 すべり変形・形状記憶効果・超弾性効果

材料として知られている．

この他，銅系や鉄系の材料も形状記憶合金として広く利用されることが期待されている．銅系としては Cu-Al-Mn，鉄系としては Fe-Mn-Si などが形状記憶効果を有することが知られている．これらの材料は，Ti-Ni 合金と比べて原料が安価であり，特に鉄系では大幅に安いことが注目される理由の一つである．

Ti-Ni 合金の弱点の一つは，高温環境で使用できないことである．動作温度が 40℃ 以下であり，高温環境，例えば航空機や発電所などの利用には適していない．これに対して，500℃ 以上と高い変態点を持つ材料や，表面の酸化を防止する皮膜を利用することによって，高温環境対応の形状記憶合金アクチュ

エータを実現する研究が進められている．Ti-Pd 合金や，Ni-Al 合金などが高温環境にも対応する材料として知られている．

(4) 形状記憶合金の応用例

形状記憶合金の持つ形状記憶効果および超弾性効果は，材料自身が持つ機能性として魅力的なものであり，既に多くの製品に使用されている．

前述の通り，形状記憶効果は熱環境の変化に伴って生じる．温度調整機能を持つ機構部品に利用されている．例えば，水温の調節をするものとして，湯・水の割合を調整するバルブとして，湯温調整機能を持つ混合水栓内の機構に利用されている．形状記憶合金の持つ超弾性効果によれば，通常の弾性体では実現することのできない，見かけ上大きな弾性変形を得ることができる．この特徴は，メガネフレームや衣類，あるいは携帯機器のアンテナなどで生かされている．

現在，形状記憶合金として最も利用されている Ti-Ni 合金は，生体適合性が高いことでも知られている．耐食性が高く，人体に接しても生体アレルギーが生じないなど，体内で使用される機器に用いても安全であるとされている．このような特性から，歯科矯正ワイヤや，血管を内部から広げる筒状のステントなど，長期間体内に設置されるものにも利用されている．一方で，Ti-Ni を構成する Ni 自体は人体に対して有害であることから，Ni を含まない，より安全な材料を模索する研究も進められている．

(5) 形状記憶合金のアクチュエータとしての利用

形状記憶合金をアクチュエータとして用いるためには，マルテンサイト変態（逆変態）を利用するため，熱駆動が必要である．最も良く利用されるのは，合金に電流を流す通電加熱である．これは，形状記憶合金の電気抵抗が比較的高く，良く知られた抵抗値と電流値の2乗の積から得られる発熱量が大きいことを利用したものである．PWM 制御を用いることによって，精密駆動が実現されている．

また，電流値が大きいことが人体に及ぼす影響を考慮して，光ファイバーを通した赤外光を光源とする，光加熱による光熱駆動も試みられている[2-8]．能動的な手術用鉗子などへの応用が期待される．

この他，アクチュエータ材料として応用が期待されるものとして，磁場駆動形状記憶合金がある．相状態は，温度，圧力だけでなく，磁場によって生じることもある．例えば，Ni-Mn-Ga系形状記憶合金であるNi$_2$MnGaは，温度変化に加えて磁場にたいしても相変態を生じることが確認されている[2-9]．一般に，形状記憶合金アクチュエータは熱的な特性を利用することから高速駆動ができない弱点を持つが，磁場による相変態に利用によって，アクチュエータの高速駆動を実現することが期待されている．

同様に，高速駆動を実現する方法として，寸法効果に着目した，薄膜化・細線化も進められている．特にスパッタリング法などによる形状記憶合金薄膜の成膜は，MEMS技術による加工プロセス中で利用しやすいことから，マイクロアクチュエータを実現するうえで有力な手段となっている．

2.1.4 機能性高分子材料

様々なエネルギーを機械的な仕事へと変換する"アクチュエータ"材料の一つとして，高分子材料がある．これは，プラスチックに代表される単なるアクチュエータの素材としての高分子材料ではなく，高分子材料そのものがエネルギーを変換する機能を備えたものを指すので，ここでは"機能性高分子材料"として解説する．

特に，高分子ゲルの特性を活かして運動機能を付与したアクチュエータが1990年前後から現在まで盛んに研究されてきている．高分子ゲルに加えて液晶やエマルション，膜など化学的（分子的）な物質の設計によって作成された材料は，一般に"ソフトマテリアル"あるいは"ソフトマター"とも呼ばれ，やわらかい物質ということを意味している．そのため，高分子ゲルで作成されたアクチュエータは，柔らかさやしなやかさを持つアクチュエータとして"ソフトアクチュエータ"としても分類されるものである．高分子材料の柔らかさはその大きな内部自由度によってもたらされており，高分子の長い鎖状分子は，分子間の相互作用や分子運動によって様々な形態へと変化することが可能である．つまり，高分子材料にアクチュエータ機能を持たせるには，このような化学的な作用を制御することが重要であり，分子レベルでの材料設計がアクチュエータ機能を大きく左右することとなる．

さて，高分子ゲルに話を戻すと，高分子鎖間で物理的あるいは化学的な架橋

点を有することで三次元の網目構造を作り，その内部に多量の溶媒を膨潤したものが一般的な高分子ゲルと呼ばれる．通常の水溶液と比較すると，溶液の流動性が失われた状態であり，固体とも液体ともいえない特殊な状態を保った材料であり，古くはイオン交換樹脂に始まり，ソフトコンタクトレンズ，紙おむつ，食品増粘剤，蓄熱材などで実用化されている．この高分子ゲルの性質の一つに，多量の溶媒で膨潤することによってもたらされる体積変化があり，外的刺激によって膨潤挙動を制御できれば高分子ゲルの形態を自在に変化させることができ，アクチュエータ機能として利用することが可能である．

外的刺激として，温度やpHを機械的仕事に変えるためには，温度やpHに応答性を有する高分子ゲルが用いられる．温度応答性を示す代表的な高分子は，ポリ（N-イソプロピルアクリルアミド）ゲルで室温に近い約32℃で相転移を起こす．室温では膨潤しているゲルも相転移温度以上では脱水和によりゲルが収縮し，大きな体積変化を生じる．また，ポリアクリル酸ゲルのような解離基を有する場合，pHに応答してカルボン酸基の酸解離が起こり，膨潤状態が変化することで体積変化を起こす．このような外部刺激応答性ゲルを利用してマイクロ流路内の流れを制御するヒドロゲルバルブも報告されている[2-10]．図2.8のように，マイクロ流路内に立てたポスト周辺へpH応答性高分子ゲルを作成し，pHに応じて高分子ゲルの収縮・膨潤する作用を利用してバルブの開閉機能を実現している．

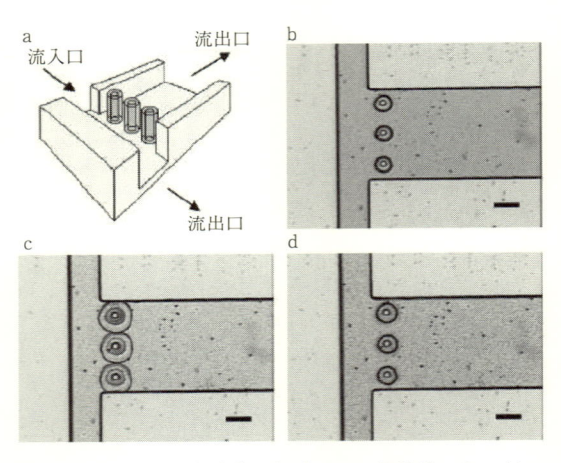

図2.8 マイクロ流路内におけるpH応答性ヒドロゲルバルブ [2-10]
（a: ヒドロゲルバルブの模式図，b: ポスト周囲へヒドロゲルを作成時，c: ヒドロゲルバルブ膨潤時，d: ヒドロゲルバルブ収縮時）

また，外部刺激として光を用いるためには光応答性高分子ゲルが用いられる．この高分子ゲルには，光感受性の高い分子を高分子側鎖へ導入することで

達成され，光に応答して高分子ゲルの体積相転移を誘発する[2-11, 2-12]．

　これらの外的刺激と比較して，電気をコントロール刺激として用いることができれば，実用性は非常に高くなり，コンパクトなデバイス設計が可能である．この電気を刺激として形態を変える高分子ゲルがアクチュエータとして利用された先駆的な例として，北海道大学の長田らが1992年にNatureに発表した論文がある[2-13]．図2.9に見られるように，電場に応答して尺取り虫のような動きで高分子ゲルが移動する様子が示されている．このような電気駆動型高分子アクチュエータは，現在ではその駆動方式によって，イオン駆動型と電場駆動型の二つに大別できる．

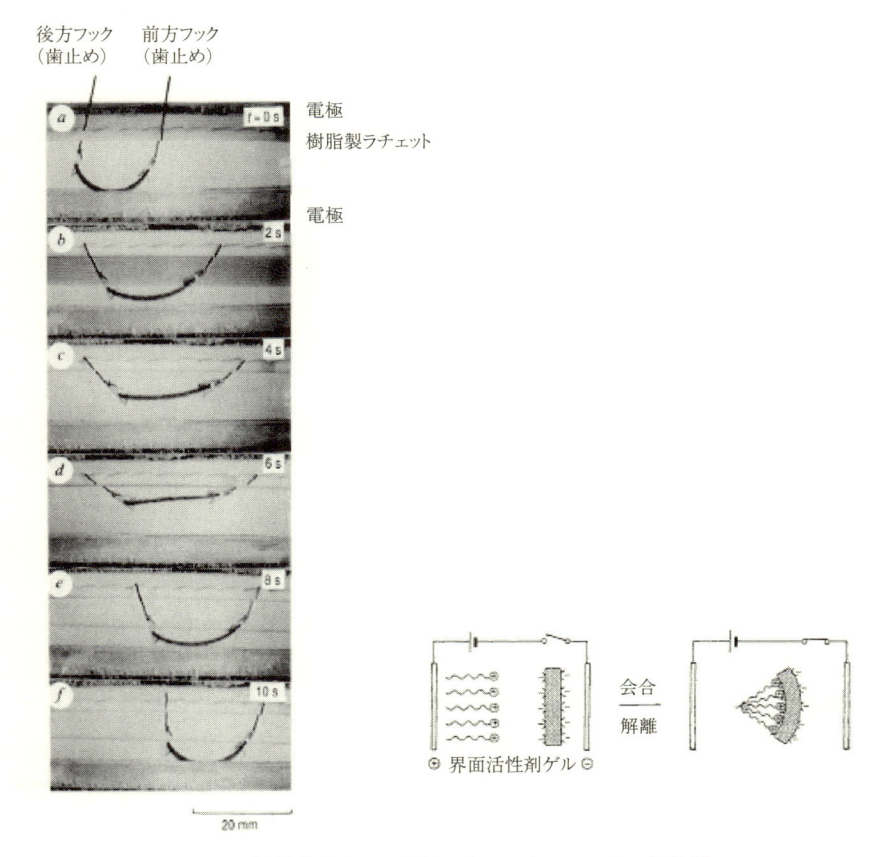

図2.9 電場応答性高分子ゲルを用いたアクチュエータの例[2-13]

前者は電圧により生じた高分子電解質内のイオンが移動し，ゲルの両側で膨潤の差が生じて変形する（図2.10）．高分子アクチュエータ技術を活かした製品開発を行うベンチャー企業イーメックス（株）では，このアクチュエータ機能を利用して，レンズ駆動機構やカテーテルなどへの応用を行っている[2-14]．一方，後者は，電場応答型高分子（Electroactive Polymer, EAP）と呼ばれ，誘電エラストマーと呼ばれる高分子を用いたアクチュエータ技術をベースとして米国SRI International社から2004年にスピンオフしたArtificial Muscle Inc（AMI）社[2-15]が，精力的にアクチュエータ開発を行っている．特に，帯電した2枚の電極板の間に誘電体を挟んだデバイスでマクスウェル応力を用いた変形力をもたらすElectroactive polymer Artificial Muscle（EPAM™）技術[2-16]を用いて，電子デバイスや医療デバイスなど様々な用途に有用なアクチュエータやセンサの実用化を進めている．なお，AMI社は2010年3月にBayer Material Science社が買収することになり，医療デバイスへの応用がさらに加速するものと考えられる．

　以上，アクチュエータに有効な機能性高分子材料の研究例についてほんの一部を紹介した．高分子ゲルによるアクチュエータは，軽量・柔軟・高成型性材料であり，化学的なアプローチによって今後もさらなる機能が引き出せると期待される．高分子ゲルに関する理論研究は1940年代頃から始まり，アクチュエータへの応用においても極めて重要な知見をもたらしてきた．特に，MITで教授を務めていた（故）田中豊一先生による1978年の体積相転移の発見[2-17]は高分子ゲル研究に大きな影響を与えている．最近では，外的刺激のON-OFFによらない自励振動ゲル[2-18]，高分子ゲルの物理的強度を飛躍的に向上させるDNゲル[2-19]，架橋点が自由に動くトポロジカルゲル[2-20]，高強度で非常によく伸びるNCゲル[2-21]，均一なネットワーク構造を持つTetra-PEGゲル[2-22]など，多くの日本人研究者が優れた研究成果を上げて本分野を世界的に牽引しているといえる．また，高分子ゲルのほとんどは水を溶媒とするヒドロゲルであったが，空気中で長期利用をするためには水の保持が必要であるため，蒸気圧を持たないイオン液体を電解質とする高分子ゲルの開発も進められている．特に最近では，カーボンナノチューブと組み合わせることでbuckyゲルと呼ばれる電気導電性とイオン導電性に優れたアクチュエータ開発も日本の研究グループによって進められている（図2.11）[2-23, 2-24]．

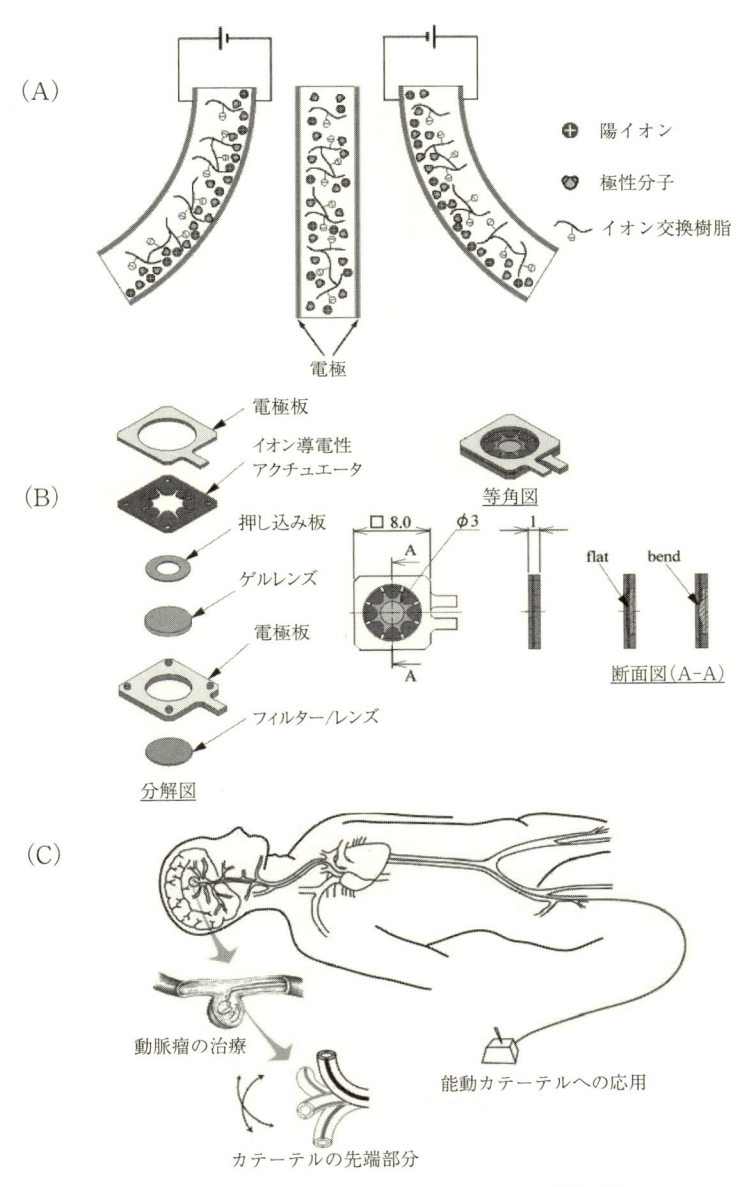

図 2.10 イオン駆動型高分子ゲルアクチュエータの動作原理（A）と応用例（B：ゲル可変レンズ，C: カテーテル）[2-14]

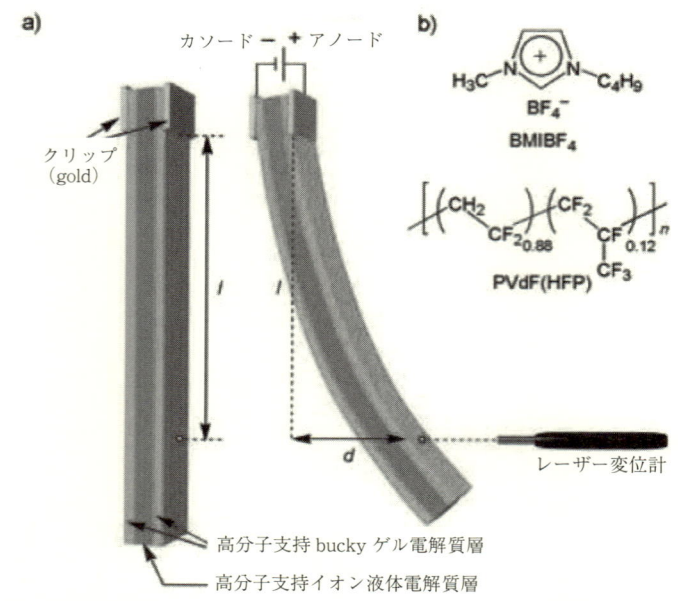

図 2.11 積層型 bucky ゲルによる高分子アクチュエータの模式図
(a) と用いているイオン液体および高分子の分子構造 (b)[2-22]

　本書では紙面の都合上，高分子ゲルを用いたアクチュエータについて紹介してきたが，このほかにも導電性ポリマー，カーボンナノチューブ，圧電ポリマー，液晶エラストマー，誘電エラストマーなどの機能性高分子を用いたアクチュエータ研究も活発に行われている．さらに詳しく解説された他の良書も発行されているので，本章を補うものとしてそれらも参考にして頂きたい[2-25, 2-26]．

2.2　設計と加工

2.2.1　機械要素

　アクチュエータでは，運動と動力を伝達するために種々の動力伝達機械要素を用いる．動力伝達機械要素は，モータやエンジンなどの動力をトルクの大きさや回転速度を変えながら伝達するものであり，歯車伝動，摩擦伝動，ベルト伝動などがある．

(1) 歯車

歯車の役割は，角速度比一定で動力および回転を確実に伝えることである．歯車の歯形には，インボリュート曲線が広く使われている．インボリュート曲線は，図2.12に示すように，基礎曲線（一般に円）に巻きつけた糸を弛まないようにしてほぐした時に糸の先端が描く軌跡である．図2.12に示す角 θ は $\tan\alpha - \alpha$ で与えられ，これをインボリュート関数と呼び $\mathrm{inv}\alpha$ （α はラジアンで与える）で表す．

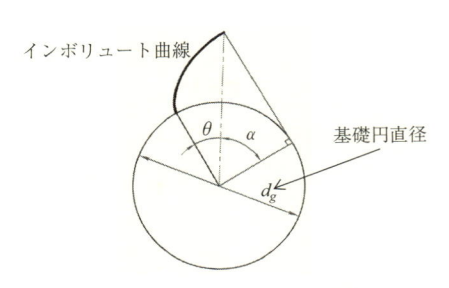

図2.12 インボリュート曲線

インボリュート歯形の歯車は，（ⅰ）歯面の接触点における力の方向が一定である，（ⅱ）創成歯切りが可能である，（ⅲ）転位により歯厚やかみ合い率を調整できる，（ⅳ）軸間距離が変化しても角速度比一定で運転可能である，などの特徴を有しており，設計の自由度が高い上に組立誤差もある程度許容できる．

(2) 歯車減速機

効率よく機械システムを利用するには変速が必要であり，モータを動力源とする場合においても例外ではない．歯車による変速は多くの機械システムで利用されているが，その中でも，小型で高減速比を得られるものに遊星歯車装置と波動歯車装置がある．

a. 遊星歯車装置

遊星歯車装置は，図2.13のように太陽歯車，遊星歯車，内歯歯車および太陽歯車と遊星歯車を連結する腕（キャリア）から構成される．遊星歯車は太陽歯車の周囲に等間隔で数個配置され，太陽歯車とかみ合って自転しながら公転する．図2.14は，2K-H型に分類される遊星歯車機構である．Kは装置の中心線と同じ回転軸心を持つ歯車（太陽歯車，内歯歯車）の軸，Hは腕の軸を表す．この機構では固定する軸が三通りある．図2.14(a) は，

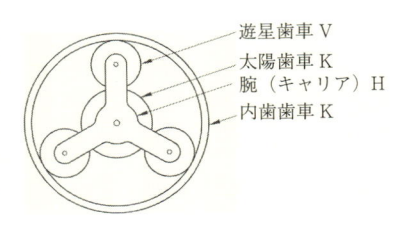

図2.13 遊星歯車装置

内歯歯車を固定し，腕を入力軸，太陽歯車を出力軸に取り付けたもので，太陽歯車および内歯歯車の歯数をそれぞれ Z_S および Z_R とすると，速比は $(Z_S+Z_R)/Z_S$ である．図2.14(b)は，太陽歯車を固定し，内歯歯車を入力軸，腕を出力軸に固定したもので，速比は $Z_S/(Z_S+Z_R)$，図2.14(c)は，腕を固定し，内歯歯車を入力軸，太陽歯車を出力軸に固定したもので，速比は $-Z_R/Z_S$（負号は入力軸と出力軸が逆回転）である．

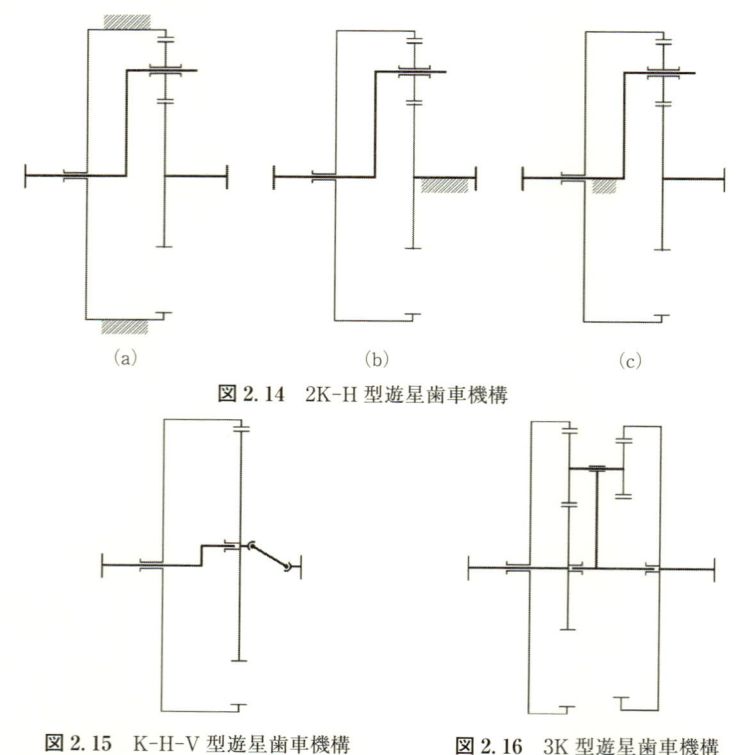

(a)　　　　　　　(b)　　　　　　　(c)

図2.14　2K-H型遊星歯車機構

図2.15　K-H-V型遊星歯車機構　　図2.16　3K型遊星歯車機構

遊星歯車機構には2K-H型のほかに，3個の軸のすべてがK要素である3K型，および遊星歯車の中心軸の回転を取り出すK-H-V型（Vは遊星歯車の軸）がある．また，遊星歯車を多段に配置し減速比を大きくとることもできる．

b. 波動歯車装置

波動歯車装置は，小型で大きな減速比が得られる特殊な歯車装置である．波動歯車装置は，ハーモニックドライブ®という名称で市販されており，図2.17

に示すように，ウェーブジェネレータ，フレクスプラインおよびサーキュラスプラインの三つの基本部品から構成される．通常ウェーブジェネレータを入力軸，フレクスプラインを出力軸に取り付け，サーキュラスプラインはケーシングに固定する．ウェーブジェネレータは，楕円状カムの外周に薄肉の玉軸受をはめたもので，軸受の外輪は玉を介して楕円状に弾性変形する．フレクスプラインは，開口部外周に歯が刻まれた薄肉カップ状の金属弾性体の部品であり，楕円状のウェーブジェネレータの回転に伴って弾性変形する．楕円状に変形したウェーブジェネレータの長軸部分の歯はサーキュラスプラインの歯とかみ合い，単軸部分の歯は完全に離れた状態となる．ウェーブジェネレータが回転するとフレクスプラインとサーキュラスプラインの接触部は順次移動していき，ウェーブジェネレータが1回転すると接触部もちょうど1周移動する．フレクスプラインとサーキュラスプラインの歯数をそれぞれ Z_F と Z_C とすると，フレクスプライン1回転当たり，歯数の差 $Z_C - Z_F$ だけずれる．$Z_C=Z_F+2$ とする場合が普通で，減速比は $(Z_C - Z_F)/Z_F=2/Z_F$ となる．

図 2.17　ハーモニックドライブ [株式会社ハーモニック・ドライブ・システムズ提供] [2-27]

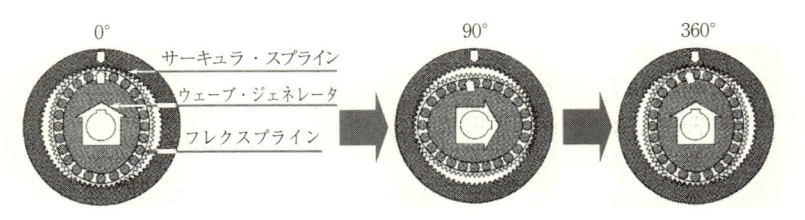

図 2.18　ハーモニックドライブの作動原理(株式会社ハーモニック・ドライブ・システムズ提供)[2-27]

(3) トラクションドライブ装置

トラクションドライブは，高圧力下で固化する性質を有するトラクション油を用い，図 2.19 のように一対の転動体を強く押し付けて厚さ 1 μm 程度の潤滑油膜を介してトラクション力を伝動するものである．トラクションドライブでは，転動体の動径の比により速比を与える．これを応用した変速機は，歯車変速機に比べて騒音や振動が少ない．また，転動体の動径を連続的に変化させれば，変速比を無段階に変えられる特徴がある．図 2.20 はハーフトロイダル方式の無段変速機であり，パワーローラと入出力ディスクとの接触部を変化させることにより変速比 r_2/r_1 を変える．

遊星歯車装置の太陽歯車，遊星歯車および内歯歯車をローラに置換えた形式の遊星トラクションドライブ減速機も実用化されている．

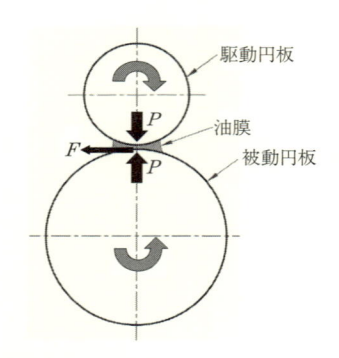

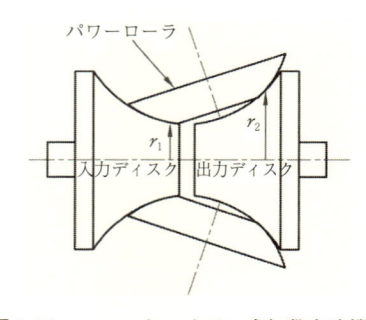

図 2.19 トラクションドライブの概念図
(P: 押付け力（法線力），F: トラクション力（接線力）)

図 2.20 ハーフトロイダル式無段変速機

(4) 軸受

軸受は，回転運動および動力を伝達する軸を支持する機械要素であり，滑り軸受と転がり軸受に大別される．滑らかな回転を実現するため摩擦を小さくすることが軸受の主な働きである．表 2.2 に転がり軸受と滑り軸受の主な特徴の比較を示す．

a. 転がり軸受

図 2.21 のように内輪，外輪，転動体および保持器から構成される．転動体としては，球またはころが用いられる．軸受の外径，内径，幅の寸法と公差，

2.2 設計と加工

表 2.2 転がり軸受と滑り軸受の比較

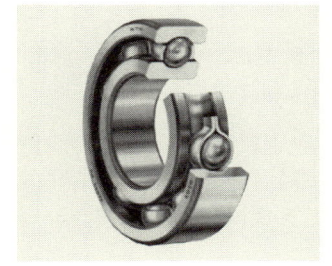

	転がり軸受	滑り軸受
軸受寸法	転動体がある分，大きい	小さい
寿命	疲れにより寿命が限定	流体潤滑状態で運転されれば，理論上滑り軸受の寿命は無限
摩擦	小さい	起動時の摩擦が大きい
振動・騒音	振動減衰能は低い	振動減衰能が高い
運転速度限界	高速では転動体の遠心力が問題	高速では温度上昇，油膜の乱流が問題
互換性	規格化されている	使用される機械に合わせて設計

(a) 深溝玉軸受　　(b) 円筒ころ軸受

図 2.21　転がり軸受構造（NTN 株式会社提供）[2-28]

精度等級，許容荷重などが国際的に標準化されており，市販の軸受を用いることが一般的である．

転がり軸受では，内外輪と転動体の接触部に繰返し作用する負荷によりフレーキングと呼ばれる剥離損傷が生じ，使用に耐えなくなる．転がり軸受の定格寿命 L_{10} は，同じ運転条件で使用したとき 90% の軸受が剥離損傷することな

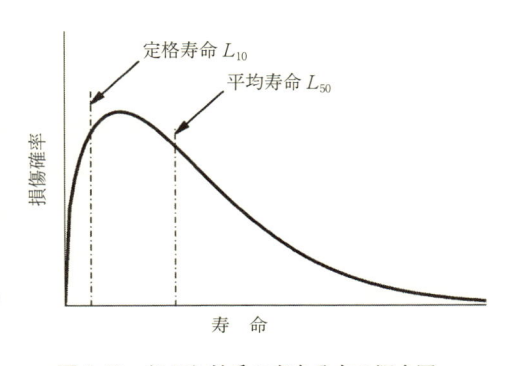

図 2.22　転がり軸受の寿命分布の概念図

く運転できる総回転数で定義され，軸受荷重 P と定格寿命が 100 万回転になる基本動定格荷重 C を用いて，$L_{10}=(C/P)^n$（玉軸受で $n=3$，ころ軸受で $n=10/3$）で表される．

b. 滑り軸受

滑り軸受は，軸と軸受の間に潤滑膜を形成して，軸と軸受の直接接触がない状態で回転させる．図 2.23 は，潤滑状態を表すストライベック線図を示す．横軸の値が大きいほど，すなわち，回転速度が大きいほど，荷重が小さいほど，また，潤滑油の粘度が大きいほど油膜が形成されやすいことを示す．滑り軸受は図中の流体潤滑領域で使用することが必要であり，潤滑膜の形成のためにはある程度の周速が必要である．したがって，起動や停止の際には潤滑膜の形成が十分でなく直接接触が生じるので，頻繁に起動・停止を行う機械システムでは用いられない．

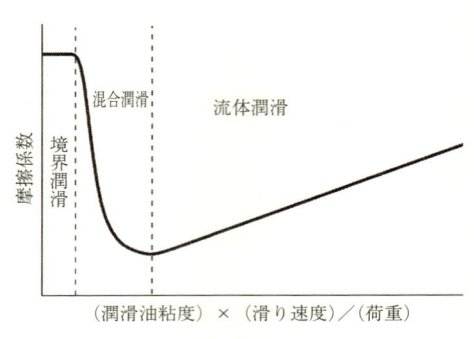

図 2.23 ストライベック線図

焼付き損傷を避け，なじみ性を向上させるため，滑り軸受の材料には，軸に比べて軟らかい材料を用いるのが一般的である．代表的な軸受材料は，ホワイトメタル，ケルメット，アルミ合金などである．無給油で使用される場合には，多孔質材料に潤滑油を含浸させた含油軸受も用いられる．

c. 潤滑

図 2.23 のストライベック線図に示したように，潤滑状態は次のように大別される．

① **境界潤滑** 二面間の金属間接触が生じており，摩擦係数の値が荷重，滑り速度，粘度に依存しない潤滑状態
② **混合潤滑** 境界潤滑と流体潤滑とが混在している潤滑状態
③ **流体潤滑** 二面間が流体膜によって完全に分離している潤滑状態

①〜③の潤滑状態のほかに，潤滑油を使用せず，自己潤滑性や低摩擦性を有する MoS_2（二硫化モリブデン），WS_2（二硫化タングステン）や PTFE（ポリテトラフルオロエチレン）などの固体潤滑剤を用いて潤滑する場合もある．

歯車や転がり軸受では，境界潤滑ないしは混合潤滑状態で運転されることが大半である．一方，トラクションドライブ装置や滑り軸受では流体潤滑状態で使用され，境界潤滑状態になると焼付き，摩耗等の損傷が問題となる．

2.2.2 特殊加工
(1) 特殊加工の概要
　科学技術の進展に伴って，材料や加工形状に対する要望が高度化してきている．これらの材料は，概して，硬度が高く，また複雑・微細な形状をしており，従来の加工方法（被加工物よりも硬い工具を用いて，強制切込みを与え切りくずを出して加工する）では対応することが不可能な場合が多い．アクチュエータに使用される部品も，本体が小型化してくるにしたがって，微細で複雑な加工が要求されるようになってきている．このような要求に応えるために，各種の特殊加工と呼ばれる方法が開発されてきたし，現在も開発されつつある．

　特殊加工の範囲は極めて多岐にわたっており，定義もはっきりとはしていないが，ここでは，被加工物と物理的に接触しないものを取り扱う．これらのうち，主要な部分は，第2次大戦後に開発されてきたものが多い．放電加工は，1943年にソ連のラザレンコ夫妻によって開発された後，NC装置の進展とともにワイヤ放電加工が可能となり，飛躍的に加工速度や加工精度が高まってきている．レーザ加工は，1960年に初めて発振に成功したのち，ただちにダイヤモンドダイスの下穴あけに利用されて，その実用性が高く評価された．最近は，短パルス化，短波長化が進んでおり，取扱いに便利でエネルギー変換効率が高いファイバーレーザも産業用に用いられるようになってきている．電子ビーム加工は，電子顕微鏡の開発当時から問題となっていた対象物の加熱加工現象を積極的に利用しようという試みから1950年代に初めて作られたもので，主に溶接や微細な穴あけに用いられている．最近では，表面改質，表面仕上げを行うことも可能となってきた．

　これらの加工法は，微小な面積にエネルギーを集中させて，瞬間的に溶融・蒸発させて加工を行うことを基本としており，工具を用いないで加工できるので被加工物の硬度やじん性に関係なく加工ができる．しかも微細複雑形状への適用も可能であるために汎用性が高く，将来への発展性も大きい．ここでは，これらの加工法の現状と動向について解説する．

(2) 放電加工

放電加工では加工反力が極めて小さく，また電極と工作物の間を微小な間隔に維持しながら加工が進行するため，微細でかつ複雑な形状の加工に有効である．したがって金型などの複雑形状の加工以外に，エンジンの燃料噴射ノズル，化繊ノズル，電子部品などの微細穴加工にも多用されている．微細穴加工では，その加工の可否と形状精度は電極成形技術に大きく依存する．従来，電極の成形には，成形用ブロックを用いた逆放電法やワイヤ放電研削法（WEDG法）[2-29]により行われてきた．WEDG法は電極を回転させながら，ガイドで支持された走行するワイヤとの間で放電し，ワイヤを軸方向に送ることで微細軸を成形する方法である．成形軸根元の微小な領域での加工によって軸の変形を最小限に抑えることでテーパを小さくでき，また，加工機上での工具電極成形であるため芯ずれの問題もないなどの特徴を有する．最近では同一機上で切削や超音波加工，組立が試みられ，マイクロ旋盤などにも応用されその有効性が示されている．

ワイヤ放電加工においても，微細スリットをはじめとする微細形状の需要が高まっており，ワイヤ径の微細化，放電エネルギーとワイヤ送りの制御技術の高性能化が進展している．細線ワイヤ電極にはもっぱら引張り強度の高いタングステンが使用されているが，タングステンは極間距離が広くても放電が容易に生じることから，より高精度な加工という点では適しているとは言えない．これを改善するためにタングステンに匹敵する高張力のピアノ線を芯線とし，その表面に放電電流を供給するための黄銅層，さらにその表面に高抵抗の層を設けた複合構造のワイヤが開発され，その加工特性について検討が行われた．そして，加工精度，加工速度ともに従来の性能を凌駕する微細加工に適していることが明らかにされ，新しいワイヤ電極として注目を集めている[2-30]．現在更なる性能向上を目指して開発が進められている．

近年の放電加工研究の中で最も注目すべき技術の一つに，セラミックス等の絶縁材料やシリコン等の高抵抗材料の加工が挙げられる．原理的には導電性材料しか放電加工できないが，補助電極を使用して加工面に常に導電性被膜を形成しつづけることで絶縁性セラミックスの加工が実現しており，加工の高精度化に向けて研究が継続されている．

一方，半導体や太陽電池に用いられるシリコンの放電加工について体系的な

2.2 設計と加工

研究が行われている．シリコンは抵抗が高いために，従来の金属材料とは異なる加工メカニズムで加工が進行することが明らかにされている．すなわち，放電アーク柱からの熱伝達以外に放電点でのジュール発熱が材料除去に大きく寄与するために，ある範囲の比抵抗のシリコンでは，金属材料よりも放電加工特性が良好である．これを利用し，図 2.24，図 2.25 に示すように，高アスペクトの微細穴や様々な微細三次元形状の加工が可能となっている[2-31, 2-32]．

また，シリコンインゴットのスライシングについてもワイヤ放電加工技術を利用した新しい加工方法が提案され，加工技術・装置の開発が行われている[2-33]．現在，シリコンインゴットのスライシングにはマルチワイヤソーが用いられているが，機械的加工法であるためにそのウエハ厚さと切り代の低減には限界があり，コスト低減の障害となっている．本放電スライシング法はその課題を克服でき，また加工液に脱イオン水のみを使用するため，作業環境の改善に大きく寄与できる加工法である．パワーデバイスに有効な炭化ケイ素のスライシングも視野に入れて研究開発が進められており，その手法の確立により産業界に大きく貢献できると期待される．

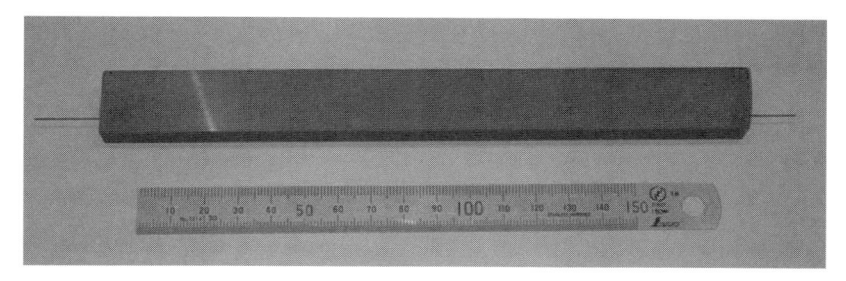

図 2.24 シリコンへの直径 0.5 mm，長さ 200 mm の高アスペクト微細穴放電加工例と使用した銅パイプ電極

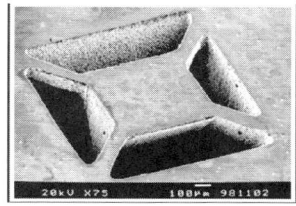

図 2.25 シリコンの 3 次元微細形状放電加工

(3) レーザ加工

1960年に世界で初めてルビーレーザの発振に成功し，ダイヤモンドなどの超高硬度材料であっても容易に加工できることが示された．レーザ加工は，それまでの加工法とは大きく異なり，工具を全く必要としない手法であるとともに，除去，接合，成形加工など多種多様な加工が可能であることから，従来の加工概念を大きく変革させた．その後，炭酸ガスレーザが急速に発展し，工作機械である板金加工機に必要不可欠なツールとして今日まで広く普及が進んでいる．また，集積回路のパターン形成に用いられているステッパにはエキシマレーザが活用されおり，電子部品の高集積化に大きく貢献している．昨今はさらなる高集積化を達成すべく，極深紫外レーザの開発も進んでいる．

取り扱いが容易な固体レーザの代表格であるYAGレーザは，高出力化を目指した開発が進んできた．しかしながら，励起光の多くが熱として散逸することから，大出力化に伴って熱歪みの影響が大きく現れる．そこで，冷却効率の高いディスク方式とファイバー方式が開発された．後者のファイバーレーザは，二重構造の光ファイバー内でレーザを発振できることから光変換効率を飛躍的に向上できる．このファイバーレーザより出力されるレーザ光は理論的限界値に近い値まで集光させることが可能であり，マクロ加工分野だけでなくマイクロ加工分野にも大きな影響を与えつつある．現在急速に普及が進みつつあるこのファイバーレーザはフェムト秒やピコ秒といった超短パルスレーザへの応用も進み，装置の信頼性を向上させるとともに，特にマイクロ加工分野ではその存在意義を高めつつある．

マイクロ加工分野で要求される重要な点の一つはレーザ光の短波長化である．これまでは先に述べたエキシマレーザが産業用短波長レーザとして広く普及してきたが，近年は固体レーザにおいても非線形光学結晶を用いた波長変換により得られる紫外レーザが用いられ始めている．レーザ光の波長が短くなると材料への光吸収率が増大することから，同等のパルスエネルギーの条件下では，図2.26に示すようにレーザ光波長が短いほど加工深さが大きくなる．また，大気中ではレーザ光波長の種類によらず，レーザ光照射部でプラズマが発生することから加工面性状に悪影響を与える．このプラズマは雰囲気ガスと被加工物がプラズマ化することにより生ずるが，大気成分が占める割合が大きい．そのため，数Pa程度の減圧雰囲気下でレーザ加工を行うと加工面性状を

飛躍的に改善することができる[2-34]．さらに短波長のレーザを用いることで微細スポットが得られる．したがって，レーザ光波長と加工雰囲気を適切に選定することで，高効率，高品位な加工が可能となることが明らかとなってきており，セラミックのような高硬度高脆材料であっても図2.27に示すような直径10 μm以下の高アスペクト比微細穴加工が可能である．さらに，レーザ光の短パルス化は熱の拡散を微小領域にとどめることができるために，短波長化と短パルス化はレーザマイクロ加工において重要な要素である．

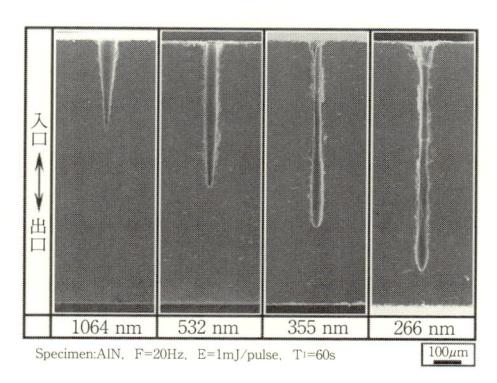

図2.26　各レーザ光波長によるとまり穴

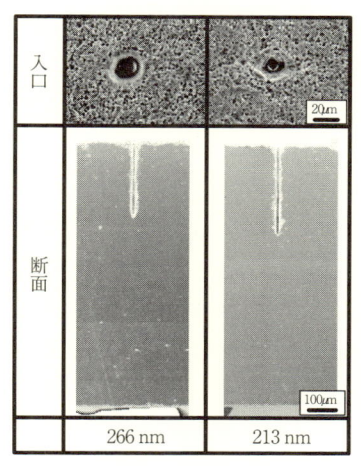

図2.27　高アスペクト比微細穴

一方，極短パルスであるピコ秒やフェムト秒レーザを微細スポットへ集光すると瞬間的に高いエネルギー状態が得られる．この領域では非線形的な現象である多光子吸収が発生し，ガラスなどの透明材料であっても近赤外や可視領域のレーザ光の吸収が生じることから，透明材料内の任意位置へレーザ光のエネルギーを吸収させることが可能となる．それにより，レーザ光集光領域の材料改質とエッチングを組み合わせた三次元マイクロTASの作製や[2-35]，レーザ光集光領域の材料を改質して屈折率を変化させることで光導波路を作製する技術などへの利用が期待されている[2-36]．さらに近年では，ガラスとガラス[2-37]，ガラスとセラミックスなどの異種材料をバインダーレスで直接接合する試みも行われており[2-38]，超短パルスレーザを用いた新しい加工技術の開発が注目されている．

(4) 電子ビーム加工

電子は電荷量／質量が他の粒子に比べて極めて大きいという特徴を持つために，高電圧によって容易に光速度付近まで加速させることができる．電子ビーム加工は，静電レンズや電磁レンズを用いて電子ビームを小さく絞り，それによって高エネルギー密度のビームを作り，ビードの幅に比べて溶け込み深さの極めて深い溶接や微細な

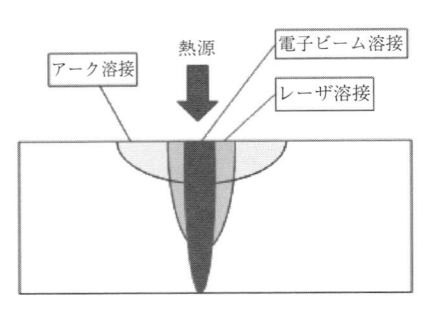

図 2.28 溶接ビード断面の比較

穴あけに用いられる．しかも，電子ビーム加工は真空中で行われるために，加工品質も安定しているという特徴がある．図2.28は溶接ビードの大きさから見たアーク溶接，レーザ溶接，電子ビーム溶接の比較を行った模式図である．電子ビーム溶接が最もビード幅に対する溶け込み深さが大きいことが分かる．これは，異種金属の溶接や熱影響層の狭い溶接に特に有効な方法である．

一方，最近，電子爆射[2-39]を利用した「大面積電子ビーム照射」法が開発されて注目を集めている[2-40]．これは，従来の電子ビーム加工とは異なり，カソードから出た電子ビームを絞ることなく，プラズマ中を通過させて直接工作物に照射する方法である．図2.29にその概念図を示す．この方法では，真空チャ

ンバー内に 10^{-2} Pa 程度のアルゴンガスを導入してリング状のアノード付近にアノードプラズマを発生させる．プラズマの領域が最大となる瞬間にカソードにパルス電圧を印加すると，カソード直下の高い電界強度によって電子が爆発的に放出され，試料表面に照射される．加工条件を適切に制御すれば試料表面を瞬間的に溶融させることができる．1 回の照射時間は 2 〜 3 μs で極表面だけを溶融させることが可能である．この現象を利用

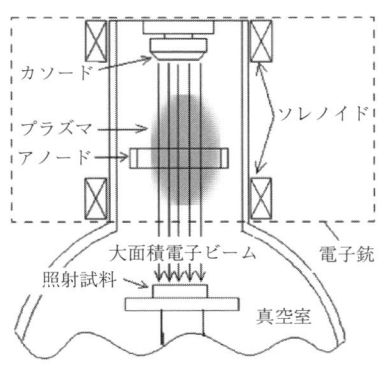

図 2.29　大面積電子ビーム照射装置

して，切削加工された面や放電加工された金型表面を極めて短時間で鏡面に加工することができる．図 2.30 はこの方法によって，表面に大きなうねりを有する放電面に対して大面積電子ビーム照射を施したサンプルである．つやのない梨地面（放電面）が一括して平滑化され，表面の光沢が大幅に向上していることが分かる．一般に金型は最終仕上げを人手によって行っており，熟練した技能と時間がかかる．また，人手によるとどうしても場所による加工量の不均一性が発生するために，加工精度が低下する．この方法を用いれば，わずか数分という短時間で形状精度を低下させることなく表面の平滑化が可能である．

　さらに，この照射を行うことによって，照射された表面の耐食性が向上する

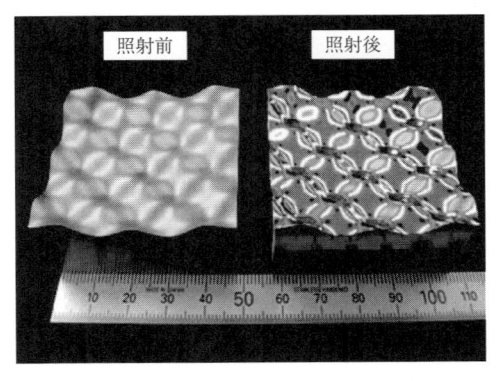

図 2.30　大面積電子ビーム照射サンプル

ことや撥水性を有するように変化することも明らかになってきた[2-41]. そのために，人工関節や人工歯根などの生体用材料や手術用器具の仕上げ加工にも用いることが可能となってきた[2-42]. 今後の研究の発展によって，さらに多方面に活用することが可能になると期待されている.

2.2.3 研削加工・砥粒加工
(1) 研削加工の概要

研削加工は，高硬度の砥粒を結合剤で固めた研削砥石を工具として，それを高速度で回転させながら工作物に干渉させることによって，工作物を切りくずとして削り取る加工法である．研削加工では，図2.31に示すように砥石表面に存在する多数の微小な砥粒の一つひとつが切れ刃として作用し，工作物材料を非常に小さい単位で切りくずとして除去する．すなわち，多刃切削である．このため，研削加工においては，仕上面粗さが小さく，加工精度が高いことに加えて，多刃切削であるために加工能率も高い．さらに，切れ刃となる砥粒には図2.32に示すダイヤモンドやcBNなどの硬度が極めて高いものもあり，超硬合金やセラミックス材料などの高硬度材料を加工することも可能である．

図2.31 砥石表面

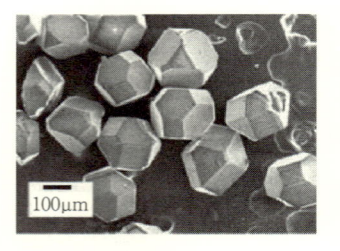

図2.32 ダイヤモンド砥粒

研削加工では，切削加工と同様に工作機械に保持された工具（研削砥石）を強制的に切り込ませ，工作物との相対運動を与えることによって，工作物に工具形状を転写することを加工原理とするため，加工精度の上限は工作機械固有の精度によって一義的に決定される．したがって，加工された工作物は工作機械の精度を超えることができないという，いわゆる「母性原則」に従うことになる．しかし近年では，計測技術と制御技術の飛躍的発展により，工作機械の運動を緻密に制御管理することによって極めて高い精度の研削加工が実現されている[2-43].

また，研削加工では，研削方式や研削砥石，砥石と工作物の相対運動条件や加工雰囲気など，多くの因子が加工結果に影響する[2-44]が，それぞれの因子の選択・調整範囲が広く，このことは研削加工の適用領域が広いことを意味する．このような特徴を活かして，精密加工から超精密加工を実現する加工法の一つとして研削加工が機械部品，電子部品，光学部品などの生産に広く利用されている．

(2) マイクロ研削加工の適用とそのポイント

マイクロ研削加工は，概して次の二つに分類される．一つは，マクロな工作物に所要の微細形状を加工するものであり，精密打抜き金型やレンズアレイ金型などの加工が行われている．もう一方は，それ自体がマイクロサイズの工作物を研削加工するものであり，マイクロ工具やマイクロアクチュエータ部品などの加工が行われている．ここでは，後者の場合を対象に説明する．

マイクロサイズの工作物を研削加工する場合，工作物自体の剛性が小さくなるため，高精度加工を実現するためには研削抵抗による工具や工作物の弾性変形が工作物サイズに対して相対的に大きくなることを考慮する必要がある．そのため，工具に超音波振動を与えることによって，加工抵抗そのものの低減を図る技術も開発されている[2-45]．

他方で，研削加工は切削加工とは異なり，砥粒切れ刃が負に大きいすくい角を有するため，発生する研削抵抗は主に砥粒の切削方向に対する法線方向成分（背分力）に占められる．このことを考慮して，図2.33(a)に示す高精度研削のための直交軸方式によるマイクロ円筒トラバース研削法が考案されている[2-46]．すなわち，(b)に示す一般的な平行軸方式をマイクロ研削に適用すると，背分力は工作物の半径方向に作用するため，加工中に工作物のたわみが生

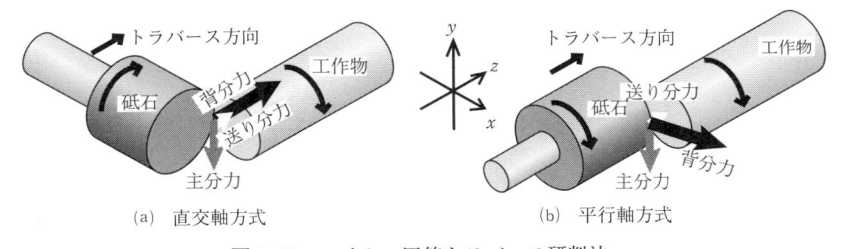

(a) 直交軸方式   (b) 平行軸方式

図2.33 マイクロ円筒トラバース研削法

じやすくなるが，(a) の直交軸方式では，背分力が工作物剛性の高い軸方向に作用するため，加工中の工作物の弾性変形が抑制され，寸法精度や形状精度および表面粗さに優れる．

図 2.34 は，砥石に一定の切込み量を与えながら円筒トラバース研削する場合の砥石総切込み量に対する工作物径および切残し量の変化を示すものである．なお，図中の一点鎖線は切残し[2-47]が発生しないとする場合の理論工作物径を示す．直交軸方式の場合はほぼ理論値に沿って工作物径は減少するが，平行軸方式の場合は加工中に工作物がたわむため，砥石を切り込む量と研削される量の差が大きくなる．砥石の総切込み量が 1.3 mm の時点では，平行軸方式では理論値との差が直径で約 45 μm であるのに対し，直交軸方式では約 15 μm である．

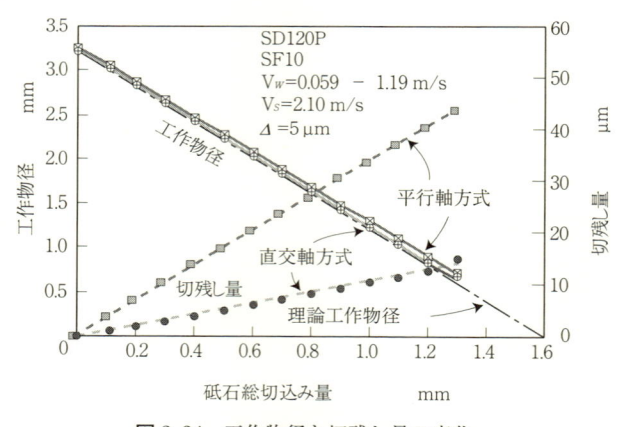

図 2.34 工作物径と切残し量の変化

図 2.35 にそれぞれの研削方式による仕上面粗さを示す．いずれの研削方式においても砥石切込み量を小さくすると仕上面粗さは改善されるが，直交軸方式による仕上面粗さは平行軸方式の場合のおよそ半分程度である．また，両方式で研削した工作物の真円度の測定結果を図 2.36 に示す．直交軸方式の真円度 (a) はわずか 0.7 μm であるのに対し，平行軸方式の真円度 (b) は 2.4 μm であり，形状精度においても直交軸方式の優位性が示されている．このような直交軸方式の効果は，研削加工において研削砥石の端面が工作物表面と接触するようになるため，砥石外周面が接触する平行軸方式に比べて砥石干渉時の挙

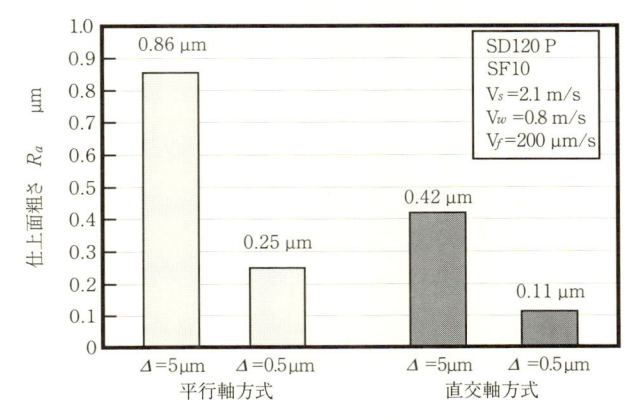

図 2.35 研削方式による仕上面粗さの変化

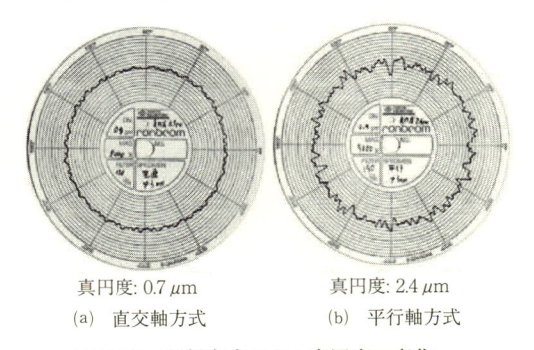

図 2.36 研削方式による真円度の変化

(a) 直交軸方式　真円度: 0.7 μm　　(b) 平行軸方式　真円度: 2.4 μm

動がより安定することも一つの要因である．

図 2.37 は，直交軸方式の円筒トラバース研削加工によって直径約 $\phi 3\,\mathrm{mm}$ の超硬合金の先端に直径約 $\phi 120\,\mu\mathrm{m}$，長さ約 4 mm（アスペクト比：約 35）マイクロピンを加工した例である．

(3) 砥粒加工の概要

砥粒加工は，微細な砥粒をそのままの状態，あるいはシートに付着させたり砥石片にした状態で工具として用い，その工具に工作物を押し付けることによって高精度で表面特性に優れる表面を得る加工法である．使用する砥粒の材質は，研削砥石に用いるものとほぼ同様であるが，粒径は数ミクロンから数十

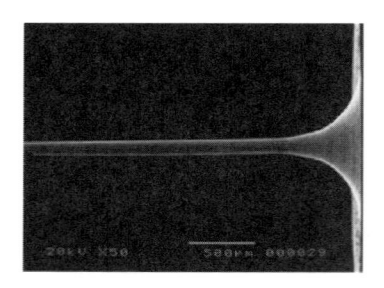

図 2.37 超硬合金のマイクロピン加工

ナノメートル程度の微細なものが主に用いられ，工具形状と相対運動を適切に制御することによって平面，円筒面，球面や非球面などの幾何学的形状の表面を極めて高い精度で仕上げることができる．砥粒加工は，微小な単位で砥粒が工作物を削り取る点では研削加工と同じであるが，工具は加工面自体に案内される圧力切込み加工であるため「浮動原理」によって原理的にいくらでも精度を高めることができることから，研削加工とは区別して扱われる．また，工具を使用しない砥粒加工として，ブラスト加工などの噴射加工も多く利用されている[2-48]．

砥粒加工は，シリコンウエハのポリシングに代表されるように現在では電子デバイスの生産技術には欠かせない加工法であり，レンズや反射ミラーの研磨加工など光学部品の製造にも不可欠となっている．また，ベアリングなどの鏡面を必要とする精密機械要素部品の最終仕上工程にも多く採用されている．

(4) スラリー流によるマイクロ砥粒加工

工作物表面に微細形状を形成するには，エッチングやマイクロ工具を用いる加工により行われてきたが，近年では砥粒加工の適用も検討されている[2-49]．ここでは，スラリーの吸引流に発生するキャビテーションによって微粉砥粒の工作物への干渉を助長し加工する[2-50]吸引キャビテーション援用砥粒加工法（CAAM）を用いて基板表面に微細形状を加工する方法[2-51]を紹介する．

図 2.38 は，吸引キャビテーション援用砥粒加工によって基板表面にマイクロパターニングするプロセスの概略である．まず，表面を平滑に仕上げた基板の表面に所要加工領域を残してマスクを施す．そして，この基板表面全体を一様に吸引キャビテーション援用砥粒加工した後，マスクを除去することによっ

2.2 設計と加工

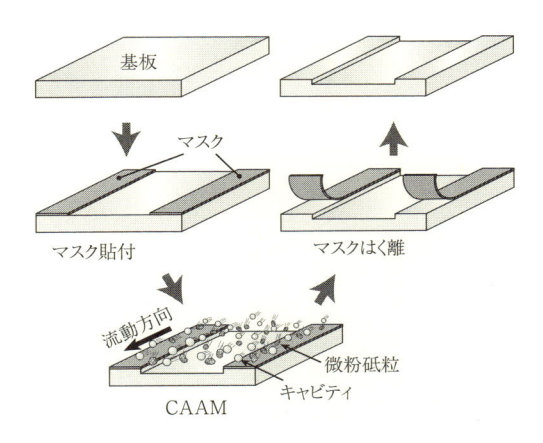

図2.38 マイクロ砥粒加工プロセス

て基板表面に所期のマイクロパターニング形状を得ようとするものである．

図2.39に加工装置の概略と加工中の加工液（水）の流動状態を示す．本加工法では，基板上に設けた流路を通して加工液をポンプで吸引し，その流動を絞りによって局部的に制限すると，絞りの中央から流れの後方にかけて急激に圧力が低下し，図のようにキャビテーションが発生する．この流動状態にあるスラリーでは，キャビティ消滅の際に発生する衝撃が砥粒に作用することで，砥粒は基板表面に干渉し加工現象が発現される[2-50]．ここで，絞りを基板表面に沿って低速で駆動させると，加工作用が流れ方向に連続的に及ぼされ，所定長さの領域を一様に加工することができる[2-51]．

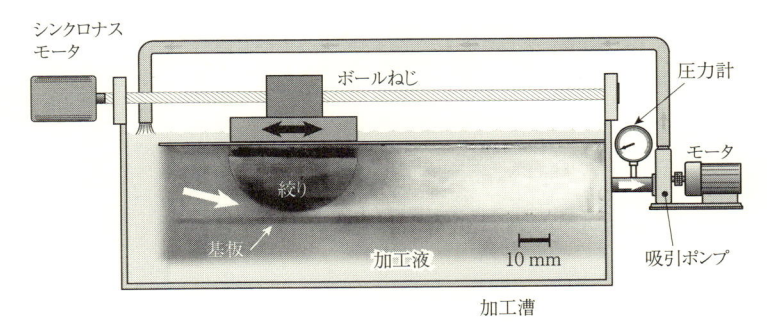

図2.39 吸引キャビテーション援用砥粒加工装置

図 2.40 は，WA 4000（砥粒径：約 3 μm）の砥粒によってガラス基板に加工した幅 1 mm のマイクロ溝の形状を測定した結果である．溝のコーナ部の丸みと若干傾斜した側面を持った平滑な底面の矩形溝が得られている．加工した溝の表面粗さは 7 nmRz 程度であり，溝のエッジにはチッピングも認められない．

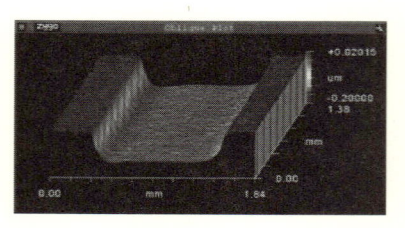

図 2.40 ガラス基板に形成したマイクロ溝形状

図 2.41 は，ガラス基板上に WA600（砥粒径：約 27μm）を用いてキャビテーション援用砥粒加工した幅 1 mm の溝をブラスト加工によって形成した溝と比較したものである．(b)のブラスト加工の場合は，溝部がすりガラス状に曇っており，ガラスの透明性が失われている．一方，本加工法を適用してパターニングした(a)の基板では，図に表示した加工領域が，それ以外の領域と比べて違いが認められない程度に透明性が維持されている．ブラスト加工による溝の表面粗さは 3 μmRz 程度であるが，本加工法では 22 nmRz の表面粗さが得られている．併せて，パターニングされた溝の透明性も考慮すると，加工による変質層も極めて少ないものと推測できる．

(a) 吸引キャビテーション援用砥粒加工

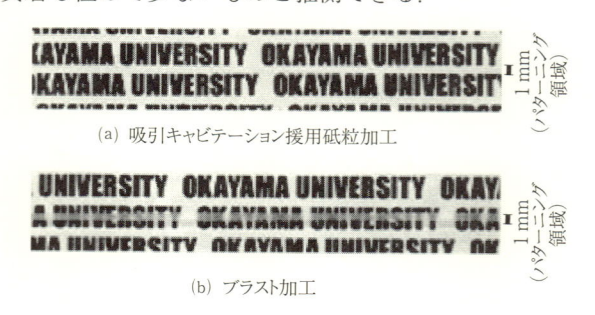

(b) ブラスト加工

図 2.41 ガラス基板に形成したマイクロ溝の比較

図 2.42 は，ガラス基板に二段ディンプルを形成する手順と加工したディンプル形状の測定結果である．また，図 2.43 はマイクロ二段溝を基板に加工する手順と加工後の溝形状の測定結果である．いずれの加工例も，まず図 2.38 に示す手順で基板にマイクロ溝を加工した後，二段ディンプルでは加工した溝と直交するように同じスリット幅のマスクを，また二段溝では，1 回目に加工した溝と平行にスリット幅を広げてマスクを貼付し加工している．いずれの加工例においても，1 回目と 2 回目の加工時間を等しくしているため，1 回目もしくは 2 回目のみの加工により生成された領域では深さが約 130 nm であるが，1 回目に加えて 2 回目の加工にも関与した領域の深さはその倍のおよそ 260 nm である．すなわち，2 回目の加工によって 1 回目の加工で形成された基板表面がその形状を留めたまま 130 nm 程度後退していることがわかる．このように，パターニングによって加工領域があらかじめ有する形状を維持したまま加工領域全体を後退させる加工は，同じくマイクロパターニングに採用されているウェットエッチング等の加工法では容易に実施できないものであり，この加工法の大きな特長の一つである．また，ウェットエッチングが抱える特殊な廃液処理の必要性や作業の安全性の問題を有さないことも利点である．

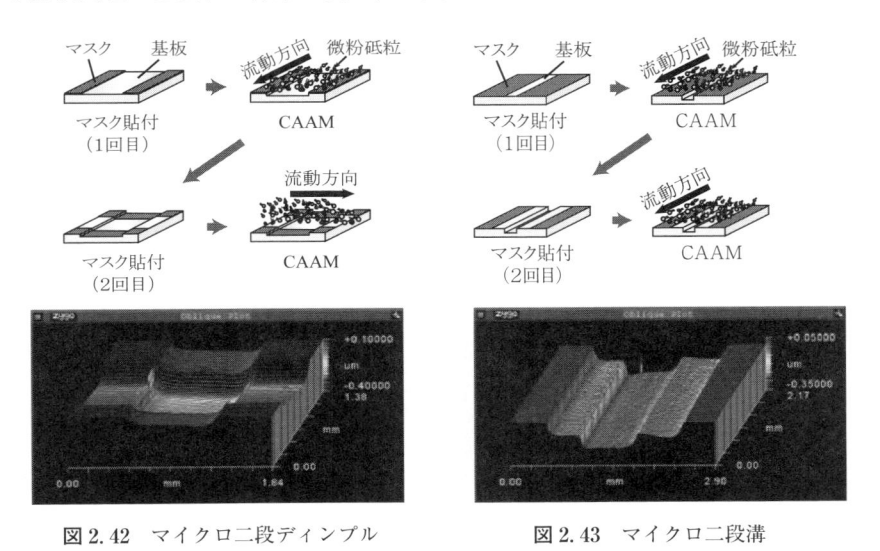

図 2.42　マイクロ二段ディンプル

図 2.43　マイクロ二段溝

2.2.4 切削加工と塑性加工
(1) 機械的マイクロマシニング技術の活用提案

種々のアクチュエータの中でも特に最近研究開発が急速に進んでいる「cm～mm～μmサイズ」のいわゆるマイクロアクチュエータの構成部品を加工する方法の一つとして少し特殊な伝統的機械加工技術である「マイクロ切削加工」，「マイクロ塑性加工」の応用提案を行う．

最近のマイクロ技術の急速な進歩と具体的応用に伴い，必要とされるデバイスの部品はマイクロ～ナノサイズ化への対応の必要性と要求が強まってきており，これらのマイクロ～ナノサイズ構造を得るための加工技術として圧倒的に活用されているのが半導体製造に利用され高い評価を得ているMEMS技術（MEMS：Micro Electro Mechanical Systems：微小電気機械システム）で，真空管→トランジスター→IC→LSI→超LSIの進化による産業革命的なIT産業を開花させ，その驚異的な進化に不可欠な技術であると断言できる．

大電流（真空管）から微小電流（超LSI）への進化に必要な「極微小電流を制御するための回路構成技術」開発の必要性に対してMEMS技術はその必要機能である微小寸法，電気特性，量産性，二次元（又は2.5次元）複雑形状，材質特性等のニーズに十分対応でき，さらに微小で多機能な構造への応用開発が進んでいる．

MEMSは「フォトリソ技術：Photograph / Lithograph：写真製版技術，エッチング技術，めっき技術，電鋳技術，等を総合的に利用する技術」であり，最近及び近将来のマイクロアクチュエータが利用される種々の苛酷な環境を考えた場合，下記のような求められる要素に対して十分対応できない場合も想定される．

① 材料要素
- 化学的条件に耐える材料
- 機械的強度を有する材料
- 耐摩耗性を有する材料
- 樹脂等の非金属材料
- 非鉄金属材料
- セラミック系バルク材料

② 材料特性要素

2.2 設計と加工

- 機械的強度，ばね特性，硬度，
- 耐摩耗特性，摺動特性，摩擦特性
- 電磁気特性
- 耐熱性，耐食性，

③ 形状要素
- 完全三次元的構造
- 高アスペクト構造（孔，スリット，柱）

この状況を一覧表として表2.3に示す．

表2.3 機械的加工方法と半導体微細加工技術（MEMS）

評価要素	機械的加工技術	MEMS
対応材料	殆どの材料への対応可 金属，超硬，セラミック，樹脂，Si，PZT，等	エッチング，メッキ可能材 Si，Ni，Au，Cr樹脂
加工形状の自由度	自由曲面，3次元対応可	2次元，2.5次元
精　　度	mm～μm	μm～nm
加工対象寸法	m～cm～mm～μm	cm～nm
多量生産対応	可	良
厚　み	良	（困難）
仕様変更対応	優	（困難）
総合的特長	材料特性を要求する三次元構造に適する．	電子回路構成やセンサに適する．

　著者は長年企業で経験してきた微細機械的加工技術による精密微細穴，スリット，チャンネル，等を製造するマイクロ切削加工（マイクロ放電加工も含む）やマイクロ塑性加工技術を中心に紹介して，マイクロアクチュエータの製作を支えるマイクロマシニング技術として提案し，機能構造部品の試作や製作に活用されることを願いながら，各加工方法で得られる構造的要素の応用可能性アイデアを□枠内に提案する．提案のコンセプトは「従来使用している多機

能な材料を使用して，従来の構造を微細化するマイクロ機械的加工技術の提案と活用喚起」と理解いただきたい．

(2) 基本的な機械的微細加工技術

著者が経験した合成繊維成型ノズルの微細精密穴の加工に利用されている技術を例として挙げ，それらを加工するのに必要なマイクロ切削加工やマイクロ塑性加工技術を利用して試作開発したマイクロポンプを例として提案し，マイクロマシン要素（マイクロアクチュエータの機能や構造）に応用できるアイデアとして紹介する．

合成繊維成型用ノズルには「$\phi 20\,\mu m \sim \phi 500\,\mu m \pm 1\,\mu m$ の丸穴」や「スリット幅 $20\,\mu m \sim 500\,\mu m \pm 1\,\mu m$ の異形断面穴」が必要であり，その加工には一般的な機械的加工方法をそのままに極端にスケールダウンしたマイクロ切削加工とマイクロ塑性加工が利用されている

a. マイクロドリリング (Micro Drilling) 加工（丸穴粗加工）

一般的な機械的ドリリング加工では $\phi 1\,mm$ 以下をマイクロドリリングというようであるが合成繊維を形成するノズル孔を製造している技術では $\phi 1\,mm$ は非常に大きい穴であり，通常 $\phi 100\,\mu m \sim \phi 500\,\mu m$ 程度までの穴を $\pm 5\,\mu$ の精度で加工する技術をマイクロドリリングという．

この場合穴をあける技術以前に必要なのはドリルを作る技術であり，工具材料（例：超硬合金，高速度鋼，等）を使用して種々の刃先形状（例：スパイラル，フラット，等）を有したドリルを作る技術が必要である．

工具を低速（数 10 rpm）〜超高速（数 10 万 rpm）で回転させ，加工対象物を削り取る加工方法であるが，高度な加工精度は得られ難く，さらに工具の寿命も問題となる場合が多い．

b. マイクロリーミング (Micro Reaming) 技術（丸穴仕上げ加工）

上記のマイクロドリリングは高効率な穿孔が可能な技術であるが，ミクロン精度を得るには困難な場合が多く，必然的にドリリング後のリーミング仕上げ加工が必要である．このリーミング仕上げにより穴の精度は $\pm 2\,\mu m$ 以下，サブミクロンの表面粗度の仕上げが可能となる．

ドリリング加工は 100% 切削作用で加工するのに対して，リーミング加工は切削部での切削作用とごくわずかの塑性加工を利用した方法で，それは工具の

切れ刃部の形状設計により可能となる．この場合もリーミング仕上げ技術以前に適合するリーマーを作る技術が必要であり種々の工具刃先形状（多面断面，正負角切れ歯）のリーマーを作る技術が必要である．工具回転は比較的低い範囲（数 10 rpm 〜数 1000 rpm）を使った方がよい傾向にある．

- 微小丸孔とマイクロアクチュエータ機能要素との接点
  マイクロオリフィス，マイクロシリンダー，マイクロ流路，マイクロ軸受穴

- 微小丸穴加工用工具とマイクロアクチュエータ機能要素との接点
  マイクロピストン，マイクロシャフト，マイクロ電極，マイクロシリンジ

c. マイクロ放電加工（Micro EDMing）技術（異形断面穴粗加工）

丸穴の加工はドリリング，リーミング，パンチング【(e) で説明】等の方法で高効率，高精度に加工できるが，スリットで構成される異形断面を有した穴はあらかじめ成型した異型断面形状を有した電極を利用した「型彫り放電」または「ワイヤカット放電（糸鋸のような動作で電気的エネルギーで金属を溶解除去）」で加工される．

ワイヤカット放電加工の場合は所定スリット幅から放電ギャップを差し引いた径のワイヤを使用すればよいが，型彫りの場合は所定孔形状に対してネガティブな形をした微細電極（ソリッド電極）を作成して対応する事が必要であり，押し出し成型法やマイクロミーリング法が利用されている．

また，一般的な放電加工に利用されるワイヤ電極は $100\,\mu m$ 以上，ソリッド電極のサイズは数 $100\,\mu m$ 以上であるが，特殊な放電加工では $20\,\mu m$ 程度までのワイヤやソリッド電極が用いられる．

一般的な放電加工では，合成繊維成型用ノズルに必要とされるスリット幅は $\pm 1\,\mu m$，表面粗さ $0.2\,\mu m Rz$ 以内の精度を得ることは困難であり，仕上げ工程としてバニシング仕上げ【(d) で説明】を行うことにより所定の精度と品位を得ることができる．

　　EDM：Electro Discharge Machine の略で EDMing は専門的新語

- 異型断面穴とマイクロアクチュエータ機能との接点
  マイクロチャンネル，マイクロギア，マイクロフルイディス

- 微小異型孔加工用工具とマイクロアクチュエータとの接点
  マイクロ電極，マイクロばね

d. マイクロバニシング，シェービング（Micro Burnishing, Shaving）技術

ドリリング，リーミング，および放電加工で穴を仕上げることができてもさらに高精度，高品位な穴が必要な場合，極表面の極微細切削と極微細塑性流動効果を利用した「半切削加工」，「半塑性加工」による仕上げ加工が有効である．

荒加工切削の場合どうしても切削部刃先での振動，発熱，切り屑巻き込み，等のトラブルが起こり，精度不良，品位不良，工具欠損，等の原因となる．

マイクロバニシング（摩滅），シェービング（髭剃り）は，極わずかの表面層（サブミクロンの仕上げ取りしろ）を穏やかに除去する方法で，cm ～ mm 単位の加工でも利用されている一般的なバニシング加工をスケールダウンした微細精密穴，スリット等の仕上げ方法である．この場合も工具をいかにデザインするかがキーポイントであることは上記の方法と同じである．

e. マイクロパンチング，ピアシング（Micro Punching, Piercing）技術

$\phi 0.1$ mm 程度までの穴はドリリング，リーミングで対応可能であるがそれ以下の穴の場合は工具の製作，工具寿命，穴径精度の維持，等の観点から，回転しない工具の押し込みによるパンチング加工が有効である．

ピアシングという比較的ポピュラーな加工方法もあり，最小では $\phi 10\ \mu m$ 程度までの穴が加工可能であるが，アスペクト比は最大でも2倍程度までが限度である．

f. マイクロシェーピング（Micro Shaping）技術

一般技術として大きいバイトを使用して，引き削りにより溝を加工するシェーパー加工方法があるが，バイトを微小化し，加工機械要素を小さくする事によりマイクロシェーピングが可能となる．

直線的溝加工にとどまらず，二次元的，三次元的なマイクロ溝の加工（ヘール加工）が可能である．

- マイクロシェーピングとマイクロアクチュエータとの接点
  マイクロチャンネル，マイクロ溝

g. マイクロドッティング（Micro Dotting）技術

前述（e）のマイクロパンチング，ピアシング技術の応用として微細任意形状工具による圧入加工がある．

所定形状を有したマイクロ工具を精密に押し込むことによる微細精密な凹み形状を効率よく形成する方法で，著者の経験では 100,000 ドット/cm² の密度で正確な断面形状（非球面）を有したマイクロドットを形成できる．図 2.44 参照

> ・マイクロドッティングとマイクロアクチュエータ機能との接点
>   マイクロレンズアレイ金型，マイクロアレイトレー，マイクロポットマトリックス

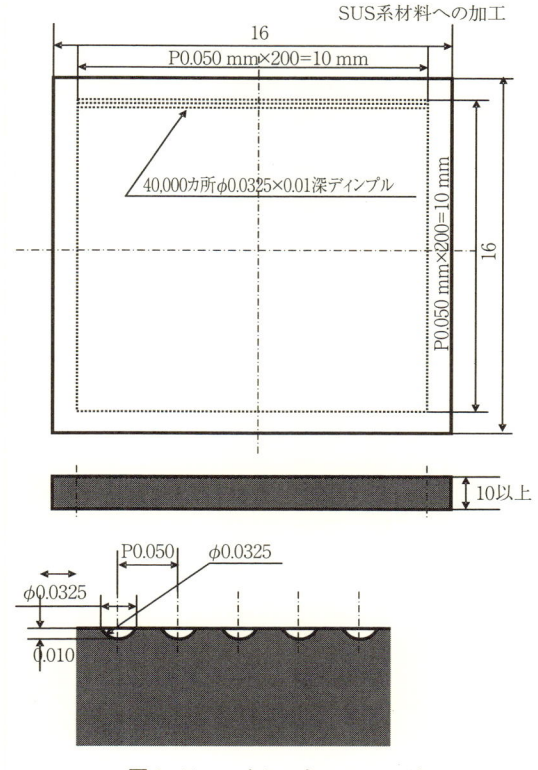

図 2.44 マイクロドッティング

h. マイクロ工具（Micro Tool）加工技術

上記の微細加工を支える基本的な技術としてすべて微細工具を作る技術が必要である．使用する技術は一般的な，旋削，研削，研磨，放電，シェービング，圧入，等に必要な工具を単純にマイクロ化した技術であり特に特殊な設備等は必要としない．

- マイクロ工具技術とマイクロアクチュエータ機能との接点
  マイクロシャフト，マイクロピストン，マイクロ電極，マイクロピンセット
---

(3) 機械的マイクロマシニングの応用提案

アクチュエータ機能デバイスの一例として先述の各マイクロマシニング技術を応用して試作した二種類の「マイクロポンプ」を紹介する．
各機能部品は，

- 耐摩耗性必要軸受（ドリリング加工）……テフロン樹脂，非鉄金属，
- 耐食性，耐耗性必要ギア，（放電加工）…硬質ステンレス鋼
- シャフト（工具加工）………………………硬質ステンレス鋼
- シリンダー（マイクロドリリング加工）…硬質ステンレス鋼，
  　　　　　　　　　　　　　　　　　　　　ガラス
- ピストン（マイクロ工具）………………硬質ステンレス鋼，
  　　　　　　　　　　　　　　　　　　　　超硬合金

等で構成されており MEMS 技術に比して構造や材料的な特徴において優位性は十分にあると考えられる．

a. マイクロシリンジポンプ

図 2.45 に提案したマイクロマシニング技術を利用して試作したマイクロシリンジポンプのスケッチを示す．加工は比較的容易に実施できたが組み立てが顕微鏡下での作業となり非常な困難を伴った．また動作させる適当なアクチュエータが見つからず現在のところ動特性の採集には至っていない．

b. マイクロギアポンプ

図 2.46 に提案したマイクロマシニング技術を利用して試作したマイクロギアポンプを示す．ギアの PCD は 1.0 mm で外形は 7 mm×7 mm×3 mm の大きさで，0.8 cc／min（1000 rpm）〜 2.4 cc／min（3000 rpm）の流量が得られた．寿命評価は現在進めている状況であるが数百時間経過後も初期と同じ特

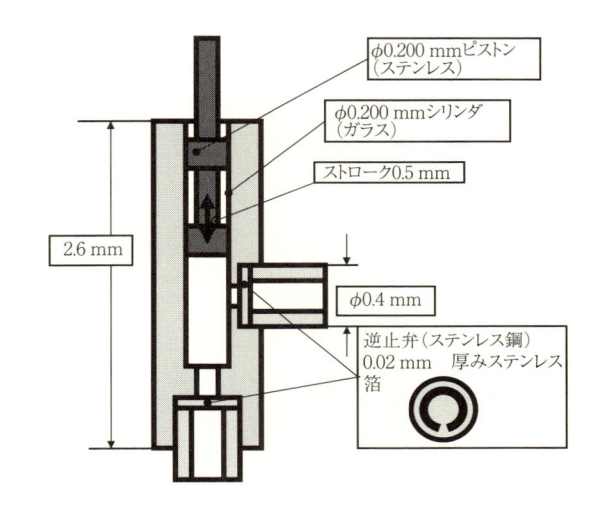

図 2.45 マイクロシリンジポンプ
マイクロ機械加工技術を利用して試作した「マイクロシリンジポンプ」
理論的設計値：約 15.7 μl (0.0157 cc) / 0.5 mm ストローク

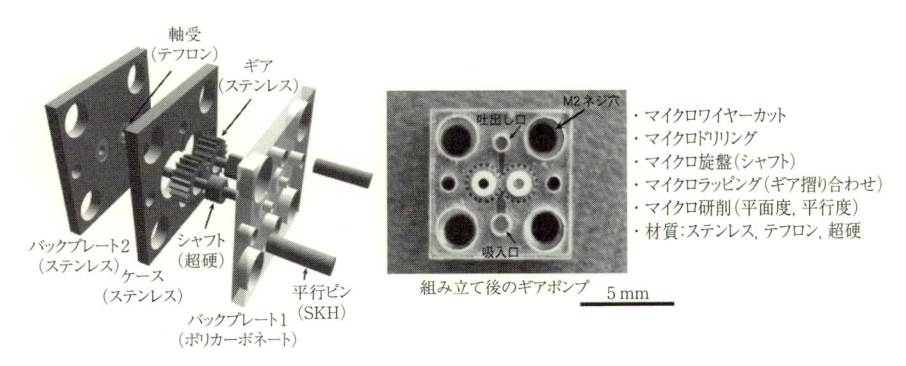

図 2.46 マイクロギアポンプ

性を維持している．

　上述した種々の加工方法は特に目新しいものではなく，確実で多くの利用実績のある伝統的な機械的加工方法や材料利用の提案であるが，その要素条件を少しマイクロな観点でみれば，まだまだマイクロマシンやマイクロアクチュエータに活用されるアイデアが多くあることに気づく．マイクロアクチュエー

タの近将来に必然的なニーズとしての温度的，強度的，電気的，その他の過酷な環境下での利用は急速に進むと想定され，そのような場面において従来実績のある最適特性を有した材料を利用して，自由度の高い機能構造の製作が可能な機械的マイクロマシニング技術を活用いただければ幸いである．

2.3 磁界解析

2.3.1 有限要素法とは

　数値計算には必ず誤差が伴うので，一つの解析法が万能であるとは限らず，問題に応じた最適な解法が選択使用される．磁界解析法は大きく分けて領域分割法と境界分割法になる．前者は微分形解法とも呼ばれ，差分法や有限要素法がこれに属する．境界分割法としては境界要素法があり，これは積分形解法とも呼ばれる．積分形解法としては，ほかに磁気モーメント法などがある．

　差分法は領域を格子状に分割して計算式を導出するものであり，ソフトウェアは作成しやすいが、曲線形状の領域の場合は誤差を生じやすいなどの欠点を有している．境界要素法は要素分割は行いやすいが，磁性体を鉄心として用いるアクチュエータなどの解析に不可欠な非線形解析が容易ではないという欠点がある．磁気モーメント法は空間を要素に分割する必要がないので，移動する物体の解析に有用であるなどの利点を有するが，求まった連立方程式が密マトリックスになったり，要素の選び方によっては精度が悪い場合があり，汎用的な解析法という意味では有限要素法の方が広く用いられている．

　有限要素法は，領域[2-52][2-53]を三角形要素などで要素分割して解析する手法であり，以下のような特長を有している．

(a) 複雑な境界形状に fit するように分割できるので，任意の形状の機器の解析が行いやすい．

(b) 材料定数が領域内で異なる非線形問題や異方性材料の解析ができる．

(c) プログラムを一度作成しておけば，解析対象が変わってもデータを変更するだけで，様々な機器の解析が可能である（ソフトウエアに汎用性がある）．

　モータやアクチュエータの鉄心内の磁束は複雑な分布をしている．これをある関数で表して解こうとしてもまず不可能である．有限要素法は，磁束などが

2.3 磁界解析

流れている領域を要素分割して，その中では磁束が均一に流れているとしても大きな誤差は生じないと仮定して磁束分布などを求める手法である．その磁束は電磁界の現象を表す式に従って分布する．簡単な場合として，磁界が z 方向には一様で x, y の二次元平面内でのみ変化する場合を考え，かつ境界条件を与えやすくするために，磁束密度 B に対応して定義できる磁気ベクトルポテンシャル A（以下，ポテンシャルと呼ぶ）を用いると，解くべき方程式は次式となる．

$$\frac{\partial}{\partial x}\left(\nu_y \frac{\partial A}{\partial x}\right) + \frac{\partial}{\partial y}\left(\nu_x \frac{\partial A}{\partial y}\right) = -J_0 \tag{2.7}$$

ただし，ν_x，ν_y は磁気抵抗率（透磁率 μ の逆数）ν の x, y 方向成分，J_0 は外部から印加する強制電流密度である．

有限要素法では要素内のポテンシャル分布を適当な近似関数で表して，マクスウェルの方程式を満足する磁界分布を求める．領域の形状が複雑な部分や，場のポテンシャルが急変するような部分では分割を細かくし，そうでない部分の分割は粗くする．要素の形状としては，図 2.47 のような一次三角形要素がよく用いられる．

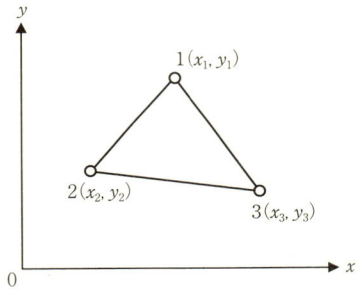

図 2.47 一次三角形要素

ところで，磁界解析を行うということは，最終的には磁界の強さ H や磁束密度 B を求めることであるので，B や H を未知数とした方がよさそうであるが，なぜ(2.7)式のように磁気ベクトルポテンシャル A を未知数とした方程式を解くのかについて考える．一般に電界や磁界，電磁界は無限の広がりを有しているが，無限のかなたまで要素分割して解析できないので，有限要

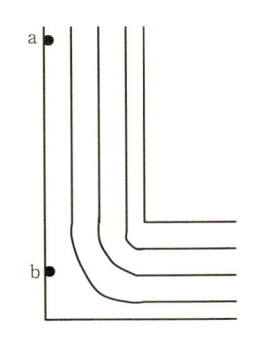

図 2.48 単相変圧器モデル

素法では解析したい領域を取り出し，領域の境界に境界条件を与えて解いている．磁束密度の分布が一定でない一般の問題の場合には，境界上の磁束密度 B を与えることは容易ではない．例えば，図 2.48 の単相変圧器モデルでは，脚

の平均磁束密度が1.4T（a点ではほぼ1.4T）でも，b点では1.4Tよりも小さくなる．境界上の磁束密度Bは前もってはわからないので，このようにBを未知数として解析する場合の境界条件を与えることは容易ではないと言える．それに対し，二次元場では磁気ベクトルポテンシャルAの等しい線（等ポテンシャル線と呼ぶ）は磁束線に対応する．それゆえ，鉄心の境界上に沿って同一のポテンシャルを与えれば，鉄心からの磁束の漏れがないと仮定した場合の解析が可能となる．以上の次第で，磁界解析では三次元の場合も含めて，未知数として磁気ベクトルポテンシャルAが一般的に用いられる．

2.3.2 概略計算手順
(1) 二次元解析法
有限要素法の計算手順の概略は，以下のようになる[2-52]．

i) ポテンシャル分布を求めたい領域を多数の要素に分割する．

ii) 各要素内のポテンシャル分布を適当な近似関数で仮定する．図2.47の一次三角形要素の場合，要素 e 内の任意の点Pの座標をx，yとし，要素内のポテンシャルAは次式のように座標x，yの一次近似式で表せると仮定する．

$$A = \alpha_1 + \alpha_2 x + \alpha_3 y \tag{2.8}$$

ここで，α_1, α_2, α_3 は要素ごとに異なる定数である．各節点のポテンシャル A_1, A_2, A_3 がわかれば，要素 e 内の任意の点のポテンシャルAは次式となる．

$$A = \{1\ x\ y\} \begin{bmatrix} 1 & x_1 & y_1 \\ 1 & x_2 & y_2 \\ 1 & x_3 & y_3 \end{bmatrix}^{-1} \begin{Bmatrix} A_1 \\ A_2 \\ A_3 \end{Bmatrix} \tag{2.9}$$

iii) 節点のポテンシャルを未知数とする連立一次方程式をガラーキン法を用いて作成する．

式(2.7)にガラーキン法を用いれば，節点のポテンシャル A_1, …, A_{nt} について次の連立一次方程式が得られる．

$$\begin{bmatrix} H_{1,1} & \cdots & H_{1,nt} \\ \vdots & & \vdots \\ H_{nt,1} & \cdots & H_{nt,nt} \end{bmatrix} \begin{Bmatrix} A_1 \\ \vdots \\ A_{nt} \end{Bmatrix} = \begin{Bmatrix} 0 \\ \vdots \\ 0 \end{Bmatrix} \tag{2.10}$$

ここで，nt は総節点数を示す．これは領域に強制電流が流れていない場合の方程式である．強制電流が流れている場合は右辺の列ベクトルはゼロにならない．

iv) 境界条件を与えて，未知節点数を減少させる．

図 2.49 のモデルでは，磁石による磁束が辺 7-9 に沿って平行に流れる．ところで前述のように、二次元場ではポテンシャルの等しい線（等ポテンシャル線と呼ぶ）は磁束線に対応する．それゆえ，

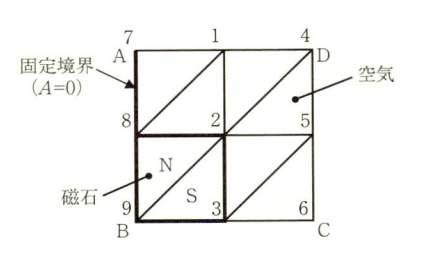

図 2.49 分割図の例

節点 7-9 のポテンシャルとして等しい値（例えば，零）を与えればよい．節点 7-9 はポテンシャルが境界条件により与えられているので，これらの節点は既知節点である．式(2.10) において，節点 nu+1 から nt までが既知節点であれば，これらの項を右辺に移すことにより次式が得られる．

$$\begin{bmatrix} H_{1,1} & \cdots & H_{1,nu} \\ \vdots & & \vdots \\ H_{nu,1} & \cdots & H_{nu,nu} \end{bmatrix} \begin{Bmatrix} A_1 \\ \vdots \\ A_{nu} \end{Bmatrix} = \begin{Bmatrix} G_1 \\ \vdots \\ G_{nu} \end{Bmatrix} \tag{2.11}$$

ここで，nu は未知節点の総数である．

v) 連立方程式を解く

式(2.11) の $A_1, \cdots, A_{nu}$ をガウスの消去法や ICCG 法[2-54]などを用いて計算する．

vi) 磁束密度の計算

ポテンシャルが求まれば，二次元場の磁束密度の x, y 方向成分 B_x, B_y は次式により求められる．

$$\begin{aligned} B_x &= \frac{\partial A}{\partial y} \\ B_y &= -\frac{\partial A}{\partial x} \end{aligned} \tag{2.12}$$

式(2.8) を式(2.12) に代入すれば，

$$\begin{aligned} B_x &= \alpha_3 \\ B_y &= -\alpha_2 \end{aligned} \tag{2.13}$$

α_2, α_3 は要素を構成する節点の座標ならびにそのポテンシャルから決まる定数である．したがって，式(2.13) からわかるように，一次三角形要素の場合，磁束密度は要素内では一定となる．

(2) 三次元解析法

三次元解析の計算手順は，二次元解析のそれとほぼ同じである．要素としては，たとえば図2.50のような四面体や六面体の辺要素[2-53]が用いられる．三次元解析の場合は未知数が極端に多くなるので，連立方程式を，通常ICCG法[2-54]などの反復解法を用いて解く．

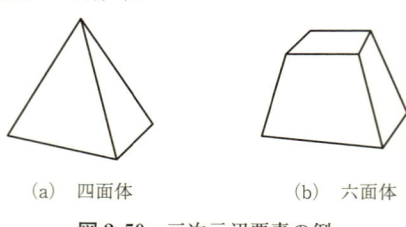

(a) 四面体　　　(b) 六面体

図2.50　三次元辺要素の例

2.3.3　境界条件

一般に磁界は無限の拡がりを有している．無限の領域を解析することはできないので，有限要素法では対称性や周期性，また鉄心やコイルから離れるに従って磁界が指数関数的に減衰することを利用して解析領域を減らしている．その時の解析領域の境界に境界条件を与える必要がある．

二次元の場合の境界条件の与え方は文献[2-52]に譲るとして，ここでは，三次元の辺要素を用いた場合の境界条件について述べる[2-53]．

a. 固定境界条件（磁界が境界に平行な場合）

三次元解析で辺要素を用いる場合，境界条件としてはAの境界に平行な成分を指定すればよい．これを固定境界と呼ぶ．磁界が境界に平行な場合は，図2.49の例と同様にAの境界に平行な成分（例えば零）を与えればよい．

b. 自然境界条件（磁界が境界に垂直な場合）

磁界Hが垂直な境界では，その境界上のポテンシャルを未知変数として取り扱えばよく，これを自然境界と呼ぶ．

c. 周期境界条件（磁束分布が周期的に現れる場合）

図2.51のような多極の回転機では，同じ磁束分布が周期的に現われる．これを周期境界と呼ぶ．この場合，1極ピッチ分の解析領域の両端での磁束の向きに着目して，境界上のベクトルポテンシャル間の関係式を導出すれば全領域を解析する必要はなく，解析領域を1極ピッチ分に減らすことができる．a-c-

2.3 磁界解析

f-d-a 面と a-b-e-d-a 面では，図2.51のように磁束密度ベクトル B の向きが互いに逆になっているので，ベクトルポテンシャル A の向きも互いに逆になるとして取り扱えばよい．例えば図中に示した A_{11}, A_{21}, A_{12}, A_{22} 間の関係式は次式となる．

$$A_{11} = -A_{21}$$
$$A_{12} = -A_{22}$$
(2.14)

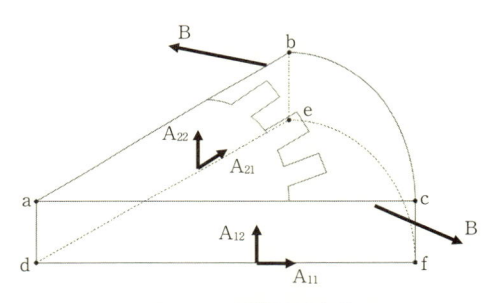

図2.51　周期境界条件

2.3.4 電圧源の考慮

アクチュエータは電源に接続して運転されるので，動作時の解析を行うためには，電源電圧を考慮した解析を行う必要がある．すなわち，この場合は式(2.7)の J_0 は未知で，巻線に印加する電圧が既知である．ところが，今まで述べた解析法では，J_0 は既知でなければならない．そこで有限要素法の式と，電圧，電流間の関係式を連立して解くことにより，J_0 も未知数として解析できる「電圧が与えられた有限要素法」が開発されている[2-55]．

図2.52に巻線を含む外部回路の等価回路を示す．ここで，破線で囲んだ有限要素法適用領域は，巻線端部を除いた鉄心内の領域を示す．V_0 は外部電源電圧，R_0 は巻線端部の抵抗，L_0 は巻線端部の漏れインダクタンスである．また，R_c は有限要素適用領域内の巻線の抵抗である．この場合，巻線の鎖交磁束 ϕ，外部電源電圧 V_0，インダクタンス L_0 間には，キルヒホッフの第2法則より，次式の関係がある．

$$\frac{d\phi}{dt} + (R_c + R_0)I_0 + L_0\frac{dI_0}{dt} = V_0$$
(2.15)

式(2.15)の ϕ を磁気ベクトルポテンシャル A で表したもの（方程式の個数：

独立な電流の数）を通常の磁界解析の式(2.7)（方程式の個数：未知なベクトルポテンシャルの数）と連立させて，ベクトルポテンシャル A と電流密度 J_0 を未知数として解けば，方程式の個数と未知数の個数が等しくなり，電源電圧が与えられた条件下で電流を未知数として解くことが可能となる．

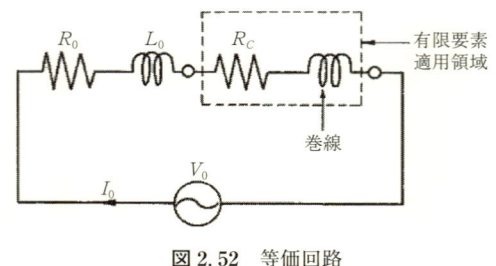

図 2.52　等価回路

2.3.5　電磁力・トルクの計算法

有限要素法による電磁力やトルクの計算法としては，電流 I が流れている長さ L の電線に磁束密度 B が印加されている時に電線に働く力を計算する BIL 法などもあるが，この方法では鉄心に働く力は計算できない．そこで，ここではモータの回転子などに働く力を計算できるマクスウェルの応力法と節点力法を説明する[2-53]．

（1）　マクスウェルの応力法

これは，磁界 H 中の磁性体表面には，磁界の方向に BH/2 の力が生じるというマクスウェルの応力を用いて物体に働く力を求めるものである．具体的には，図 2.53 のような物体を囲む面 S（物体表面でなく物体から離れた空気中に面 S をとってもよい）上でマクスウェルの応力を足し算（積分）して力を求める．トルクは電磁力の接線方向成分に半径を掛ければ求められる．この閉曲面 S は，電磁力やトルクを計算したい物体を囲んでおりさえすればどのように選んでもよいが，磁束が急変する箇所を閉曲面に選ぶと誤差が

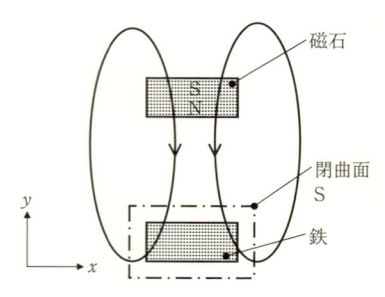

図 2.53　マクスウェルの応力法

(2) 節点力法

節点力法[2-56]は，図 2.54 のように磁性体内の各節点に働く力 f_1, …, f_4 の和を求めることにより，磁性体全体に働く力を計算しようとするものである．各節点に働く力は，その節点を含む要素内の磁束密度 B を用いて計算される．この方法は，マクスウェルの応力法のように積分路のとり方に注意を払う必要がなく，かつ磁性体中の電磁力の分布を求めたい時にも使えるという利点を有する．

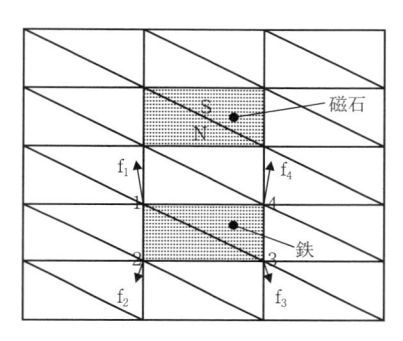

図 2.54 節点力法

2.3.6 最適化手法の適用

設計目標として与えられた磁束分布やトルクなどから，機器の形状・寸法を逆に決定するために，有限要素法と最適化手法を併用した方法が用いられている[2-57]．有限要素法を用いて，希望する磁束分布や電磁力を生じるような磁性体やコイルの寸法形状を求めようとする場合，①まず寸法を仮定して磁界計算を行い，②次に目的関数が最大または最小になっているかの判定をし，③制約条件を考慮して寸法・形状を修正する，というプロセスを繰り返すことになる．この寸法など（設計変数と呼ぶ）を修正して反復計算を行う際に，最適化手法が用いられる．

このような方法で最適化を行う際は，変化させる寸法（設計変数）を人間があらかじめ与えておくので，設定あるいは想定した範囲内での解が求まるだけなので，新規な磁気回路の設計は行いにくい．それに対し，広い範囲を設計領域に選び，その範囲内に磁性体などを適宜配置して，新規な磁気回路の概形設計を行おうとする手法（ON/OFF 法などと呼ばれている）が提案されている．この手法を図 2.55 の埋め込み磁石型（IPM）モータ（4 極 24 スロット）において，トルクリプルが最小になるような形状を求めた結果を図 2.56 に示す[2-58]．トルクリプルを初期形状（図 2.55）の約 1/2 に減らすことができた．

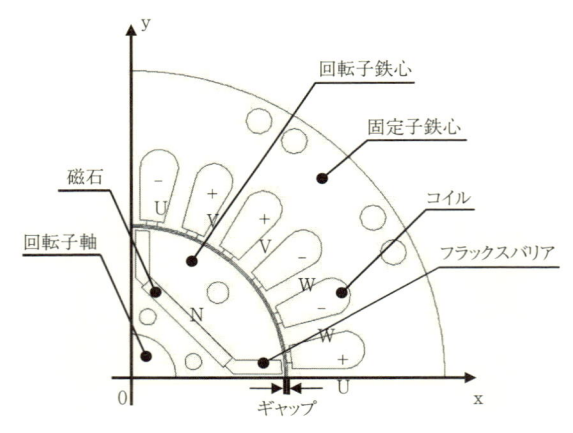

図 2.55 IPM モータのモデル

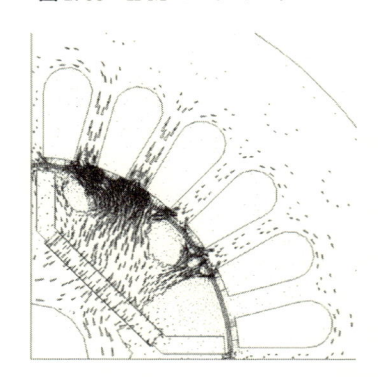

図 2.56 最適形状での磁束分布

2.4 計測・制御

2.4.1 センサ

(1) センサを用いた計測の基礎

アクチュエータは可動機構であるため，外界の情報を得て制御することが，多くの応用で必要となる．このため，センサはアクチュエータにとって外界の情報を得る重要な感覚器官となる．人間の感覚器官には外界の情報を取り込むために生命活動に必要な五感に代表される視覚，聴覚，触覚，味覚，嗅覚がある．しかし，この感覚は単純なものではなく，複雑な感覚機能をもっている．

2.4 計測・制御

例えば触覚に関係したものとしては，触わったことを検知するだけでなく，暖かさや冷たさなどの温度を検知する体性感覚がある．聴覚に関しても人の内耳では平行度や加速度を検知することができる．これらは，外界の刺激を感覚器官が受け取り，脳で処理され認知され，行動へと移っていく．アクチュエータでは，脳に置き換わるのが半導体でできているマイクロプロセッサであり，全ての情報がここに入力され処理されて，アクチュエータの動きを制御する．

センサを用いる時の基本的な構成について考えてみる．センサは外界の情報を電気信号に変換する素子であるため，トランスデューサーとも呼ばれる．マイクロプロセッサに情報を伝達するためには，図2.57に示すような信号処理が必要となる．まず計測対象が電圧や電流等の電気信号に変換され，この電気信号変化量をセンサ自身あるいはセンサ用信号処理回路でアナログ電圧信号に変換する必要がある．次にこのアナログの電圧信号をAD（アナログ/デジタル）変換器でデジタル信号に変換する．マイクロプロセッサでセンサのデジタルデータをもとにアクチュエータの制御方法を処理し，インターフェースを介してアクチュエータを駆動する．

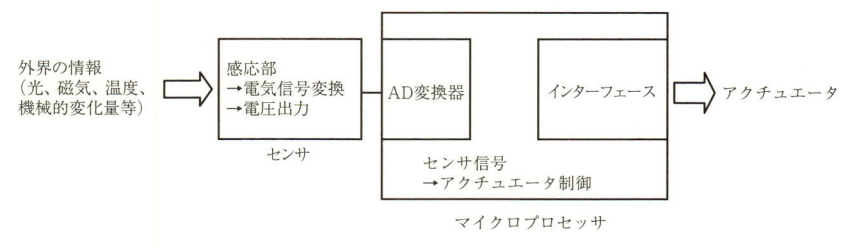

図 2.57 センサを使った信号の流れ

では感覚器官であるセンサにはどのようなものがあるであろうか．アクチュエータに必要とされる検出対象としては，移動量や，力等の機械的なものから，温度などの物理量や溶液中のイオン濃度などの化学量といった外界の状態など多種に及ぶ．ここで，外界の情報を電気信号に変換する方法は様々にあるため，一種類のセンサが対応するわけでなく，用途に応じて使い分けられる．アクチュエータを使用あるいは開発していくうえで，各種センサの変換原理と応用について広く知っておくことは重要であり，概要を以下に述べる．

(2) 各種センサ
a. 光センサ

　光は電磁波であり，その波長によって人間の目に見える可視光領域から，波長が長い領域である赤外線，波長が短い紫外線領域を検知する光センサがある．これらは波長によって違ったエネルギーを持っており，光センサは光エネルギーを電気エネルギーに変換する素子である．

　光センサとして多く使われるのが，半導体の伝導帯と価電帯の間にあるエネルギーギャップを利用し，光が吸収されるとそのエネルギーにより電子が伝導帯に励起され，電流が流れる現象を利用している量子型光センサである．硫化カドニウム（CdS）や，図2.58に示すようなフォトダイオードやフォトトランジスタなどがある．CdS等は光導電素子であり，光が当たると導電率が変化する．CdSの受光感度は人間の光の各波長に対して明るく感じる特性である比視感度に近いので，カメラの露出計など広く使われている．また，カメラなどに使われているイメージセンサでは，半導体のpn接合であるフォトダイオードが二次元のアレイ状に配列されたものを使っている．現在イメージセンサには各画素のデータである電荷を転送していき，逐次読みだしていく方法の電荷結合素子（Charge Coupled Device, CCD）と，各画素のデータをそのまま切り替えて読みだす相補型金属酸化膜半導体（Complementary Metal Oxide Semiconductor, CMOS）方式がある．

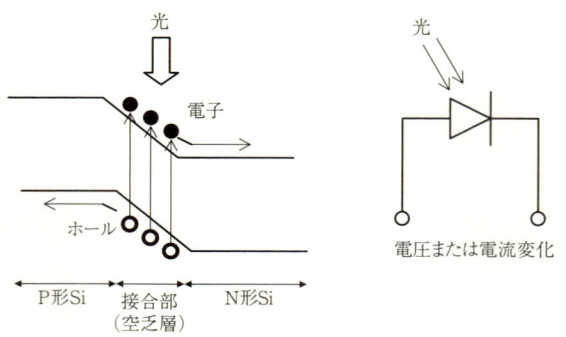

図 2.58　フォトダイオードの光検知の原理

　もう一つのタイプの光センサとして，光エネルギーを熱エネルギーに変換して検出する熱型光センサがある．赤外線など波長の長い光は物質の格子振動に

吸収され温度を変化させる．この温度変化を，熱起電力効果を利用したサーモパイルや，焦電効果を利用したチタン酸ジルコン酸鉛（lead zirconate titanate, PZT）などの温度センサで検知する．

光センサの使われ方として，対象物から届いてくる光そのものを検知するパッシブな検知方法と，発光素子と組み合わせて対象に光を当て，その反射あるいは遮光状態を検知するアクティブな検知方法がある．アクティブな方法では，光源と受光素子の組み合わせとなり，光源や受光素子それぞれに多くの種類があるので，その組み合わせは非常に多い．その中でも，発光ダイオード（Light Emitting Diode, LED）あるいはレーザダイオード（Laser Diode, LD）を光源として，受光素子としてはフォトダイオード（Photodiode, PD）あるいはフォトトランジスタを組み合わせることが広く行われている．

光のアクティブ方式のセンサとして，光電スイッチがある．これはホトインタラプタとも呼ばれ，発光ダイオードとフォトトランジスタを対向させ，その光路中に対象物が入ると光が遮断されるので，対象物の位置を検知することができる．一方，発光ダイオードとフォトトランジスタの向きをずらして，対象物が来た時だけ，発光ダイオードの光が反射されフォトダイオードに届く反射型方式もある．これらのホトインタラプタは多く産業やOA機器で使用され，例えば自動販売機やATMの通貨検知や，プリンタでの紙検知などがある．

さらに物体の有無だけでなく，可動物の正確な位置を検知するものとしてホトインタラプタの原理を基本とした光学式エンコーダがある．ここでのエンコーダは位置情報であるアナログ量を信号としてパルス列を出力させることを意味している．図2.59に示した平行移動あるいは回転移動しているものに，光を透過させるスリットをパターン化したものを発光ダイオードとフォトダイオードの間に取付けたものである．平行移動しその移動量を検知するものはリニアエンコーダ，回転物の回転角を検知するものはロータリエンコーダと呼ぶ．モータの制御として，ロボットや物品搬送機器など多くの機器で広く使われている．この

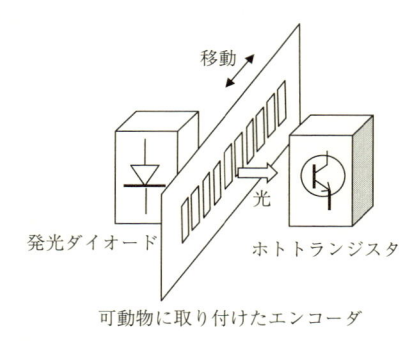

図2.59 リニアエンコーダの原理

エンコーダには単に移動変化量をパルスで発生させカウントするインクリメンタル形や，絶対位置を検知するアブソリュート形がある．特にアブソリュート形ではパターンの異なるスリットが多数のトラックに配列されたものを，各トラックに設けたホトインタラプタのセンサアレイで検知して，出力パターンから絶対位置を検知するものである．

b. 磁気センサ

磁気センサは，鉄やフェライトなどの磁化したものや，電流などにより発生する磁場を計測する．磁気センサも光センサと同様に多く使われており，例えば折りたたみ式の携帯電話があるが，この開閉状態を検知するためにホールセンサが使われている．また，携帯電話には GPS を使ったナビゲーションシステムがあるが，東西南北の方位情報が必要となる．このため，地磁気の方向を知るコンパスとして磁気抵抗素子などが使われている．

検知する磁場強度に応じて各種の磁気センサがある．磁場強度として mT ～ T 程度である磁石等を検知する場合には，ホールセンサが広く使われる．ここで T（テスラ）は磁束密度の単位で，例えば地磁気の強度は場所によって異なるが約 50 μT 程度である．ホールセンサは図 2.60(a) に示すようにホール効果を利用したもので，電流に対して磁場が印加されるとローレンツ力により電流が曲げられるので，その結果電流に直交した方向に電圧が発生する．InSb や InAs，GaAs 等の化合物半導体が広く用いられ，厚み方向の磁場を検知することができる．

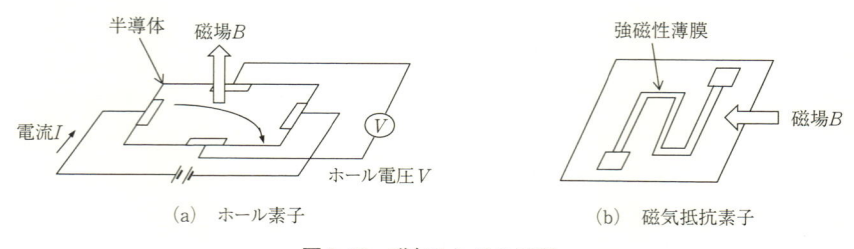

(a) ホール素子　　　　　　(b) 磁気抵抗素子

図 2.60　磁気センサの原理

nT ～ mT 程度の磁場強度の検知には磁気抵抗素子等が使われる．磁気抵抗素子は，図 2.60(b) に示すように電流に磁場が印加されると電気抵抗が変化する磁気抵抗効果を用いたセンサである．一般的には強磁性薄膜を用いたもの

が多く，ホール素子とは検知する磁場の方向が異なり，薄膜の横方向の磁場を検知する．これは強磁性体薄膜の磁化の方向が測定磁場によって変化するため，その結果抵抗が変化する原理を使っている．小さな面積で大きな抵抗変化値を得るために，形状としては例えば横方向の磁場を検出するために，その向きとは直交した方向に長く折りたたんだパターンなどが取られる．磁気によって抵抗が変化するセンサとしてこの他，パソコンなどのハードディスク等の磁気ヘッドの読み取り用センサとして巨大磁気抵抗効果（Giant Magneto Resistive effect, GMR）素子が広く使われている．これは導体層の両側に磁性層を設けた多層薄膜構造を持っており，両側の磁性層の磁化ベクトルの相互結合が平行状態と反平行状態で抵抗率が変化することを用いている．

　磁気センサにはこの他にも様々なものがあり，感度や測定周波数帯域によって使い分けていく必要がある．特に高感度なものとして，光ポンピング磁力計や，超電導量子干渉素子（Superconducting Quantum Interference Device, SQUID）などがあり，脳神経や心臓の筋肉の活動などから発生する磁場までも検出できるものがある．

　光センサを使って移動や位置を検知する方法についてすでに述べたが，磁気で計測する方法も数多くあり，アクチュエータの制御用として使われている．動くものに磁石や磁性体を取り付け，その磁気の変化を捉えることにより動きを検知することができる．例えばモータのロータが動くと磁場の極性が変化するので，ホール素子などを配置しておけばその変化によりロータの回転量を捉えることができる．この信号によりモータの回転制御を行うことができる．モータの回転を計測できることから，類似の技術で液体などの流速も計測できる．流路中に翼を付けた回転体を設けることにより，流速により回転数が変化し，磁気センサで検知することができる．また，ロボット等の位置検出や，回転角度などと多くの可動物の制御用として磁気センサが使える．この磁気センサを使う特徴は，非接触ででき，光と違い汚れに強いことが挙げられる．

c. MEMSセンサ

　近年，急速に発達してきたのが，MEMS（Micro Electro Mechanical Systems）を用いたセンサである．従来の半導体デバイスは薄膜を積層し平面パターンからなる二次元デバイスであった．しかし，現在では集積度を上げるため，MEMS技術である三次元マイクロ加工技術を加えて，三次元構造化が進んで

いる．とくにセンサでは，三次元構造となる機械機構部を半導体基板上に形成したものが多く実用化されている．

機械量を計測するものとして，例えば加速度センサがある．加速度センサの原理も多くあるが，はりに重りを付け加速度によって変形する量を計測するものが広く使われている．MEMS技術によって，図2.61に示すようにSi基板に細い部分のはりと，その先に基板より切り離された質量が大きいおもり部分の構造をとる．加速度に応じておもりが動くので，この変化量を抵抗変化や，静電容量の変化として検知することができる．抵抗変化の検知にはピエゾ抵抗効果を用い，Si基板に不純物を拡散して作成した抵抗に張力が加えられるとその抵抗値が変化する．半導体抵抗を用いた抵抗変化は普通の金属を用いたものより大きな感度を得ることができる．また，静電量変化を捉える方法としては，重りと対向するようにはりを支えている基板側との両方に電極を形成すると，重りの移動量に応じて電極間の距離が変わるので静電容量が変化する．この静電容量の変化を捉えることにより加速度を検知することができる．また，別の方法として，重りに磁性体を付け，これを磁気センサで検出する方式の加速度センサもある．このように，センサの検出原理には様々なものがあり，それらは用途や必要精度等の仕様に応じて選択していく必要がある．

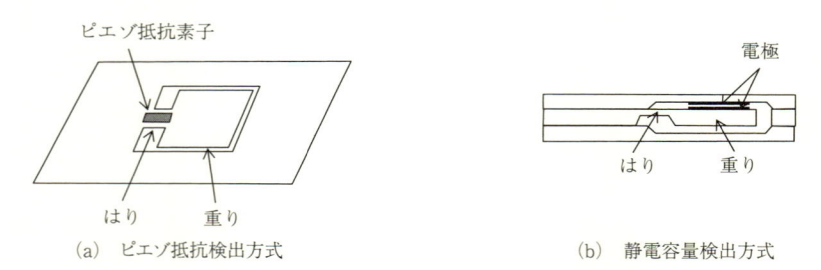

(a) ピエゾ抵抗検出方式　　　　　(b) 静電容量検出方式

図2.61　加速度センサの原理

センサには，この他にガスセンサやイオンセンサ等のケミカルセンサや，バイオセンサなど化学的なものや，温度や圧力等の物理的といったように様々な対象を検知するものが開発あるいは製品化されている．センサについて詳しく知りたい場合には参考図書[2-59〜2-62]等を参考にしていただきたい．

2.4.2 制御技術

　実システムに対する制御系においてアクチュエータは，厳密に考えれば，ほとんどの場合非線形特性を持つ．この非線形の影響によって制御系は動作範囲が狭くなるが，動作点の近傍で線形性が成り立つ場合には適当な線形近似を行って解析することができるため，これまで，制御系設計は線形系の仮定のもとに行うことが多かった．しかし，より高精度制御のため，あるいは，非線形特性を無視できない場合，線形制御理論を適用することはできない．近年，アクチュエータの非線形特性の解析，補償および非線形制御は極めて重要であると考えられている[2-66]．そこで本節では，アクチュエータを持つ代表的な非線形要素である飽和要素，不感帯要素，リレー要素，対称な（および非対称な）バックラッシュ要素，対称な（および非対称な）ヒステリシス要素の数学モデルおよび制御手法を紹介する．

(1) アクチュエータの代表的な非線形要素

　アクチュエータの非線形要素は多種多様で，ここでは代表的な非線形要素としての飽和要素，不感帯要素，リレー要素，対称な（および非対称な）バックラッシュ要素，対称な（および非対称な）ヒステリシス要素の数学モデルを示す．

(2) アクチュエータの基本的な非線形要素の数学モデル
a. 飽和要素

　図2.62は飽和要素の入出力特性であり，図2.63はその入出力波形である．従って入力が $x(t)=X\sin\omega t$ で，飽和要素の勾配が K であるとき，出力 $y(t)$ は式(2.16)および式(2.17)のようになる[2-63]．
$X \leq X_L$ の場合，
$$y(t)=KX\sin\omega t \qquad (2.16)$$
$X > X_L$ の場合，
$$y(t)=\begin{cases} KX\sin\omega t & 0 \leq \omega t \leq \pi-\alpha \\ KX_L=KX\sin\alpha & \alpha \leq \omega t \leq \pi-\alpha \\ KX\sin\omega t & \pi-\alpha \leq \omega t \leq \pi \end{cases} \qquad (2.17)$$
ここで，$X\sin\alpha = X_L$ である．

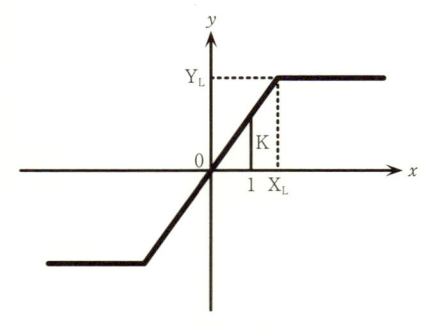

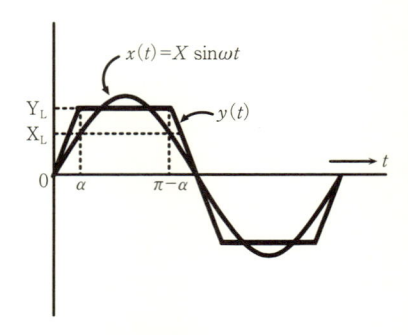

図 2.62 飽和要素の入出力特性

図 2.63 図 2.62 の入出力波形

b. 不感帯要素

不感帯要素は，式(2.18) と式(2.19) で表される．図 2.64 は不感帯要素の入出力特性であり，図 2.65 は入出力波形である．そこで入力に $x(t)=X\sin\omega t$ が加えられ，飽和要素の勾配が K であるとき，出力 $y(t)$ は式(2.18) と式(2.19) のようになる[2-63]．

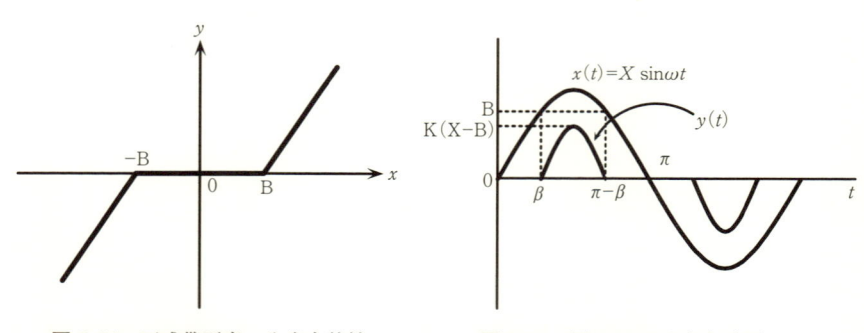

図 2.64 不感帯要素の入出力特性

図 2.65 図 2.64 の入出力波形

$X \leq B$ の場合，
$$y(t)=0 \tag{2.18}$$
$X > B$ の場合，
$$y(t)=\begin{cases} 0 & \beta \leq \omega t \leq \beta \\ K(X\sin\omega t - B)=KX(\sin\omega t - \sin\beta) & \beta \leq \omega t \leq \pi - \beta \\ 0 & \pi - \beta \leq \omega t \leq \pi \end{cases} \tag{2.19}$$

ここで，$X\sin\beta = B$ である．

c. リレー要素

ヒステリシスを持つリレー要素は，式 (2.20) と式 (2.21) で表される．図 2.66 はそのリレー要素の入出力特性であり，図 2.67 は入出力波形である．そこで入力が $x(t)=X\sin\omega t$ であるとき，出力 $y(t)$ は式(2.20) と式(2.21) のようになる[2-63]．

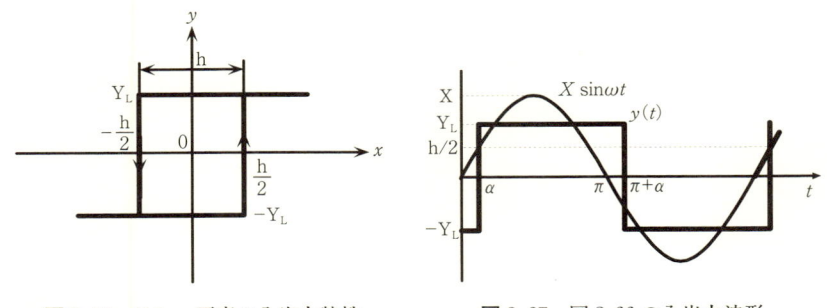

図 2.66 リレー要素の入出力特性

図 2.67 図 2.66 の入出力波形

$X \leq \dfrac{h}{2}$ の場合,

$$y(t) = Y_L, \quad \text{or} \quad y(t) = -Y_L \tag{2.20}$$

$X > \dfrac{h}{2}$ の場合,

$$y(t) = \begin{cases} -Y_L & (2n-1)\pi + \alpha \leq \omega h \leq 2n\pi + \alpha \\ Y_L & 2n\pi + \alpha \leq \omega \pi \leq (2n+1)\pi + \alpha \end{cases} \tag{2.21}$$

ここで，n は整数であり，$X\sin\alpha = \dfrac{h}{2}$ である．なお，$h=0$ のときのリレー要素は理想リレー要素と呼ばれる．

d. バックラッシュ要素およびヒステリシス要素

バックラッシュ[2-72]は一般に駆動モータのトルクを負荷に伝える連結歯車に存在するものであるが，負荷によって不感帯型およびヒステリシス型がある．スプリング負荷の場合には不感帯型のバックラッシュ要素とモデル化され，その入出力関係などについては 2.4.2 項の(2)b で示されている．摩擦負荷でのヒステリシス型のバックラッシュ要素の入出力特性は入力の振幅 X によって異なる．すなわち，$X \leq 2B$ と $X \geq 2B$ の場合に分かれ，入出力波形は

それぞれ図 2.68 と図 2.69 に示されている.このとき,バックラッシュ要素の出力 $y(t)$ は $0 \leqq wt \leqq \pi$ では式(2.22)〜式(2.24)のようになる[2-63].

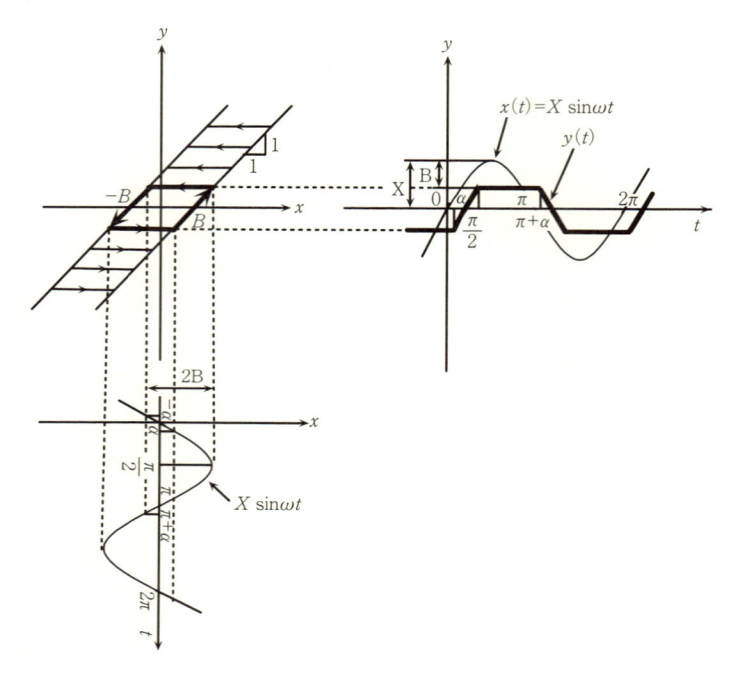

図 2.68 $X \leq 2B$ の場合の入出力波形

$X \leq B$ の場合,
$$y(t) = 0 \tag{2.22}$$
$2B \geq X \geq B$ の場合,
$$y(t) = \begin{cases} -(X-B) & 0 \leq \omega t \leq \alpha \\ X\sin\omega t - B & \alpha \leq \omega t \leq \dfrac{\pi}{2} \\ X - B & \dfrac{\pi}{2} \leq \omega t \leq \pi \end{cases} \tag{2.23}$$

ここで,$X\sin\alpha = 2B - X$ である.また,$X \geq 2B$ の場合

$$y(t) = \begin{cases} X\sin\omega t - B & 0 \leq \omega t \leq \dfrac{\pi}{2} \\ X - B & \dfrac{\pi}{2} \leq \omega t \leq \pi - \beta \\ X\sin\omega t + B & \pi - \beta \leq \omega t \leq \pi \end{cases} \tag{2.24}$$

ここで,$X\sin(\pi - \beta) = X - 2B$ である.なお,バックラッシュ要素の勾配が等

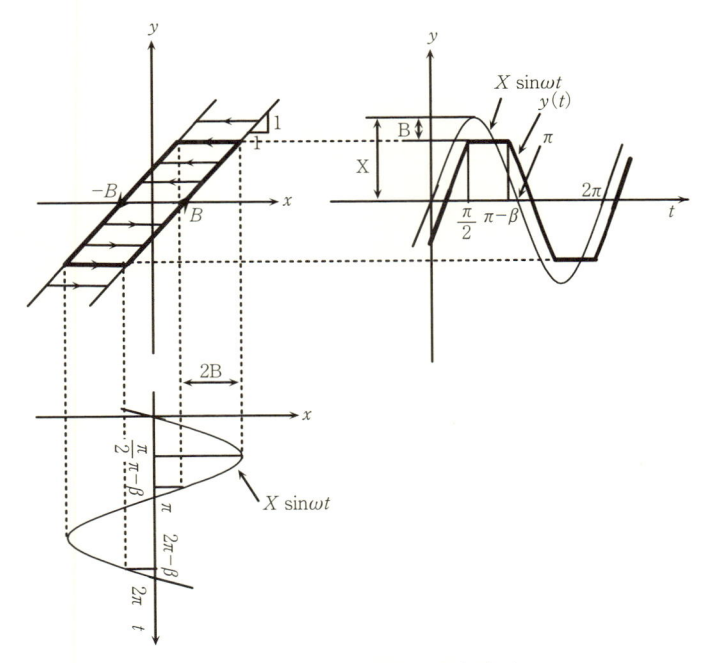

図 2.69 $X \geq 2B$ の場合の入出力波形

しくない場合には，非対称なバックラッシュ要素と呼ばれる．

ヒステリシス特性とは，出力の値が現時点の入力値だけで決まるのではなく，過去の入力の影響を受けるという性質を持つ，メモリ形非線形要素の一つである[2-73〜2-75, 2-77]．ヒステリシス要素は対称的なバックラッシュ要素の重ね合わせで表される．実際には，右と左への運動におけるバックラッシュの勾配が対称ではない場合，非対称ヒステリシスと呼ばれる．圧電素子アクチュエータのヒステリシス特性を表すために，図 2.70 のような PI（Prandtl-Ishlinskii）モデルが用いられている．

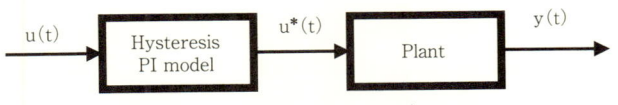

図 2.70 PI（Prandtl-Ishlinskii）モデル

PIモデル[2-65]はstop operator あるいは play operator により表されるが，ここでは，play operator を用いた表現を使用する．まず，play operator を定義する．時間区間$[0, t_E]$を考察対象の制御入力時間区間とし，区間$[0, t_E]$上の区分的単調関数の空間$C_m[0, t_E]$を考える．関数$u(t) \in C_m[0, t_E]$は$0 = t_0 < t_1 < \cdots < t_N = t_E$の各区間$[t_i, t_{i+1}]$において単調であるとする．パラメータ$u_{-1}^*$，閾値$h$を用いて，時間区間$[t_i, t_{i+1}]$における play operator $F_h(u(t)) = F_h(u(t), u_{-1}^*) : C_m[0, t_E] \times u_{-1}^* \to C_m[0, t_E]$を次式により定義する[2-70]．

$$F_h(u(t)) = \begin{cases} u(t)+h & u(t) \leq F_h(u(t_i)) - h \\ F_h(u(t_i)) & -h < u(t) - F_h(u(t_i)) < h \\ u(t)-h & u(t) \geq F_h(u(t_i)) + h \end{cases} \quad (2.25)$$

for $t_i < t \leq t_{i+1}, i = 0, \cdots, N-1$

$$F_h(u(0)) = max(u(0)) - h, \ min(u(0) + h, u_{-1}^*) \quad (2.26)$$

閾値Hを十分大きい値とし，各時間区間$t_i < t < t_{i+1}$において，h_xを$h \in [0, h_x]$で，$h \leq |u(t) - F_h(u(t_i))|$となる正数とし，$p(h)$を実験データより得られる密度関数で，$p(h) > 0$, $\int_0^{hx} hp(h)dh < \infty$, かつ，$h > H$において$p(h) = 0$とする．これらのパラメータと上述の play operator を用いるとヒステリシスを表す PI モデルは時間区間$t_i < t < t_{i+1}$において，次式で表される（図2.71を参照）．

$$u^*(t) = P_I(u(t)) = D_{PI}(u(t)) + \Delta(u(t))$$
$$D_{PI}(u(t)) = Ku(t), \ K = \int_0^{hx} p(h)dh \quad (2.27)$$

$$\Delta(u(t)) = -\int_0^{hx} S_n hp(h)dh + \int_{hx}^{H} p(h)F_h(u(t_i))dh \quad (2.28)$$

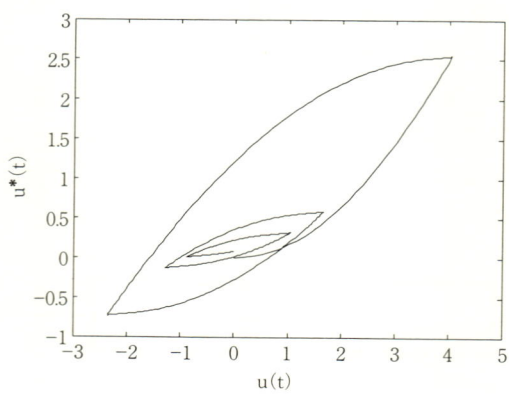

図2.71

$$S_n = Sgn(u(t)) - F_h(u(t_i)))$$

ここで，D_{PI} を可逆部分，$\Delta(u(t))$ を外乱部分という．

(3) アクチュエータの非線形要素を考慮した制御技術

アクチュエータの非線形要素では，線形要素で成立する重ね合わせの原理が成立せず，入力の大きさによって出力の振舞いが変化したり，特異現象を発生したりするので，補償および制御の手法も難しくなる．ここでは，前述のような非線形要素を含んだ典型的なシステムの制御系設計について説明する．

まず，飽和要素をもつサーボモータ系は，断片線形系であるため，位相面解析法を用いて制御系の解析を行う[2-64]．制御系において，単位フィードバックおよびタコジェネレータ（速度発電機）によるフィードバック制御系を構成し，コジェネレータのゲイン値を調整することによって，0または0でないステップ関数のような入力を追従する[2-64]．また，予測制御を用いた強安定制御系設計法も提案されている[2-76]．理想リレー要素を持つ制御系の設計で，上述の単位フィードバックとタコジェネレータによるフィードバック制御系を構成できるが，終点現象と滑り状態を注意するべきである[2-63]．特に，ヒステリシスを持つリレー要素を持つ制御系の設計では，リミットサイクルを生ずる．なお，リミットサイクルの発生の検討については，後続関数の概念を利用し，リミットサイクルの存在条件を見つける[2-63]．

次に，モータの角度制御系の設計を行う際，高性能化のため，入力電圧で表される不感帯要素に対する補償を考えなければならない．一般に，既知の飽和要素非線形性は，その逆特性を用いて打ち消すことができる．しかし，不感帯の大きさがわからない場合には，不感帯に適応的な逆特性を用いて打ち消す．これにより，固定の補償を用いることで生じていた変動後の不感帯に対する過剰補償や補償不足を改善できる[2-69]．

バックラッシュのあるサーボモータ系では，自励振動の発生防止が重要である．バックラッシュ特性が既知の場合には，その逆特性を用いて補償することができる．また，バックラッシュ特性が未知のときでも適応的な逆特性を求められれば，制御系の構成ができる[2-67]．最近，未知の非対称なバックラッシュ特性を持つ場合の制御系設計については，オペレータ理論[2-71]に基づく非線形制御系設計法が提案されている[2-68]．

最後に，ヒステリシス特性をリプシッツオペレータに基づく PI モデルで表す時に，適応スライディングモード制御系構成法[2-65, 2-75]などが提案されているが，非対称なヒステリシス特性を持つアクチュエータを含んだ非線形プラントの安定性解析およびプラントの出力追従性能を保証するため，オペレータ理論に基づく非線形制御系設計法がある．有界寄生項の影響を補償するための出力追従コントローラの設計に，オペレータに基づく exponential iteration 定理を適用すると，この出力追従コントローラは，想定しているヒステリシス特性のどんな情報にも関連しないので，ヒステリシス特性の未知の寄生項の影響を補償することに有用である[2-68]．この手法の有効性は，圧電材料および IPMC（Ionic Polymer Metal Composite）を用いた実験で検証されている．

参 考 文 献

[2-1] 北條純一：セラミックス材料化学，p. 167 丸善（2005）.

[2-2] 川西健次，近角聰信，櫻井良文：磁気工学ハンドブック，朝倉書店（1998）.

[2-3] 電気学会マグネティックス技術委員会編：磁気工学の基礎と応用，コロナ社（1999）.

[2-4] JIS ハンドブック 鉄鋼 I，日本規格協会（2007）.

[2-5] 基礎電気機器学（電気学会大学講座），電気学会（1984）.

[2-6] L. C. Chang and T. A. Read, Plastic deformation and diffusionless phase changes in metals—The gold-cadmium beta phase, Transactions on American Institute of Mining Engineers, Vol. 191, pp. 47-52 (1951).

[2-7] W. J. Buehler, J. V. Gilfrich and R. C. Wiley, Effect of Low-Temperature Phase Changes on Mechanical Properties of Alloys near Composition TiNi, Journal of Applied Physics, Vol. 34 pp. 1475-1478 (1963).

[2-8] 中村仁彦，清水和利，低侵襲外科手術用光駆動 SMA 能動鉗子，日本ロボット学会誌，Vol. 17, , pp. 439-448 (1999).

[2-9] K. Ullakko, J.K. Huang, C. Kantner, R.C. O' Handley, and V.V. Kokorin, Large magnetic-field-induced strains in Ni2MnGa single crystals, Applied Physics Letter. Vol. 69, pp. 1966-1968 (1996).

[2-10] D. J. Beebe, J. S. Moore, J. M. Bauer, Q. Yu, R. H. Liu, C. Devadoss, B.-H. Jo, Functional hydrogel structures for autonomous flow control inside

参 考 文 献

microfluidic channels, Nature, 404, 588-590 (2000).

[2-11] A. Suzuki, T. Tanaka, Phase transition in polymer gels induced by visible light, *Nature*, 346, 345-347 (1990).

[2-12] Y. Yu, M. Nakano, T. Ikeda, Directed bending of a polymer film by light, *Nature*, 425, 145 (2003).

[2-13] Y. Osada, H. Okuzaki, H. Hori, A polymer gel with electrically driven motility, *Nature*, 355, 242-244 (1992).

[2-14] イーメックス株式会社, http://www.eamex.co.jp/

[2-15] Artificial Muscle Inc. 社, http://www.artificialmuscle.com/

[2-16] S. Ashley, 動き始めた人工筋肉, 日経サイエンス, 2004年2月号.

[2-17] T. Tanaka, Collapse of gels and the critical endpoint, *Phys. Rev. Lett.*, 40, 820-823 (1978).

[2-18] R. Yoshida, T. Takahashi, T. Yamaguchi, H. Ichijo, Self-oscillating gel, *J. Am. Chem. Soc.*, 118, 5134 (1996).

[2-19] J. P. Gong, Y. Katsuyama, T. Kurokawa, Y. Osada, Double-network hydrogels with extremely high mechanical strength, *Adv. Mater.*, 15, 1155-1158 (2003).

[2-20] Y. Okumura, The polyrotaxane gel: A topological gel by figure-of-eight cross-links, *Adv. Mater.*, 13, 485-487 (2001).

[2-21] K. Haraguchi, T. Takehisa, Nanocomposite hydrogels: A unique organic-inorganic network structure with extraordinary mechanical, optical, and swelling/de-swelling properties, *Adv. Mater.*, 14, 1120 (2002).

[2-22] T. Sakai, T. Matsunaga, Y. Yamamoto, C. Ito, R. Yoshida, S. Suzuki, N. Sasaki, M. Shibayama, U. Chung, Design and fabrication of a high-strength hydrogel with ideally homogeneous network structure from tetrahedron-like macromonomers, *Macromolecules*, 41, 5379 (2008).

[2-23] T. Fukushima, A. Kosaka, Y. Ishimura, T. Yamamoto, T. Takigawa, N. Ishii, T. Aida, Molecular ordering of organic molten salts triggered by single-walled carbon nanotube, *Science*, 300, 2072-2074 (2003).

[2-24] T. Fukushima, K. Asaka, A. Kosaka, T. Aida, Fully plastic actuator through layer-by-layer casting with ionic-liquid-based bucky gel,

Angew. Chem. Int. Ed., 44, 2410-2413 (2005).

[2-25] 日本化学会編:「驚異のソフトマテリアル—最新の機能性ゲル研究—」, 化学同人 (2010).

[2-26] 高分子学会編:「ゲル・イノベーション —分子設計による新機能創出とその応用—」, エヌ・ティー・エス (2008).

[2-27] 株式会社ハーモニック・ドライブ・システムズ, カタログ No. 1003-5R-HD, p. 3 (2010).

[2-28] NTN 株式会社, 転がり軸受総合カタログ No. 2202- IX /J, p. B-5, p. B-77 (2010)

[2-29] T. Masuzawa, M. Fujino, K. Kobayashi, T. Suzuki, Wire Electro-Discharge Grinding For Micromachining, Annals of the CIRP, 34, 1, pp. 431-434 (1985)

[2-30] 岡田 晃, 山内俊之, 東 昌幸, 宇野義幸:複合ワイヤ電極線がワイヤ放電加工に及ぼす影響, 電気加工学会全国大会講演論文集, pp. 33-36 (2008).

[2-31] Y. Uno, A. Okada, Y. Okamoto, K. Yamazaki, S.H. Risbud, Y. Yamada, High Efficiency Fine Boring of Monocrystalline Silicon Ingot by Electrical Discharge Machining, Precision Engineering, 23, 2, pp. 126-133 (1999).

[2-32] A. Okada, Y.Uno, Y. Okamoto, H. Nakanishi, H. Tanaka, S. Okada, A New Micro EDM Technique of Monocrystalline Silicon Using Fine Triangular Section Electrode, Proc. of the13th ISEM, pp. 381-389 (2001).

[2-33] Y. Okamoto, Y. Uno, A. Okada, S. Ohshita, T. Hirano, S. Takata, Development of Multi-wire EDM Slicing Method for Silicon Ingot, Proc. of the 23th ASPE Annual Meeting, pp. 530-533 (2009).

[2-34] Y. Okamoto, T. Sakagawa, H. Nakamura, Y. Uno Micro-machining Characteristics of Ceramics by Harmonics of Nd:YAG Laser, Journal of Advanced Mechanical Design, Systems, and Manufacturing, 2, 4, pp. 661-667 (2008).

[2-35] 杉岡幸次:3次元マイクロ TAS の作成, レーザ加工学会誌, 12, 2, pp. 96-100 (2005).

[2-36] 伊東一良, 渡辺 歴:ガラス内部3次元デバイス加工, レーザ加工学会誌, 12, 2, pp. 91-95 (2005).

[2-37] Z. B. Mohid, Y. Okamoto, K. Yamamoto Y. Uno, I. Miyamoto, K. Cvecek, M. Schmidt, P. Bechtold, Evaluation of Molten Zone in Glass Welding Using

参 考 文 献

Ultra-short Pulsed Laser, Proceedings of International Conference on Leading Edge Manufacturing in 21st Century in Osaka, pp. 596-572 (2009)

[2-38] Y. Ozeki, H. Yamamoto, H. Yamaguchi, K. Itoh, Hermetic sealing of ceramic packages with glass by ultrafast laser welding technique, The 5th International Congress on Laser Advanced Materials processing (LAMP2009 in Kobe), paper MoOL 1-7, (2009).

[2-39] G.A.Mesyas, Explosive Electron Emission, URO-Press (1998).

[2-40] 宇野義幸, 岡田 晃, 藪下法康, 植村賢介, Purwadi Raharjo：大面積パルス電子ビームによる金型の仕上げと表面改質, 電気加工技術, 27, 86, pp. 12-17 (2003).

[2-41] 岡田 晃, 宇野義幸, 仁科圭太, 植村賢介, Purwadi Raharjo, 佐野定男, 虞戦波：大面積電子ビームによる金型加工面の高能率仕上げに関する研究（第2報）―傾斜面平滑化特性と表面改質効果, 精密工学会誌, 71, 11, pp. 1399-1403 (2005).

[2-42] 宇野義幸, 岡田 晃, 植村賢介, Purwadi Raharjo：大面積電子ビーム照射による生体用チタン合金の高能率表面仕上げ, 電気加工技術, 28, 89, pp. 9-14 (2004)

[2-43] 例えば, 石井 滋：微細成形研削の自動化技術, 機械技術, 58, 4, pp. 38-40 (2010).

[2-44] 中島利勝, 鳴瀧則彦：機械加工学, pp. 6-7, コロナ社 (1983).

[2-45] 鬼鞍宏猷：超音波振動を応用したマイクロ加工技術―超音波振動研削による極小径ドリルの製作と穴あけ―, 2000年度精密生産加工技術講演会資料, pp. 28-32 (2000).

[2-46] 大橋一仁, 何 桂馥, 光尾 崇, 吉原啓太, 大西 孝, 塚本真也：マイクロ円筒トラバース研削の高精度化に関する研究, 砥粒加工学会誌, 50, 6, pp. 334-339 (2006).

[2-47] 岡村健二郎, 中島利勝：研削の過渡特性（第1報）―かつぎ現象の解明―, 精密機械, 38, 7, pp. 580-585 (1972).

[2-48] 平山正之, 伊澤守康, 北嶋弘一：マイクロブラスト工法, 砥粒加工学会誌, 46, 3, pp. 111-114 (2002).

[2-49] 葛西恒二, 後藤全男, 峯田 貴, 牧野英司, 柴田隆行：フォトブラスティングにおける砥粒入射角度と加工断面形状, 表面技術協会講演大会講演要旨集,

114, pp. 146 (2006).

[2-50] 大橋一仁, 西山耕二, 村本竜郎, 中島利勝：キャビテーション援用加工の基礎的研究—ガラス表面の超精密基礎加工現象—, 精密工学会誌, 67, 12, pp. 2000-2004 (2001).

[2-51] 大橋一仁, 王 栄軍, 松岡紘一, 田口雅也, 塚本真也：吸引キャビテーション援用砥粒加工を用いたマイクロパターニング, 砥粒加工学会誌, 52, 3, pp. 158-163 (2008).

[2-52] 中田高義・高橋則雄：電気工学の有限要素法（第2版）, 森北出版 (1986).

[2-53] 高橋則雄：三次元有限要素法—磁界解析技術の基礎—, 電気学会 (2006).

[2-54] 小国 力, 村田健郎, 三好俊郎, J. J. ドンガラ, 長谷川秀彦：行列計算ソフトウエア, WS, スーパーコン, 並列計算機, 丸善 (1991).

[2-55] T. Nakata and N. Takahashi：Direct Finite Element Analysis of Flux and Current Distributions under Specified Conditions, IEEE Trans. Magn., Vol. 18, No. 2, pp. 325-330 (1982).

[2-56] 亀有昭久：節点力法による電磁界解析, 電気学会静止器・回転機合同研究会資料, SA-93-11, RM-93-49 (1993).

[2-57] 高橋則雄：磁界系有限要素法を用いた最適化, 森北出版 (2001).

[2-58] 山田敬也, 高橋則雄, 宮城大輔：IPMモータへのON/FF法の適用法の検討, 電気学会マグネティックス・静止器・回転機合同研究会資料, MAG-10-022, SA-10-022, RM-10-022 (2010).

[2-59] 毛利佳年雄：磁気センサ理工学, コロナ社, (1998).

[2-60] 谷腰欣司：光センサとその使い方（第2版）, 日刊工業新聞社 (2000).

[2-61] 江刺正喜, 藤田博之, 五十嵐伊勢美, 杉山 進：マイクロマシーニングとマイクロメカトロニクス, 培風館 (1992).

[2-62] 電気化学学会化学センサ研究会編：先進化学センサ, （株）ティー・アイ・シィー (2008).

[2-63] 伊藤正美：自動制御概論[下], 昭晃堂 (1985).

[2-64] 計測自動制御学会：自動制御ハンドブック（基礎編）, オーム社 (1983).

[2-65] C. -Y. Su, Q. Wang, X. Chen and S. Rakheja, "Adaptive Variable Structure Control of Nonlinear Systems with Unknown PrandtI-Ishlinskii Hystersis", IEEE Transaction on Automatic Control, Vol. 50 No 12, pp. 2069-2074, (2005).

参 考 文 献

[2-66] 武藤高義：アクチュエータの駆動と制御，コロナ社（1992）．

[2-67] G. Tao and P. Kokotovic, "Adaptive Control of Systems with Backlash", Automatica Vol. 29 No 2, pp. 323-335, (1993).

[2-68] M. Deng, C. Jiang and A. Inoue, "Operator-based Robust Control for Nonlinear Plants with Uncertain Non-Symmetric Backlash", Asian Journal of Control, (2010).

[2-69] G. Tao and P. Kokotovic, "Adaptive Control of Plants With Unknown Dead-Zones", IEEE Transaction on Automatic Control, Vol. 39 No 1, pp. 59-68, (1994)

[2-70] C. Jiang, M. Deng, and A. Inoue, "Robust Stability of Nonlinear Plants with a Non-symmetric Prandtl-Ishlinskii Hysteresis Model", Int. J. of Automation and Computing, Vol. 7 No 2, pp. 213-218, (2010).

[2-71] M. Deng, A. Inoue and K. Ishikawa, "Operator Based Nonlinear Feedback Control Design Using Robust Right Coprime Factorization", IEEE Trans. on Automatic Control, Vol. 51 No 4, pp. 645-648, (2006).

[2-72] M. Nordin and P.-O. Gutman, "Controlling Mechanical Systems with Backlash-A Survey", Automatica, Vol. 38 No 10, pp. 1633-1649, (2002).

[2-73] P. Krejci and K. Kuhnen, "Inverse Control of Systems with Hysteresis and Creep", IEE Proceedings of Control Theory and Applications, Vol. 148 No 3, pp. 185-192, (2001).

[2-74] I. Mayergoyz：Mathematical Models of Hysteresis, New York：Springer-Verlag (1991).

[2-75] X. Tan and J. Baras, "Adaptive Identification and Control of hysteresis in Smart Materials", IEEE Transactions on Automatic Control, Vol. 50 No 6, pp. 827-839, (2005).

[2-76] M. Deng, A. Inoue, N. Ishibashi and A. Yanou, "A Multivariable Continuous-time Anti-windup Generalized Predictive Control for An Aluminium Plate Thermal Process", International Journal of Modeling, Identification, and Control, Vol. 2 No 2, pp. 130-137, (2007).

[2-77] K. Kuhnen, "Modeling, Identification and Compensation of Complex Hysteretic Nonlinearities", European Journal of Control, Vol. 9 No 4, pp. 407-418, (2003).

第3章

アクチュエータの高性能化

　本章では，アクチュエータとしてはどのようなものがあるか，またその構造，動作原理，用途などを紹介する．3.1節では位置決めアクチュエータ，圧電トランス，超音波モータ，静電アクチュエータなどの固体アクチュエータの具体的な構造，動作原理，何に使用されるか，などについて解説する．3.2節では油圧や空気圧アクチュエータ，また空気圧ゴム人工筋やFMAなどを用いるソフトアクチュエータについて解説するとともに，空気圧シリンダのモーションコントロールについて述べる．3.3節では電磁ソレノイド，リニアアクチュエータ，モータなどの電磁アクチュエータの具体例や特性について解説する．

3.1　固体アクチュエータ

3.1.1　位置決めアクチュエータ

　セラミックスアクチュエータは単独では変位量が小さいため，変位を拡大させる様なデザインがなされる．一般には図3.1に示すように積層型とバイモルフ型が用いられる[3-1]．
　積層型は100層程度のセラミックスを積み重ねた構造をしており，層間には交差指形状に電極が形成されている．このため100V程度の低い駆動電力で，100kgfに及ぶ出力を得ることができる．また，応答速度が速い（10μs）点も積層型の長所である．欠点としては，出力変位は各層の歪み量の和であるため，10μmと小さいことが挙げられる．これに対しバイモルフ型は伸縮特性の相異なる2枚の圧電セラミックスを張り合わせて屈曲変位を生ずるもので，容

易に100μm以上の変位が得られるという特徴を持つ．反面，応答速度が遅く（1 ms），発生応力が小さいなどの欠点がある．

複合アクチュエータ，「ムーニー」は積層型の10倍の変位量を出力し，バイモルフを上回る発生出力，応答性を示すことから注目を集めている．図に示すように，積層型の上下に三日月状の空隙を設けた金属板が張り合わされている．圧電体の横歪みが金属板で積層厚み方向に変換され，変位が拡大される[3-2]．

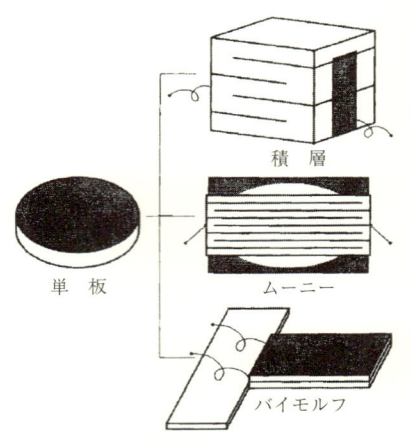

図 3.1 セラミックスアクチュエータ

3.1.2 圧電トランス

電磁誘導の法則に基づき，電磁石の巻き数の比に従った電圧変換デバイスが巻き線トランスであり，一次電圧，二次電圧の間で磁束を伝達する媒体として磁性体が用いられ，トランスコアと呼ばれる．圧電トランスは，圧電体の電気機械相互変換特性を利用し，電気－機械－電気の変換により入力とは異なる出力電圧を取り出すことができる．

圧電トランスは縦横に分極された圧電体が接続された構成をしており，ローゼン型と呼ばれている．厚さ方向に分極された入力部に共振周波数の電圧を印加すると歪みが生じ，その歪みにより発生した電圧を長さ方向に分極処理された出力部から取り出す（図3.2）．

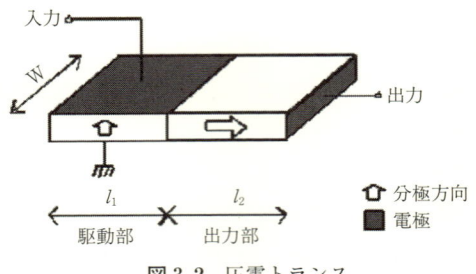

図 3.2 圧電トランス

圧電トランスでは原理的に大きな昇圧比を得られるとともに磁界を生じないため，液晶のバックライト用のトランスとして既に実用化されている．

3.1.3 超音波モータ

　圧電体をアクチュエータとして利用する方法の一つとして，振動子としての共振状態を利用する方法がある．共振状態を利用することにより，エネルギー効率が高くなり，大きな変位や発生力を得ることができる．特に人の可聴領域を超える 20 kHz 以上の周波数である，超音波領域での振動子利用が行われている．

　圧電体を振動子の駆動に用いた超音波振動子は，切削や溶着を行う超音波加工，超音波洗浄などの分野で産業的にも広く用いられている．また，探傷など構造物の非破壊検査，水中での魚群探知，ソナーなど，反射された超音波を検知し，画像化を行う分野においても利用されている．医療分野での超音波画像診断は，体表面に接触させた振動子から照射された超音波の反射の様子が，体内各部分の特性の違いによって異なることを画像化することによって実現されている．近年では血管内の様子を画像化する内視鏡にも超音波振動子を用いるものがある．

　圧電振動子の構造，特性および利用方法については，特に強力超音波と呼ばれる分野で研究・開発が進められてきた．一般的には，共振周波数に一致する交流電界を圧電体に印加することによって共振状態とすることができる．この共振周波数は，振動子の形状および材料定数によって決定される．しかし，圧電体は脆性材料であり，また応力限界の特性から，単体では共振時に限界に達しやすく強力な発生力を得ることが難しい．

　このような問題を解決するものとして，ランジュバン型振動子と呼ばれる超音波振動子が強力超音波分野で広く利用されている．この振動子の構造は，フランスのランジュバン（Langevin）によって百年ほど前に考案されたものである．

　圧電体は引っ張りに弱く，圧縮に強い特性を持つ．このため，あらかじめ何らかの方法で圧力（予圧）を加えることにより，振動振幅を大きく取ることができることになる．図 3.3 にランジュバン型超音波振動子の構造を示す．ランジュバン型振動子では圧電素子を金属ブロックで両側からボルト締めすることによって予圧を加えている．振動振幅を拡大する必要がある場合は，各種ホーンを振動子先端に付けることが行われる．

　圧電体の共振状態を応用したアクチュエータとして，超音波モータが挙げら

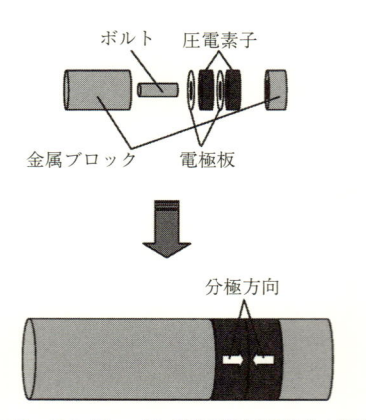

図3.3 ランジュバン型超音波振動子の構造

れる．超音波モータは，現在既に実用化されているアクチュエータであり，カメラレンズや車載機器の駆動などに用いられている．この超音波モータの基本的な原理は，超音波振動子先端での接触駆動を利用するものである．

弾性体表面に励振された進行波を利用した駆動原理を図3.4に示す．進行波が生じるとき，弾性体の各点は楕円軌道上を動く．波頭の動きを観察すると，先端では後方楕円運動と呼ばれる動きをすることが知ら

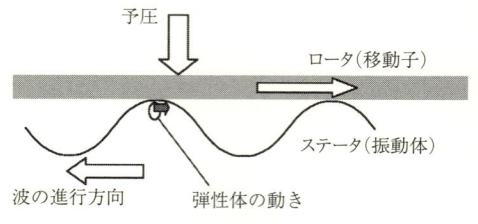

図3.4 超音波モータの駆動原理（進行波による駆動）

れている．すなわち，先端では波の進行方向とは反対側に移動している．この部分に移動子として物体を接触させると，摩擦力によって波の進行方向とは反対向きに物体が移動することになる．同様に固定子（振動子），移動子間の接触点において何らかの形で楕円軌道を生成することができれば，移動子を固定子の動きによって移動させることができる．

以上のように超音波モータには振動子による楕円軌道の生成が必要となるが，この軌道生成には様々な方式が提案されている．位相の異なる波，あるいは複数の振動モードを組み合わせることにより，接触部分で楕円運動を得る方法が用いられている．強力な振動を利用するため，先に挙げたランジュバン型

振動子の構造が用いられることもある．また，使用される振動子により，モータの形状も棒状，ディスク状など様々であり，回転型だけでなく直動型のものも使用されている．

このようなモータに用いられる振動子における振動振幅は一般に非常に微小なものであるが，超音波領域の高周波の振動であるため，大きな力を作用させることができる．一般にはバネなどを用いて，超音波振動子である固定子と移動子の間に予圧を印加することにより大きな摩擦力を得る．

超音波モータは摩擦駆動を用いたものであるため，電力を与えない状態では常にブレーキがかかった状態となる．また，低速で高トルクが得られることから，一般的なサーボモータと異なり，減速機によって回転数を低下させる必要がない．このため，ダイレクトドライブに用いられることが多い．特にロボットアームなどでは機構の軽量化が実現できることになる．

一方，摩擦駆動であることから，必然的に接触面での磨耗が生じやすく，耐久性に課題があるとされてきた．近年では摩擦部材に関する研究が進み，固定子（振動子），移動子双方の材質，表面処理，制御方法を考慮することにより，長寿命化がはかられている．

近年，携帯電話やデジタルカメラをはじめとする電子機器の小型化・高機能化に伴い，マイクロアクチュエータの需要が増している．このようなマイクロアクチュエータは，デジタルカメラの手振れ補正機構や携帯電話搭載のカメラのレンズ駆動などにも用いられている．

超音波モータは比較的単純な構造を持つため，小型化に適しておりマイクロ超音波モータに関する研究開発も盛んに行われている．細径化，薄型化により，小型精密機器への搭載が可能とされている．図3.5に試作された小型の超音波モータの例を示す．また，多自由度化により，医療機械やマイクロロボットの駆動源としての利用も試みられている．

この他，駆動源である圧電体の薄膜を金属板上に成膜することによって振動子を形成するなど，MEMS技術を利用した超音波モータも試作されている．振動子の形状について比較的自由度が高く，体積に対して発生力が大きいなどの特性から，マイクロ超音波モータの携帯電子機器への搭載は，今後ますます盛んになるものと考えられる．

さらに，マイクロ超音波モータは，一般的な超音波モータと同様，磁力を駆

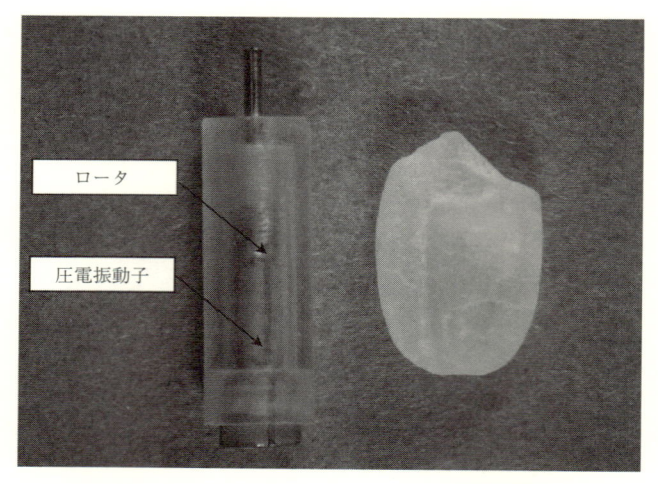

図 3.5 直径 0.8 mm の圧電振動子を用いた円筒型マイクロ超音波モータ

動に用いないことから，強磁場環境，例えば医療診断装置や科学測定器内においても駆動時に磁場へ与える影響が小さい．このため，強磁場環境内で利用することのできる手術器具の駆動や，試料回転を行うアクチュエータとしても研究が進められている．

3.1.4 静電アクチュエータ

静電気によってものを動かすことが可能であることは，帯電した樹脂板（棒）によって確認することができる．微小領域ではこの作用が特に顕著であることが知られている．一般に，静電気による引力，または反発力は，帯電した面積に比例するが，重力は体積に比例するため，物の大きさが小さくなるほど効果が大きくなる．また，一般的な電磁力駆動と比較すると，磁石やコイルによる発生力も体積に比例するため，マイクロアクチュエータとしては静電気を利用する静電アクチュエータが有利である．

静電気を利用したマイクロアクチュエータの分野では，半導体加工プロセスを応用した MEMS プロセスを利用した例が多数報告されている．MEMS プロセスによればシリコン材料の微細構造を作製することができる．シリコンの微小梁を帯電させて向かい合わせると，その極性によって引力もしくは斥力が作

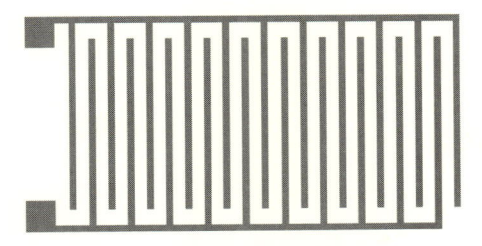

図 3.6 静電モータの櫛波型電極の例

用する．このような梁の組を多数並べた櫛歯型と呼ばれる構造が，マイクロ静電アクチュエータとして一般に利用される．

3.1.5 その他の固体アクチュエータ

この他にも，様々な機能性の合金や無機材料（セラミックス）の特性を利用した固体アクチュエータが存在する．

形状記憶合金は熱に伴う相変態により変位・力を発生する特性を持つ．比較的大きな力を得ることができることからマイクロアクチュエータとしても利用される．駆動には加熱が必要であり，電流を流したさいに電気抵抗によって生じる熱を利用する抵抗加熱が広く利用されている．また，赤外線などの光照射によって加熱する方法も試みられている．原理上連続的に駆動するためには冷却が必要であり，応答速度は速くない．しかし，薄膜化によってこれらの点は改善されるため，形状記憶合金薄膜を利用したアクチュエータの研究も進められている．

この他，固体の変形を利用したアクチュエータとしては，水素吸蔵合金を利用したアクチュエータや，熱変形を利用するアクチュエータ，光によって生じる変形の効果を利用するアクチュエータなどが知られている．また，電磁コイルを用いるが，固体の歪を利用する磁歪素子も固体アクチュエータと考えることが出来る．特性は様々であるが，近年の MEMS プロセスをはじめとするマイクロ化技術の進歩によって，これらのアクチュエータ応用の可能性が広がるものと期待される．

3.2 流体アクチュエータ

3.2.1 従来型油空圧アクチュエータ
(1) 油圧アクチュエータ

油圧アクチュエータは，圧油が有する流体エネルギーを機械エネルギーに変換するものである．出力パワーが大きい，パワー密度が大きく小型化が可能，力／質量比およびトルク／慣性が大きく高速な応答が可能，高精度の位置や速度の制御が可能などの特徴を有する．動作速度はアクチュエータに供給する圧油の流量により調整でき，油圧シリンダでは，ピストンの動作速度は油の流入流量をピストン断面積で除した値で与えられる．流量調整のための油圧制御弁に電気油圧サーボ弁を用いた制御系は，電気油圧サーボ系と呼ばれ，産業用ロボット，工作機械，建設機械，航空機や船舶，自動車など広範な分野で使用されている[3-3]．

(2) 空気圧アクチュエータ

空気圧アクチュエータは圧縮空気のエネルギーを機械エネルギーに変換するものであり，生産システムの自動化・省力化，各種産業機械，輸送機械など多分野で使用されている．空気圧シリンダが代表的であり，小型・薄型化が進むとともに，ロッドレスシリンダや低摩擦形，低速形などの特殊用途向けシリンダが開発され，方向切換え弁やガイド機構などを組み込んだ複合形シリンダが一般的になっている[3-3]．

空気圧シリンダを用いた位置決めは，シリンダの端点やストッパへの当て止め方式が一般的であるが，ストローク中間位置でのワークの位置決めや保持を可能とするため，各種ブレーキ機構を組み込んだものが開発されている．また，各種制御理論の適用により空気圧サーボ技術が向上し，高精度な位置決めや力制御が可能となりつつある．

空気圧アクチュエータは作動流体の圧縮性により柔軟なばね特性を有し，圧力の調整によって発生力を容易に制御できる．空気圧アクチュエータの出力パワーは人間と同レベルであり，人間と身近な場面でも多くの使用例が見られ，福祉・介護分野などへの応用も期待されている．

3.2.2 ソフトアクチュエータ
(1) ソフトアクチュエータとは

アクチュエータの理想形態の一つは生体筋であり，それに類似の機能と性能を有する人工筋の開発が進められている．それらはソフトアクチュエータと総称され，機構自体が柔らかい素材で構成され，すべての運動方向において固有の柔軟性を備えたアクチュエータと定義できる．このような意味では，高分子やゴム材料を用いたアクチュエータがソフトアクチュエータと呼ばれる．高分子アクチュエータとしてはゲルアクチュエータが代表的であり，将来の人工筋肉の実現を目指している[3-4]．一方，ゴム材料を用いたソフトアクチュエータは空気圧ゴム人工筋として実用化されている[3-5]．

(2) 空気圧ゴム人工筋

図3.7は代表的な空気圧ゴム人工筋であるマッキベン型ゴム人工筋を示す．ゴムチューブを格子状繊維スリーブで覆ったものであり，ゴムチューブを加圧すると軸方向に収縮し，強い引張力を発生する．たとえば，内径8.0 mm，外径11.6 mm，自然長793 mm，質量55 gのゴムチューブを用いて製作した人工筋では，500 kPa加圧時に約24%の収縮率，約280 Nの収縮力が得られている．マッキベン型空気圧ゴム人工筋は，小型・軽量・柔軟で，他のアクチュエータと比べて出力/質量比が数100程度と極めて大きいことが特徴である．

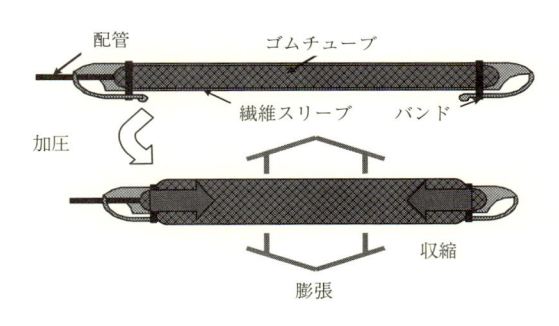

図3.7 マッキベン型空気圧ゴム人工筋

細長いマッキベン型ゴム人工筋（マッスルストリングと呼ぶ）が既存の製紐機を用いて安価で大量に生産できる．複数本のマッスルストリングをネット構造や束構造として使用することにより様々な応用形態が考えられる．

また，図3.8に示すようにゴムチューブを蛇腹状繊維チューブで覆うことにより軸方向に伸長するアクチュエータが構成できる．さらに，人工筋の片側を

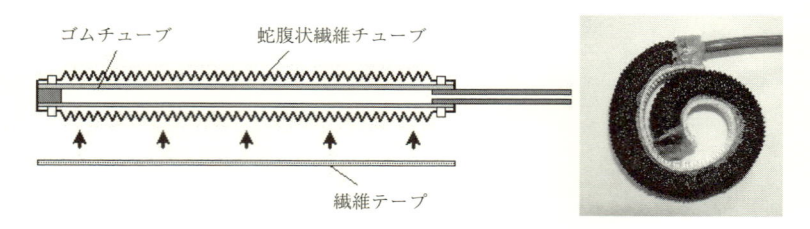

図 3.8 湾曲型空気圧ゴム人工筋の構造と動作

繊維テープで強化することにより，ゴムチューブの加圧により図のような湾曲動作が得られる．加圧力により湾曲角度や湾曲トルクを調整できる．試作した人工筋（外径 16 mm，長さ 140 mm，重量 20 g）を直線状に拘束した状態で，500 kPa 加圧時に人工筋先端において 25 N 程度の曲げ力が発生する．

図 3.9 は薄型人工筋の開発を目的として開発したシート状湾曲空気圧ゴム人工筋を示す．ゴムチューブを上下 2 枚のシートで挟み，周囲を縫合したものである．シートとして軸方向のみに伸長する弾性部材（織ゴムなど）を使用することにより，ゴムチューブ加圧時に軸方向へ伸長する．ゴムチューブを覆うシートの枚数や材料を変えて加圧時の両シートの伸長量に差を生じさせることにより図のように湾曲動作を実現できる．湾曲角度や発生トルクはゴムチューブへの加圧力により調整できる[3-6]．

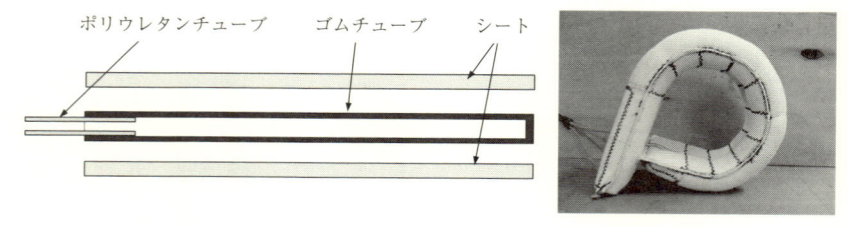

図 3.9 シート状湾曲空気圧ゴム人工筋

(3) 多方向湾曲運動型ソフトラバーアクチュエータ

流体圧力によって複数の方向へ湾曲動作を実現するソフトアクチュエータは，他の機構を用いることなく，ロボットレッグやロボットハンド等として利用が可能である．そのためメカニズムの小型化や低剛性化が実現でき，生物模倣ロボットや生体を対象とするマニピュレータ等への適用性が高い．以下に多

方向湾曲型ソフトラバーアクチュエータとして繊維強化されたゴム材料を利用したフレキシブルマイクロアクチュエータ（Flexible Microactuator, FMA）とゴム構造体の非対象形状を利用した2方向大湾曲ラバーアクチュエータについて動作原理と適用例を示す．

a. FMA

FMAの構造を図3.10に示す．FMAは3室の空気圧室を有するシリコーンゴム構造体であり，外壁のゴムには周方向に繊維が埋め込まれている．したがって，加圧された空気圧室は径方向への膨張が制約され，長手方向へ伸張する．よって，すべての空気圧室を同じ圧力で加圧することでアクチュエータは伸張動作を，異なる圧力で加圧することで湾曲動作を実現する．湾曲方向，曲率，伸張量は各空気圧室への印加圧力によって決まり，計3自由度の動作が可能である[3-7]．

図3.11にFMAの適用例としてアクティブフィンとマイクロ歩行ロボットを示す．水中ロボット用に開発されたアクティブフィンは3本のFMAを用い

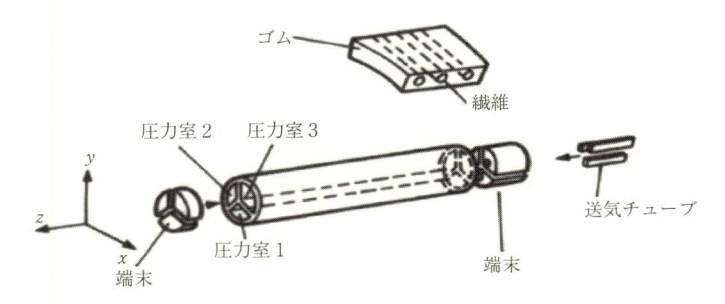

図3.10 FMAの構造

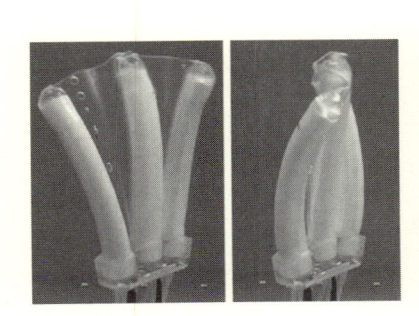

(a) 水中ロボット用アクティブフィン 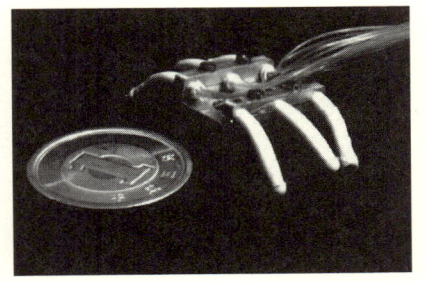　　(b) マイクロ歩行ロボット

図3.11 FMAの適用例

ることで魚の鰭運動を模倣することが可能であり水中での駆動実験において推進力の発生を確認している[3-8]．マイクロ歩行ロボットは6本のFMAを脚としており，各FMAの出力を制御することで前進，後退，旋回の運動が可能である[3-9]．

b. 2方向大湾曲ラバーアクチュエータ

図3.12は2方向大湾曲ラバーアクチュエータの構造を示す．本アクチュエータはシリコーンゴムのみから構成されており，形状の非対称性によって湾曲動作を実現する．アクチュエータの片壁がベローズ形状，片壁が板形状となった構造であり，内部が空気圧室となっている．正圧，負圧の空気圧を印加した際に板部はほとんど伸縮をしないのに対してベローズ部は長手方向に大きく伸長，収縮するよう非線形有限要素法によって形状が決定されている．このため，1本の空気圧供給ラインによって2方向への湾曲動作が可能である．図3.13(a)はアクチュエータの動作を示す．アクチュエータは半径1 mm，長さ15 mmであり，正・負圧の印加によって2方向に対してアクチュエータの両端が接触するほどの大湾曲動作を実現している．また，図3.13(b)に示すように本ア

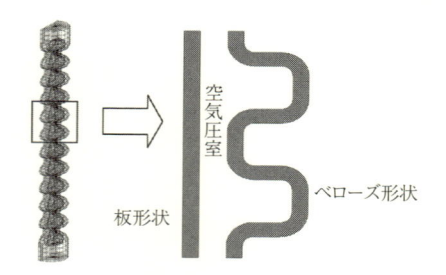

図3.12 2方向大湾曲ラバーアクチュエータの構造

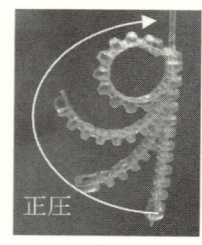

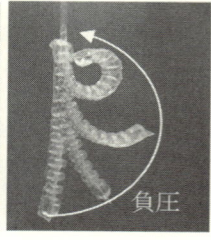

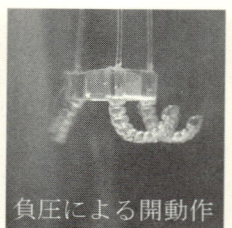

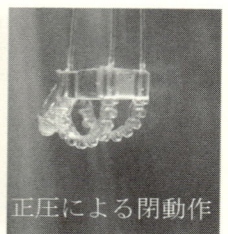

(a) 2方向への湾曲動作　　　(b) 3指ロボットハンドへの適用

図3.13 2方向大湾曲ラバーアクチュエータの動作とハンドへの適用

クチュエータは3指のロボットハンドへの適用が行われている．高い柔軟性に起因する安全性と形状適応性，および負圧による開運動性を有するため，脆弱な魚卵や不定形かつ掌部より大きな物体の把持を特別な制御系を構築することなく実現することが可能である[3-10]．

3.2.3 空気圧シリンダのモーションコントロール
(1) 外乱オブザーバによる高性能化

空気圧シリンダでは，空気の圧縮性に起因する低剛性特性のため摩擦力等の外乱の影響が制御量に表れやすい．このため，外乱やパラメータ変動の影響を推定・補償できればこれらの影響に対してロバストな制御系を構築できる．

図3.14は外乱オブザーバ[3-11,3-12]の基本形を示す．ここで，$P(s)$は制御対象の伝達関数，$P_n(s)$はそのノミナルモデル，$Q(s)$は後述するローパスフィルターである．また，R(s)，Y(s)，D(s)，$\zeta(s)$をそれぞれ，目標入力，制御出力，外乱，観測雑音とする．推定外乱$\hat{D}(s)$は

$$\hat{D}(s) = D(s) + \{P_n^{-1}(s) - P^{-1}(s)\} Y(s) \tag{3.1}$$

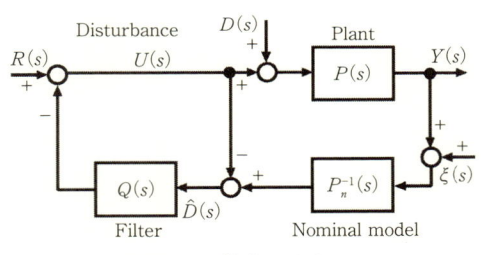

図3.14 外乱オブザーバ

と表され，外乱のみでなくプラントとそのノミナルモデルからの変動による影響もまとめて外乱として推定される．よって，$\hat{D}(s)$を直接，制御信号にフィードバックすれば外乱およびプラントのパラメータ変動に対してロバストな制御系が構築できるが，この場合，内部のゲインが無限大となるため，安定性を保証するローパスフィルタ$Q(s)$を介してフィードバックされる．このとき，入出力特性は次式で与えられる．

$$Y(s) = \frac{1}{P^{-1}(s)\{1-Q(s)\} + P^{-1}_n(s)Q(s)} R(s)$$
$$+ \frac{1-Q(s)}{P^{-1}(s)\{1-Q(s)\} + P^{-1}_n(s)Q(s)} D(s) \tag{3.2}$$
$$- \frac{P_n^{-1}(s)Q(s)}{P^{-1}(s)\{1-Q(s)\} + P^{-1}_n(s)Q(s)} \zeta(s)$$

$Q(s)$ が 1 とみなせる周波数域では右辺第一項である閉ループ伝達関数が $Pn(s)$ となり（モデルマッチング機能），第二項より外乱の影響が除去される．また，第三項より，高周波数域で考慮すべき観測雑音の影響も低減されることがわかる．また，制御信号 $U(s)$ からのフィードバックループは $Q(0)=1$ であれば等価的に積分特性を有し，1 型の制御系となる．

　空気圧シリンダーの運動性能向上には圧力応答性能の向上が不可欠である．そのため，図 3.15 に示すように，シリンダーの圧力（発生力）$Fg(s)$ からピストン変位 $L(s)$ までの伝達部に上述した外乱オブザーバを構成し，摩擦力や慣性変動の影響を圧力（発生力）の次元で推定する．これを補償するため，二重線で示す部分に図 3.16 に示す圧力（発生力）制御系を構成する．ここでも外乱オブザーバを導入しており，圧力応答部の非線形性と外乱として作用するピストン速度の影響を低減している．図 3.17 はピストンロッド先端に 2 kg の負荷を載せて目標ストローク 10 mm のステップ応答を行った結果である．負荷変動に対しても過渡応答特性に変化は無く外乱オブザーバの効果が確認できる．また，4 秒後に負荷を除去した後は速やかに目標値へ収束している．

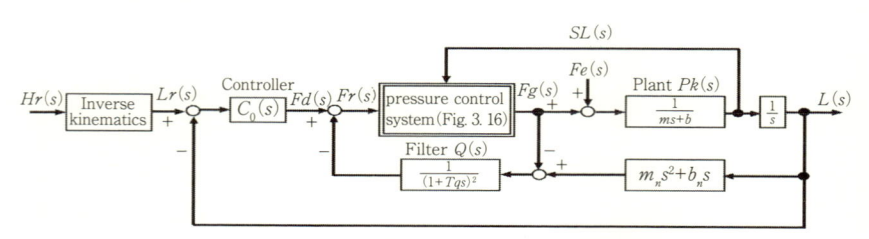

図 3.15　外乱オブザーバを用いた位置制御系

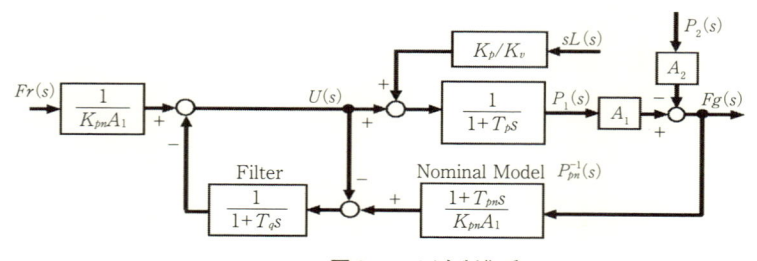

図 3.16　圧力制御系

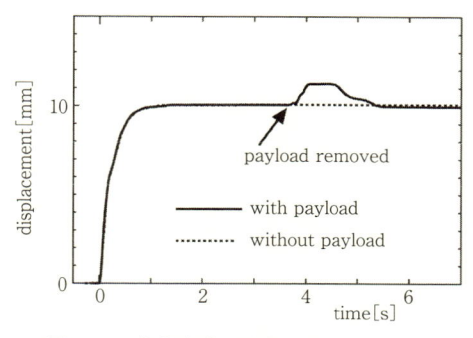

図 3.17 負荷変動に対するロバスト性

3.3 電磁アクチュエータ

3.3.1 概　要

電磁アクチュエータは磁束によって生じる電磁力やトルクによって駆動され，制御の容易さと出力特性の多様性から種々のものが提案され，実用に供されている[3-14]．これは磁気回路を介して電気エネルギーを機械エネルギーに変換して動作させるものであり，駆動部と動力伝達部を一体化できるので，一般的に小形化，制御の高度化，高精度化を行いやすい．電磁アクチュエータのうち，直線運動を行わせるものとしては，電磁ソレノイド（プランジャ），リニア電磁アクチュエータ，電磁ポンプなどが，また回転運動を行わせるものとしては，モータがある．モータはさらに直流モータ，交流モータ，ステッピングモータに分類される．回転力を用いる通常のモータに必要な要求に加えて，(1) 急激な加速・減速に対する耐久性，(2) トルクや回転数などの制御範囲が広い，(3) 高精度の制御が可能，などの特性を有するモータは，サーボモータと呼ばれており，ロボットなどの高速・高精度制御に用いられている．

バッテリーのエネルギーに限りのある電気自動車用モータは，効率が特に重要である．電気自動車用各種モータの最大効率の代表的な特性比較として，直流モータ：85～89%，誘導モータ：94～95%，永久磁石モータ95～97%，リラクタンスモータ90%未満という報告がある[3-15]．そのうち埋込磁石（Interior Permanent Magnet, IPM）モータが効率などで優れており，ハイブリッド車，電気自動車に使われている．

3.3.2 電磁ソレノイド

これは可動鉄片をコイルの中で直線運動させるもので，構造が簡単で昔から広く使われている．ここでは，電磁石[3-16]の例として後引き板付電磁石を，また電磁ソレノイドの例として，エンジンに必要量の燃料を噴射供給するための電子制御式燃料噴射弁の特性解析を行った例を述べる．

(1) 電磁石

電磁石は，電気制御のできる駆動装置として，自動化システムにおける最も簡便なアクチュエータとして広く使われている．図3.18に，後引き板付電磁石の例を示す[3-17]．図3.19に，後引き板の厚さtが吸引力Fに及ぼす影響を示す．図のように，tが大きいほど上向きの力が大きくなる理由は，以下のよ

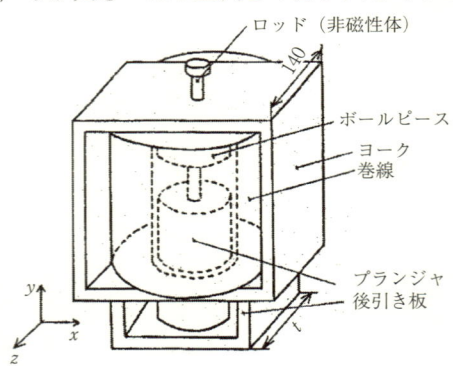

図3.18 後引き板付電磁石

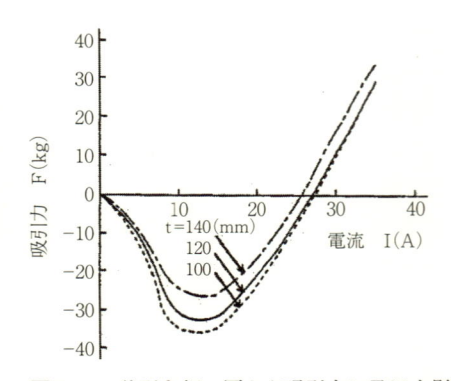

図3.19 後引き板の厚さが吸引力に及ぼす影響

うに考えられる．すなわち，tが大きいほど後引き板の方へ磁束が通りやすくなるが，この磁束 Φ_o の増加分よりも t が大きくなったことによる磁束密度の減少分の方が大きい．一方，t は全体の磁気抵抗にはあまり大きな影響を及ぼさないので，ヨークからプランジャへわたる磁束 Φ_i は t を変えてもあまり変化しない．以上の次第で，t が大きいほどプランジャとボールピースの間に働く上向きの力が大きくなるのである．

(2) 燃料噴射弁

燃料噴射弁も電磁ソレノイドの一種であり，弁が電磁力によって吸引されて動作する[3-18]．図 3.20 に構造の例を，図 3.21 に等価回路を示す．$V_0, I_0, Rc, Lc, R_0, C_0, Vt$ は，それぞれ電源電圧，電流，巻線の抵抗とインダクタンス，外部電気回路の抵抗とコンデンサ容量及びトランジスタの電圧降下である．制御信号が ON の場合，電磁力により，弁は固定鉄心側に吸引され，所定位置まで変位したのち保持され開弁する．OFF の場合，磁束の減少により，弁はバネの力で変位前の位置まで戻され閉弁する．

噴射弁では，図 3.21 に示すように，電圧源で駆動するため J_0 は未知となり，通常の有限要素法では解くことができない．そこで，いわゆる「電圧が与えられた有限要素法」を用いて解析する必要がある．

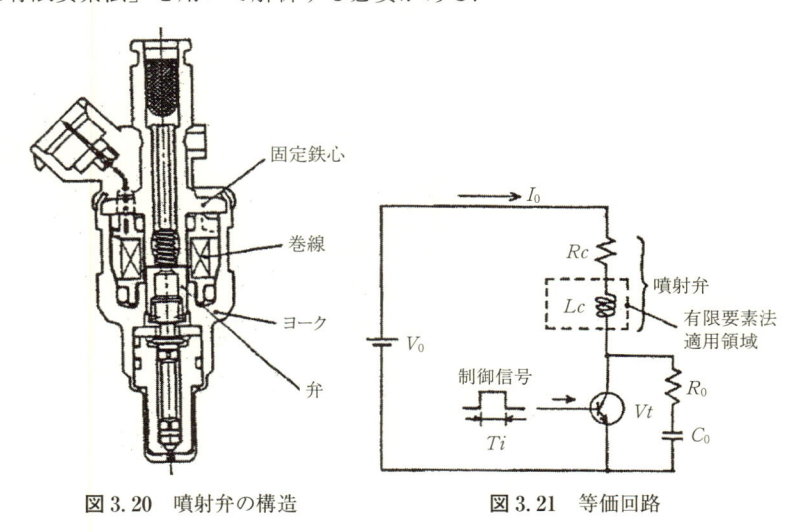

図 3.20 噴射弁の構造　　　　　図 3.21 等価回路

弁の運動は，z軸方向の直線運動であり，次式の運動方程式で表される．

$$m\frac{d^2z}{dt^2} + c\frac{dz}{dt} + kz = F_z - F_s \tag{3.3}$$

ここで，mは弁の質量，cは減衰係数，kはバネ定数，Fsはバネの初期荷重，Fzは力のz方向成分であり，節点力法などを用いて求められる．

式(3.3)の時間微分項を後退差分近似すると，時刻tにおける軸方向の変位 Z_t は，次式で求まる．

$$Z_t = \left[\left\{\frac{2m}{(\Delta t)^2} + \frac{c}{\Delta t}\right\}Z_{t-\Delta t} - \frac{m}{(\Delta t)^2}Z_{t-2\Delta t} + F_z - F_s\right] / \left\{\frac{m}{(\Delta t)^2} + \frac{c}{\Delta t} + K\right\} \tag{3.4}$$

ここで，Δt は時間刻み幅，例えば $Z_{t-\Delta t}$ は，時刻 $t-\Delta t$ における変位である．

図3.22に磁束分布の時間的変化を示す．(a)図はt=1.0 msの分布であり，渦電流による表皮効果のため磁束が内側に集中している．(b)図はt=2.5 msの分布で，時間経過とともに磁束が外側に浸透していくことがわかる．(c)図は制御信号がOFFになった後のt=3.0 msでの磁束分布である．図3.23に，弁の変位の時間的変化を示す．本例では計算値と実測値は比較的よく一致している．

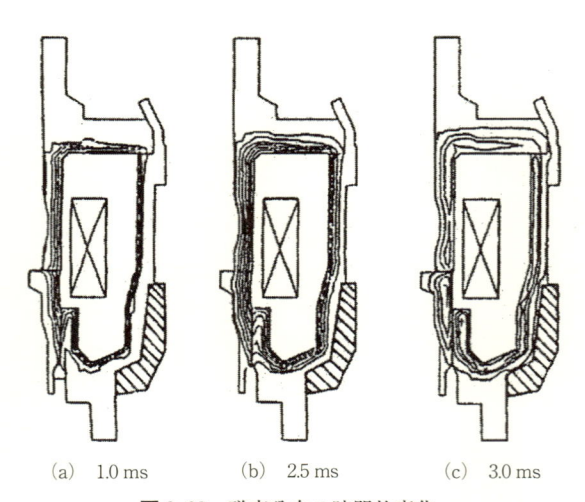

(a) 1.0 ms　　(b) 2.5 ms　　(c) 3.0 ms

図3.22　磁束分布の時間的変化

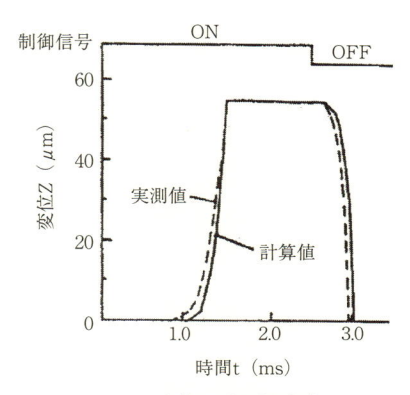

図 3.23 変位の時間的変化

3.3.3 リニア電磁アクチュエータ

　リニア電磁アクチュエータとは，回転モータの回転子，固定子およびエアギャップをそれぞれ直線的に展開して，電気エネルギーを直接，直線的な運動エネルギーに変換できる装置である．一例として，ハードディスクの磁気ヘッドを直線的に動かす送り機構を考える．回転モータを用いて直線運動を得るには，何らかの直線運動変換装置が必要であるが，リニア電磁アクチュエータを用いれば，ヘッドを直接，直線駆動でき，回転モータを用いた場合に比べて変換機構が省略でき，それに要するロスが少なく，部品点数も少なくできるという特徴を有する．但し，リニア電磁アクチュエータは，回転モータとは異なり，固定子あるいは可動子が有限長なので，磁界の切れ目で端効果と呼ばれる推力の減少が発生して，これが問題となることがある．リニア電磁アクチュエータは，リニア DC モータ，リニアステッピングモータ，リニア誘導モータ，リニア同期モータなどに分類される．

　図 3.24 のような，磁石とヨークを組み合わせたリニア電磁アクチュエータを例として，直線移動する原理を述べる．巻線を固定しておき，コイルに電流 I を流すと，可動子である磁石による磁束密度 B（図 3.25 の磁束分布参照）との間に BIL 則（L はコイルの奥行方向の長さ）により推力が発生し，コイルに三相交流を流したときは，電流が大きくなるコイルの位置が時間とともに移動してゆくので，可動子（磁石）が直線運動する．

　図 3.26 に，光磁気記録装置のレンズ駆動用の片面可動コイル型リニア直流

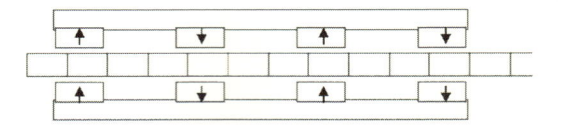

図 3.24　リニア直流モータの例

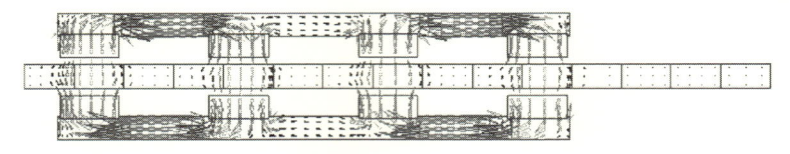

図 3.25　磁束分布（連結型）

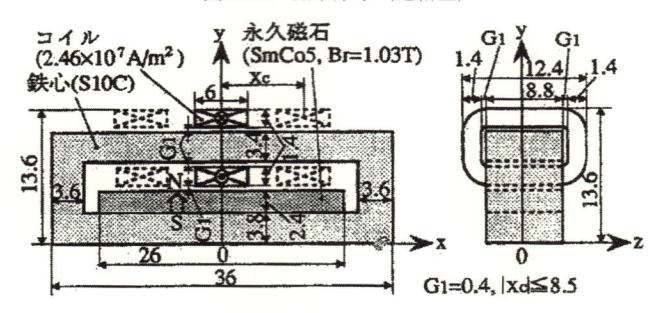

図 3.26　片側可動コイル型リニア直流モータ

モータの例を示す[3-19]．鉄心や磁石の寸法を未知変数として，有限要素法と最適設計手法の一つであるローゼンブロック法を併用して，コイルの推力が最大になるように求めた結果を図 3.27 に示す．この場合は，最適形状での推力を初期形状に比べて約 20％増加させることができた．

　図 3.24 はエレベータの自由度を上げるためのロープレス用のリニアモータの実験モデルである[3-20]．図 3.24 のモデル（連結型と呼ぶ）以外に図 3.28 のように磁石の N と S の 1 組ごとに鉄ヨークを切ったものをつけて，全体の重量を減らそうとする分離型と呼ばれるものが考えられている．推力 F からリニアモータの重量 W_t を差し引いたものをペイロードと呼び，($P = F - W_t$) で効率 $\eta = (P/W_t)$ を比較すると，分離型の方が，連結型に比べて重量が減るなどの理由でより効率良く（η が約 15％ up）推力を発生することが示されている．すなわち，同じ重量のモータならば，分離型の方がより重い物を持ち上げられる．

| (a) 初期形状 | (b) 最適形状 |

図 3.27　磁束分布

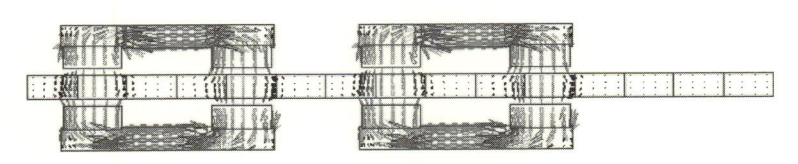

図 3.28　磁束分布（分離型）

　その他のリニア電磁アクチュエータとしては，リニア電磁スイッチ[3-21]，リニア振動アクチュエータ[3-22]，リニア同期モータ[3-23]などがあり，有限要素法を用いた磁界解析に運動方程式や電気回路方程式などを連成して動作解析を援用することにより，より小型，高効率なアクチュエータを開発することが試みられている．

3.3.4　モータ

　モータは，産業用から家庭用まで非常に幅広い分野で使われており，かつ，電力消費量の50%以上を占めており，省エネルギーを実現するためには，モータの高効率化が必要不可欠である．そして，高効率のモータの開発，設計を行なう上で電磁界解析は必須の技術になっており，三次元形状，回転，渦電流などを考慮した解析が日常業務として行われつつある．

　アクチュエータとして用いられるモータには直流モータ，同期モータ，誘導モータ，ブラシレスモータ，ステッピングモータ等がある[3-24]．同期モータや誘導モータでは，固定子側に三相コイルを巻き，それに三相電流を流すことにより回転磁界を生じさせ，同期モータでは回転子の磁石に力が発生し，また，誘導モータではかご形回転子に誘起された渦電流と磁束との間に力が生じ，それによって回転子が回転する．直流モータは(1) 高い制御性能，(2) トルク／

慣性比が大きいので，小型・軽量で大出力が可能，(3) 始動トルクが大などの長所を有するが，整流子とブラシを有しているので，寿命や電気的ノイズなどの問題を有している．それに対し，ブラシレス直流モータは，直流モータの整流子とブラシを用いた機械的整流機構を，磁極位置検出センサ（ホール素子を用いることが多い）と半導体スイッチを用いた電子的整流機構に置き換えて，永久磁石回転子を同期モータと同じように回転させるものである．すなわち，同期モータの電機子コイルへの電流を回転子の磁極位置に合わせて切り替え制御して，直流モータと同じ特性を得ようとするものであり，耐環境性，耐久性，高速性などの利点を有しているため，サーボモータとして広く使われている．ステッピングモータは，入力パルス1個に対して一定の角度だけ回転するモータであり，パルス数を制御することによって回転数などを制御できるので，コンピュータの周辺機器，NC工作機械を始め，多方面で使用されている．

図 3.29 に表面磁石型（Surface Permanent Magnet, SPM）モータ（スロット数:9, 極数:6）の例を示す[3-25]．本モータは巻線の挿入を容易にするため，破線の部分（ティースとヨークの境界部）もパンチされており，固定子背部とティース部が分離できるようになっている．ワイヤカットしたモータを作成し，アルミフレームにより焼きばめを行った．このように焼きばめがされたモータの鉄心にはかなりの圧縮力がかかって，鉄損が増加することが知られている．図 3.30 に，圧縮応力が鉄損に及ぼす影響の測定結果を示す．

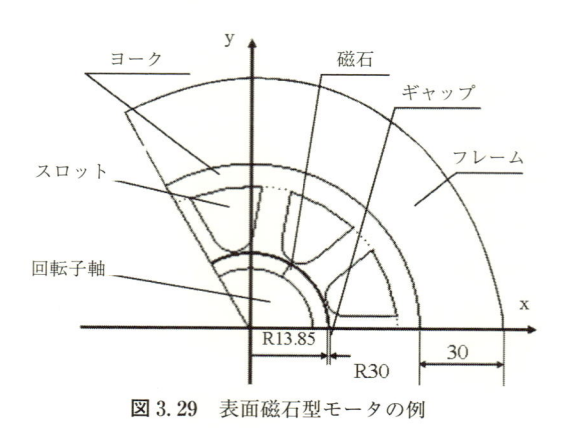

図 3.29 表面磁石型モータの例

図 3.29 のモータコア内の各要素の応力に対応する B-H 曲線を用いて磁界解

析[3-25]を行い,磁束密度 B の分布を求めた.次に,各要素の応力に対応した図 3.30 の鉄損曲線(W-B 曲線)を用いて,鉄損を算出した.結果を図 3.31 に示す.図中には焼きばめを行っていない場合の結果も示した.この例では焼きばめを施すことにより鉄損が約 20%増加し,焼きばめありなしともに,実測値に近い結果が得られた.

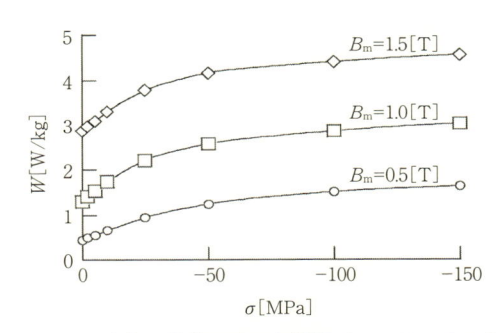

図 3.30 応力が鉄損に及ぼす影響(35 A360, 50 Hz)

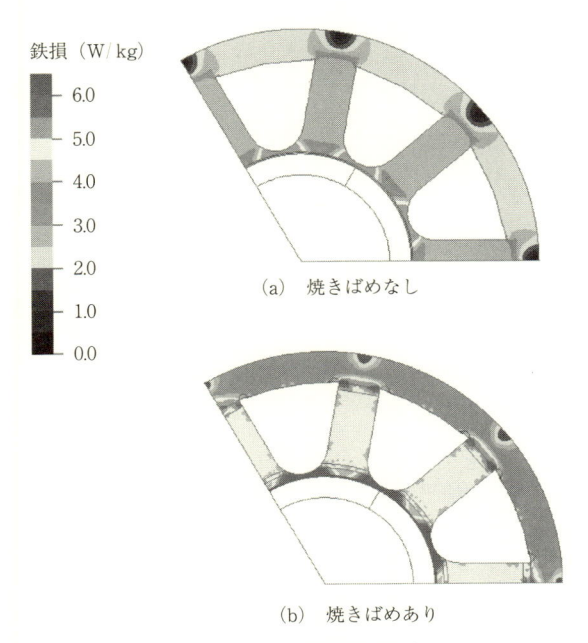

図 3.31 固定子内の鉄損分布

(a) 焼きばめなし

(b) 焼きばめあり

省エネ用のインバータエアコンやハイブリッドカー用モータとして脚光を浴びているのが埋め込み磁石型モータである[3-26~3-29]．これは永久磁石をロータ鉄心内部に埋め込むことにより磁石とコイルによるマグネットトルクに加えてリラクタンストルクも利用するので，モータの高効率化が可能である．図 3.32 に，図 2.55 に示した IPM モータの正弦波電流の位相角 $\beta=0°$ の時の磁束分布を，図 3.33(a) にトルク波形を示す．磁石が発生する磁束は一定なので，高速回転になると電圧が高くなりすぎるので，電流の位相角 β を進めて電機子電流により磁石の磁束を抑制する（弱め界磁と呼ぶ）．$\beta=80°$ に制御した時のトルクは図 3.33(b) のように小さくなる．

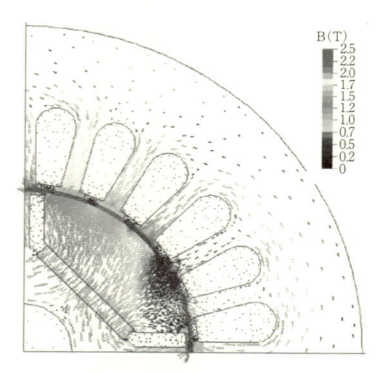

図 3.32　IPM モータの磁束分布（$\beta=0°$）

3.3.5　その他の電磁アクチュエータ

その他の電磁アクチュエータとして，ロボットの関節部の駆動や，内視鏡などの医療機器，光学機器の駆動装置などのように多自由度が要求される用途のアクチュエータがある．数台の 1 自由度アクチュエータを 1 台の多自由度アクチュエータに置き換えることにより，小型・軽量，省エネ化が達成できる．このような多自由度アクチュエータとしては，平面型電磁アクチュエータ[3-30]，円筒面形電磁アクチュエータ[3-31]，球面型電磁アクチュエータ[3-32]などがある．新しい原理に基づいたアクチュエータとして，ばね型アクチュエータ[3-33]，反磁性グラファイト板を用いた磁気浮上方式[3-34]，サーモスイッチ用感温磁性アクチュエータなどがある[3-35]．その他の特殊なアクチュエータとして，形状記憶合金アクチュエータ[3-36]，超磁歪アクチュエータ[3-37]も今後

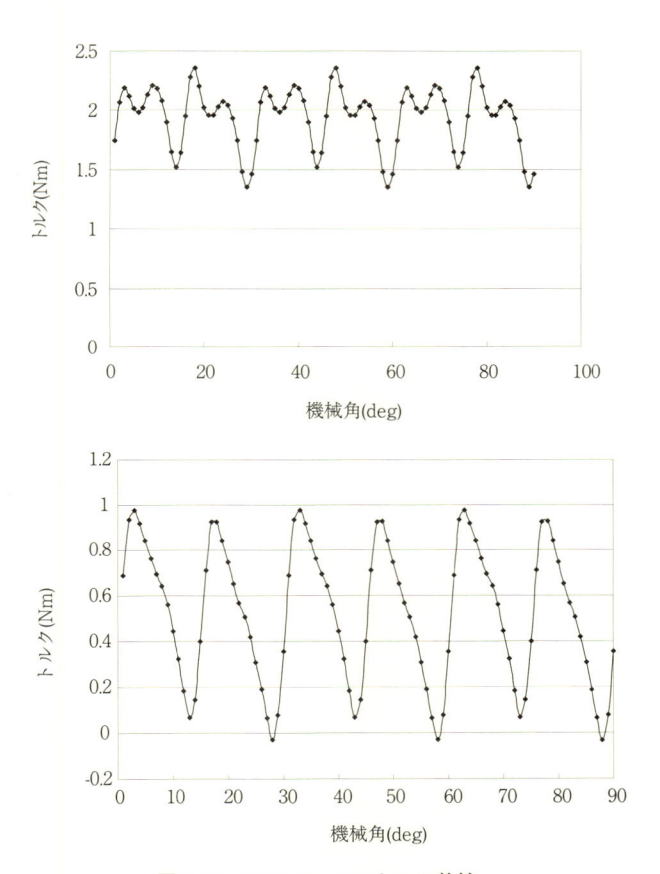

図 3.33　IPM モータのトルク特性

の発展が期待されている.

参 考 文 献

[3-1] 柳田博明, 永井正幸：先端無機材料科学, p.28, 昭晃堂 (2000).
[3-2] 注目の誘電体セラミックス材料, p.379, ティー・アイ・シー (1999).
[3-3] 日本機械学会編：機械工学便覧 応用システム編 γ7 メカトロニクス・ロボティクス, pp. γ7-62 - γ7-70 (2008).
[3-4] 長田義仁ほか：ソフトアクチュエータ開発の最前線, エヌ・ティ・エス(2004).
[3-5] 則次俊郎：空気圧ゴム人工筋の開発と人間支援ロボットへの応用, 日本

AEM学会誌, 14, 3, pp. 186-190 (2006).

[3-6] 荒金正哉, 則次俊郎ほか：シート状湾曲型空気圧ゴム人工筋の開発と肘部パワーアシストウェアへの応用, 日本ロボット学会誌, 26, 6, pp. 674-68 (2008).

[3-7] 鈴森康一：フレキシブルマイクロアクチュエータに関する研究（第1報, 3自由度アクチュエータの静特性), 日本機械学会論文集 (C編), 55, 518, pp. 2547-2552 (1989).

[3-8] S. Endo, K. Suzumori, T. Kanda, N. Kato, H. Suzuki and Y. Ando, Flexible and Functional Pectoral Fin Actuator for Underwater Robots, Proceedings of The Third International Symposium on Aero Aqua Bio-mechanisms, S42 (2006).

[3-9] K. Suzumori, F. Kondo and H. Tanaka, Micro-Walking Robot Driven by Flexible Microactuator, Journal of Robotics and Mechatronics, Vol.5, No.6, pp. 537-541 (1993).

[3-10] S. Wakimoto, K. Ogura, K. Suzumori and Y. Nishioka, Miniature Soft Hand with Curling Rubber Pneumatic Actuators, Proceedings of 2009 IEEE International Conference on Robotics and Automation, pp. 556-561 (2009).

[3-11] 大西：外乱オブザーバによるロバストモーションコントロール, 日本ロボット学会誌, 12, 4, pp. 486-493 (1993).

[3-12] 堀, 内田：加速度制御に基づく新しいモーションコントロール法の提案, 電気学会論文誌D, 109, 7, pp. 470-476 (1989).

[3-13] Masahiro Takaiwa, Toshiro Noritsugu, Positioning Control of Pneumatic Parallel Manipulator, International Journal of Automation Technology, vol.2, No.1, pp. 49-55 (2008).

[3-14] 新世代の電気・磁気アクチュエータ調査専門委員会編, 新世代の電気・磁気アクチュエータ, 電気学会技術報告第1169号 (2009).

[3-15] 電気自動車に適した電動機（出典：電気学会技術報告第637号）電気学会論文誌D, 117, 9, p. 1178 (1997).

[3-16] 中田高義, 伊藤昭吉, 河瀬順洋：有限要素法による交直電磁石の設計と応用, 森北出版 (1991).

[3-17] 中田高義, 高橋則雄, 河瀬順洋, 伊藤昭吉：後引き板付き電磁石の吸引力解析, 昭和61年電気学会全国大会, No. 734 (1986).

参 考 文 献

[3-18] 黒宮章夫, 竹内桂三, 中田高義, 高橋則雄, 藤原耕二：外部電気回路と弁の運動を考慮した電子制御式燃料噴射弁の磁界解析, 日本シミュレーション学会第11回計算電気・電子工学シンポジウム, pp. 89-94 (1990).

[3-19] 中田高義, 高橋則雄, 村松和弘, 上原健治：光磁気記録装置に用いられるリニア直流モータの最適設計, 平成4年電気学会全国大会, No. 789 (1992).

[3-20] 山田敬也, 高橋則雄, 宮城大輔, S. Markon, A. Onat：鉄ヨークとネオジム磁石を用いたロープレスエレベータ用リニアモータの推力の検討, 平成20年度電気情報関連学会中国支部連合大会, p. 211 (2008).

[3-21] 河瀬順洋, 山口忠, 竹本貴紀, 鈴木健司：三次元有限要素法を用いたリニアアクチュエータの動作特性解析, 電気学会リニアドライブ研究会資料, LD-07-43 (2007).

[3-22] 水野勉, 柄澤誠, 卜頴剛, 磯野祐輔, 水口貴博：リニア振動アクチュエータの高効率駆動法の検討—リニアコンプレッサの模擬負荷への適用—, 第16回MAGDAコンファレンス講演論文集, pp. 193-198 (2007).

[3-23] 三島将行, 平田勝弘, 石黒浩：有限要素法によるアンドロイド用同期モータの動特性解析, 電気学会リニアドライブ研究会資料, LD-07-40, (2007).

[3-24] 海老原大樹編：モータ技術実用ハンドブック, 日刊工業新聞社 (2001).

[3-25] 高橋則雄, 宮城大輔, 前田訓子, 小関祐生, 三木浩平：焼きばめされたモータコアの有限要素法を用いた鉄損解析, 第17回MAGDAコンファレンス, No. A01 (2008).

[3-26] 最新版カーエレクトロニクス技術全集, 技術情報協会 (2007).

[3-27] 松延豊, 田島文男, 小林孝司, 川又昭一, 渋谷末太郎：電気自動車用埋め込み電磁石型同期電動機の磁石形状の検討, 電気学会論文誌D, 120, 6, pp. 822-829 (2000).

[3-28] 水谷良治：トヨタハイブリッド自動車用モータの現状と課題, 電気学会回転機研究会資料, RM-08-130 (2008).

[3-29] 武田洋次, 松井信行, 森本茂雄, 本田幸夫：埋込磁石同期モータの設計と制御, オーム社 (2001).

[3-30] 山口忠, 河瀬順洋, 佐藤浩一, 鈴木智士, 平田勝弘, 大田智浩, 長谷川祐也：有限要素法による二次元電磁リニアアクチュエータの平面動作解析, 電気学会リニアドライブ研究会資料, LD-07-12 (2007).

[3-31] 山本匡史, 平田勝弘, 山口 忠, 河瀬順洋, 長谷川祐也：2自由度駆動アクチュエータの動特性評価, 第18回電磁力関連のダイナミックスシンポジウム講演論文集, A2P03, pp. 501-504 (2006).

[3-32] 矢野智昭, 久保田喜昭, 鹿山 透, 鈴木健生：球面同期モータの基本特性, 第19回電磁力関連のダイナミクスシンポジウム講演論文集, A311, pp. 361-362 (2007).

[3-33] 藤中哲也, 長屋幸助, 鹿島健作, 坂本直也：鉄粉層を有するばね型アクチュエータを用いた高速2次元位置制御機構の開発と電磁力制御, 第16回MAGDAコンファレンス, pp. 217-220 (2007).

[3-34] 菅家 稔, 佐藤健生, 関根 陣, 伊藤 淳, 鈴木晴彦：反磁性グラファイト板の端形状効果を利用した極めて省エネルギーなパッシブ磁気浮上リニアドライブ, 平成20年電気学会全国大会, NO.5-212 (2008).

[3-35] 大田智浩, 平田勝弘, 山口 忠, 河瀬順洋, 塩本洋千：感温磁性サーモスイッチの動作特性解析法, 電気学会論文誌 D, 124, 10, pp. 1080-1085 (2004).

[3-36] I. Suorsa, et al., Applications of Magnetic Shape Memory Actuators, Actuator 2002, pp. 158-161 (2002).

[3-37] 辰巳義和, 大嶽和之, 高橋良太, 田代普久, 脇若弘之, 矢島久志, 藤原伸広：超磁歪アクチュエータの基礎的設計法, 電気学会リニアドライブ研究会資料, LD-08-60 (2008).

第4章

アクチュエータが切り拓く科学，技術

　本章では，各種の産業へのアクチュエータの応用や今後の応用可能な新しいアクチュエータについて述べる．まず，高度な科学・技術を支えるアクチュエータ応用の代表的な例として，4.1節ではエンジン用アクチュエータ，4.2節では走査型プローブ型顕微鏡，高真空環境，および，MRIやNMRなどの強磁場環境で利用されているアクチュエータを紹介する．また，4.3節では，マイクロリアクターなどのマイクロ化学プロセスの産業化に必須となるマイクロアクチュエータの新しい開発事例をいくつか紹介する．さらに，電磁力を応用した新しいタイプのアクチュエータとして，4.4節では球面モータ，4.5節では超電導アクチュエータについて開発事例を紹介する．そして，地球環境の保全に貢献できるアクチュエータ技術について，特殊環境での動作，小さい環境負荷，環境浄化の視点から課題と最新技術を説明する．

4.1 エンジン用アクチュエータ

　一般に，エンジンのように，動力を持続的に発生させるものはアクチュエータとは呼ばれない．しかし，内燃機関では燃焼が間欠的に行われるので，その制御のために，燃料噴射弁や可変動弁機構をはじめとして各種アクチュエータが使用されている．

4.1.1 ディーゼルエンジン用燃料噴射弁
　ディーゼルエンジンは，吸入した空気をピストンで圧縮して高温，高圧状態

にして軽油や重油などの燃料を噴射すると，燃料が微粒化，蒸発するとともに周囲空気を導入しながら混合気を形成し，その後，時間が少し経過してから（着火遅れ），自着火して燃焼が開始する．よって，燃料噴射はディーゼルエンジンにとって非常に重要な役割を果たす．特に，噴霧の微粒化は燃焼およびその後の排気特性に影響を与える．

従来は，列型ポンプや分配型ポンプを用いて，エンジンで駆動されるカム機構によって噴射ごとに瞬間的な加圧および圧送をして燃料を噴射していた．しかし，図4.40に示すように、最近の自動車用ディーゼルエンジンの燃料噴射システムは，コモンレール方式になってきている[4-1]．燃料タンクから供給される燃料は，噴射ポンプ（サプライポンプ）によってレール（蓄圧室）内に常に高圧の状態に保持されている．そのため，列型や分配型ポンプを用いていたときには，エンジンの回転数によって噴射圧力が変わり，特に低負荷で噴射圧力が低くなり微粒化特性に影響を与えていたが，コモンレールシステムによって常に高圧に保持することが可能になった．図4.1に示すように，ECU（エンジン制御ユニット）からの駆動信号によってソレノイドに電流が流れると噴射弁内の電磁弁が動作し，制御バルブが上方に移動して制御室圧力が下がる[4-1]．

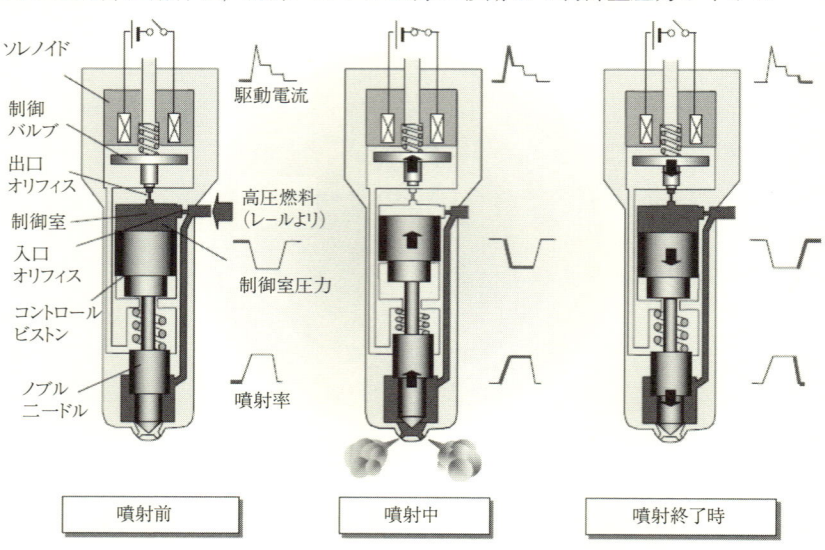

図 4.1 コモンレール式噴射弁（ソレノイド式）の動作原理[4-1]

4.1 エンジン用アクチュエータ

そのため，ノズルニードルが圧力差によって上方に移動して，燃料が噴射孔からシリンダ内に噴出する．駆動電流が流れなくなると，制御バルブが下方に移動して制御室の圧力が戻り，ばねの力でノズルニードルが下方に移動して噴射しなくなる．以上のように作動させて，噴射圧力，噴射量，噴射時期，噴射率を制御することができる．燃料噴射弁には直径約 0.1 mm 程度の孔が複数個設けられており，孔から燃料が燃焼室内に噴出する．図 4.2 に，パイロット，プレ，メイン，アフター，ポスト噴射がそれぞれ，出力，排気ガス低減（窒素酸化物やスモークの低減），ノイズ低減，後処理装置の活性化にどのように影響を及ぼすかを示す[4-2]．実際には，回転数と負荷に応じて噴射量を変えて噴射する[4-3]．例えば，低負荷，低回転領域では，何度も少量のパイロット噴射をし，高負荷，高回転では従来のディーゼル噴霧と同じく，主噴射のみとなる．特に，早期噴射は燃焼の制御に，ポスト噴射は後処理装置の温度管理に必要である．このように，非常にきめ細かい制御により，エンジン性能の向上と排気ガスのクリーン化に寄与する．

噴射	出力	排ガス低減	ノイズ低減	後処理使用
パイロット		○	○	
プレ	○	○	○	
メイン	○			
アフター	○			○
ポスト		○		○

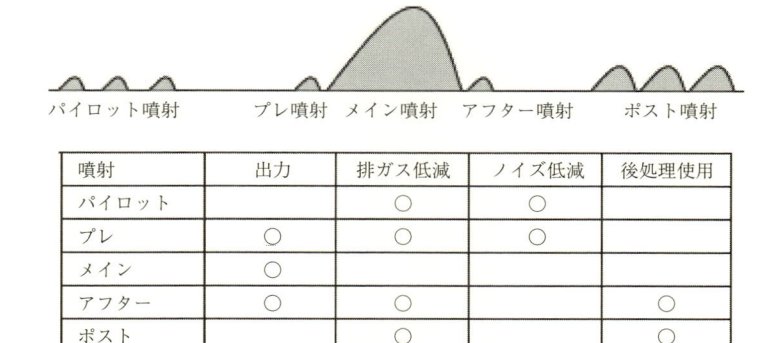

図 4.2 コモンレール式噴射システムのそれぞれの噴射の果たす役割[4-2]

また，最近では図 4.3 に示すように，ソレノイド方式に代わり，ピエゾ駆動式の燃料噴射弁[4-4]も実用化されている．図 4.4 および図 4.5 に，ピエゾアクチュエータの構造と出力特性を示す[4-5,6]．変位量は全長の約 0.1％と小さく，高電界（〜2 kV/mm）を必要とし，金属との熱膨張差が大きいという欠点がある．高電界を維持しつつ駆動電圧を下げるためには 80 μm の薄膜の素子が必要であり，必要な変位（30〜40 μm 程度）を得るには 500 枚程度の

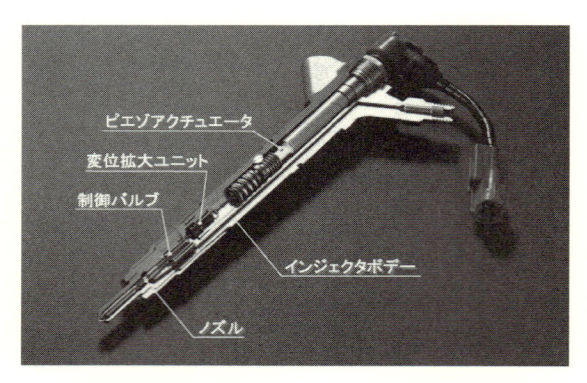

図 4.3 コモンレール式（ピエゾ駆動式）燃料噴射弁の構造（写真）[4-4]

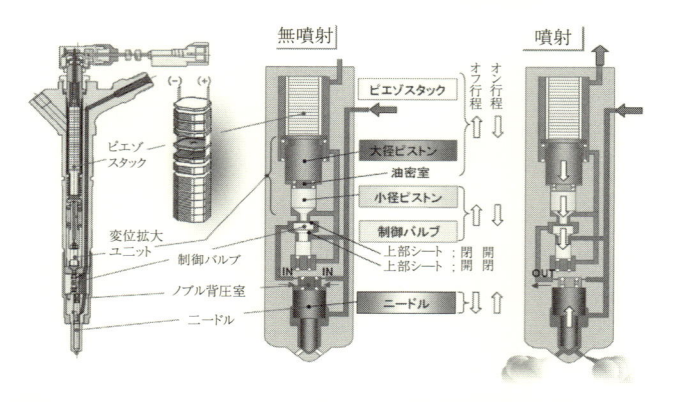

図 4.4 コモンレール式（ピエゾ駆動式）燃料噴射弁の作動原理[4-5]

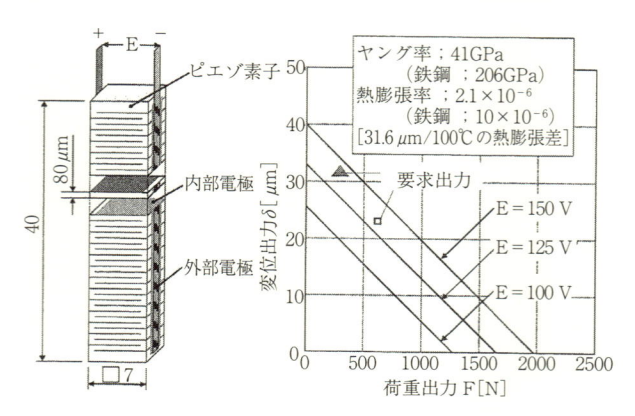

図 4.5 ピエゾ素子の特性[4-6]

ピエゾ素子の積層化が必要である．噴射用駆動電流が流れると，ピエゾスタックが長くなり大径ピストンを押し下げる．油圧により小径ピストンも押し下げられ，制御バルブも下方に移動して上部シートが開き，下部シートが閉じる．そのとき，燃料油圧の差でニードルが上方に移動して，燃料が孔から噴出する．このような油圧サーボ機構によりノズルニードル弁をほんのわずか上昇させて $1\,mm^3$ 程度の微量な噴射を実現させることができる．

コモンレール噴射弁を駆動するアクチュエータには，極めて強い力と速い応答性が要求されることになる．このようなアクチュエータに要求される性能と材料特性をガソリン用吸気管噴射弁の場合と比較すると以下のようになる．コモンレールの第一世代の噴射圧力はトラック用で 120 MPa，乗用車用で 145 MPa であったが，現在の第二世代では 180 MPa である[4-6]．コモンレール式の場合の吸引力は，ガソリン用吸気管噴射弁の場合の約 10 倍（100 N 程度）必要である．この吸引力を高速で応答させるために必要な比抵抗（渦電流の流れにくさ）は，ガソリン用吸気管噴射弁の場合と比較すると，第一世代コモンレールが約 15 倍程度であったものが，現在は約 5000 倍と飛躍的に高くなっている．高応答の電磁弁にするために，最も磁気効率の高い閉磁路平板型が使われ，また，最大飽和磁束密度が高く，また，電磁石の磁力を阻害する渦電流の発生を抑制するような材料が使われる．さらには 200 MPa を超える圧力でも割れが発生しないような材料であることが要求される．図 4.6 に示すように，燃料噴射弁の各種アクチュエータの駆動信号に対する応答性は，初期には 0.7 ms 程度であったが，ピエゾ式では電磁弁によって動作する弁体の運動がないために，ON 側，OFF 側ともほぼ 0.2 ms 以下であり，極めて高速で作動する[4-1]．今後の高速噴射やマルチ噴射のインターバル短縮に有効である．

4.1.2 ガソリンエンジン用燃料噴射弁

現在，自動車用ガソリンエンジンの場合は，キャブレター方式ではなく，吸気管に燃料を噴射する方式となっている．ガソリンは軽油に比べて蒸発しやすいことと，また，吸気管に噴射するので，燃料噴射圧力は 0.3 MPa とそれほど高くない．ECU からの信号によってソレノイドに電流を流して，芯弁を移動（上下）させる．ディーゼル用と同様，弁が開いたときに，燃料が小さい孔から噴出するようになっている．

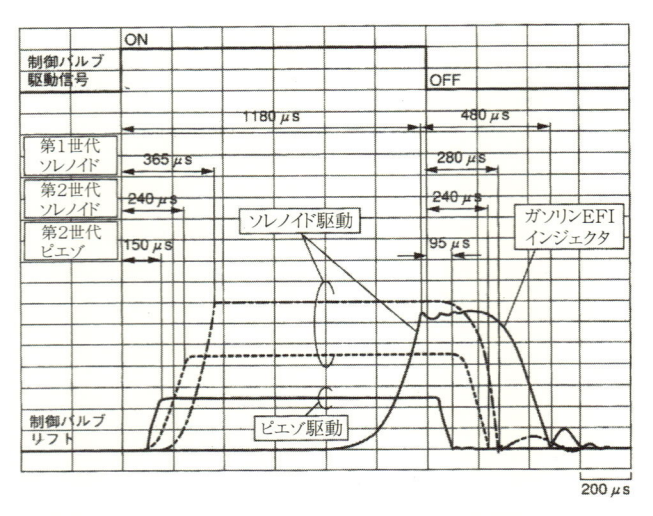

図 4.6　燃料噴射弁各種アクチュエータの応答性の違い[4-1]

　ガソリンエンジンは三元触媒を使用するため，空気と燃料の比率を理論混合比一定に保って運転する．よって，低負荷時には燃料が少なくてよいのでそれに応じた空気量も少なくなる．そのために吸気を絞るので，吸気行程ではシリンダ内は負圧が大きくなり，いわゆるポンプ損失となり，熱効率の低下の原因となる．ガソリンエンジンの場合も，ディーゼルエンジンのようにシリンダ内に直接燃料を噴射し，シリンダ内の混合気濃度を不均一にして，点火栓近傍のみに燃焼可能な混合気を集め，周囲は空気のみにするという方法が，一時期，実用化された．この方法は，ディーゼルエンジンと同様，スロットル弁が不要になるので，低負荷時でポンプ損失がなくなり，熱効率の大幅向上が期待される．本手法は混合気形成が重要であり，そのための燃料噴射弁の開発研究は現在も行われている．現在は，直接噴射方式は，吸気行程中に噴射することによって，燃料と空気の均一化を図るとともに，燃料の蒸発潜熱によって空気を冷却して充填効率を高めて出力を増大させるために使用される．燃料噴射圧力は約 5～15 MPa 程度であり，ディーゼルエンジンの場合よりは低いが，ポート噴射式よりもかなり高くなり，コストもかかる．

4.1.3 可変動弁機構

最近，可変動弁機構を採用するエンジンが増えてきている．これは，様々な運転条件に対して常に最適な吸気弁開閉の時期や弁リフト量を調整することができ，最適な燃焼をさせることが可能になり，高出力化と低燃費化に寄与する．図4.7に弁リフトカーブの例[4-7]を示す．弁リフト量が大

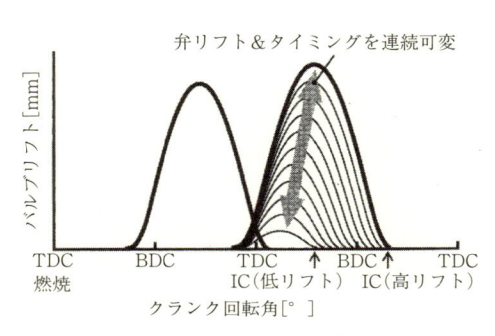

図4.7 弁リフトカーブ[4-7]

きくなるにつれて吸入通路面積が大きくなる．吸気弁の開閉時期および弁リフト量を可変にする機構によって，吸排気のオーバーラップを連続的に制御する．例えば最大リフト量は1〜10 mm程度，開閉時期は60° CA（クランク角）程度変化させる．

連続可変リフト＆タイミングに関しては，各メーカで種々の機構が提案されている．可変機構を持たない場合，通常はロッカーアームを吸気カムが直接作動させる構造となっている．図4.8にBMW社（ドイツの自動車メーカー名）の例を示す[4-8]．これは，通常のロッカーアーム方式を基本としており，可変リフトは中間レバーと呼ばれるレバーと偏芯カムのついたエキセ

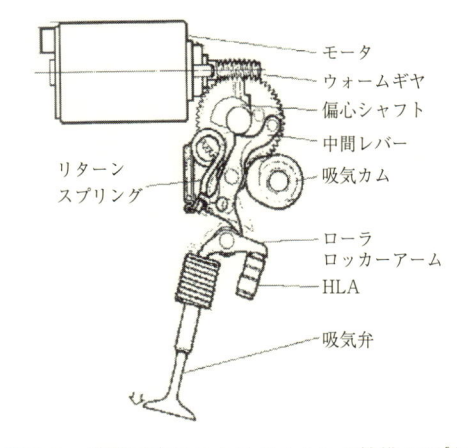

図4.8 連続可変リフト＆タイミング機構の例[4-8]

ントリックシャフトによって行われる．エキセントリックシャフトの微小な回転によって中間レバーの支持点がわずかずつ移動し，ローラロッカーアームのローラに対する中間レバーの揺動する位置が変化する．この中間レバーとローラの接する部位は場所によって形状が異なり，その形状特性によって吸気弁リフト量も変化することになる．エキセントリックシャフトには高精度角度セン

サが取り付けられており，ウオームギアを介して電動モータで回転位置を制御することができる．中間レバーとそのリターンスプリングが組み合わさった部位は，吸気弁とはほぼ独立した運動系を構成している．

スロットルバルブの代わりに吸気量制御を行うことで，ポンプ損失の低減に伴う燃費向上を実現できる．弁リフト量を小さくするとカム作用角（バルブ開角度）も小さくなる．可変吸排気弁タイミング機構を持つものは，弁リフト量とともに弁の開閉時期も自由に変化させることができる．しかし，欠点としては，構造が複雑で，動弁系の重量が大きくなる．

油圧駆動方式に比べて電動方式は，モータにより直接制御するため，きめ細かな吸気弁の開閉制御が可能となる．さらに，排気弁まで可変にすることも検討されている．

4.1.4 その他可変システム

前述したように，ガソリンエンジンでは，低負荷のポンプ損失が熱効率の低い主原因である．そこで，低負荷時にV型6気筒エンジンの片側3気筒あるいは片側1気筒ずつの計2気筒を休止させ，全体としてポンプ損失を減少させる方法がある[4-9]．休止気筒では吸排気弁が閉じたままで，圧縮および膨張を繰り返す．残りの気筒で通常の燃焼をさせるため，一気筒当たりの負荷は大きくなり，ポンプ損失が減る．この動作は，各バンクに設置されたスプール弁を通してロッカーシャフト配管内の油圧を変化させて各シリンダのロッカーアーム内の油圧ピストンを移動し，休止用ロッカーアームと弁リフト用ロッカーアームの連結を制御している．

また，吸気2弁のうち，アクチュエータにより切替弁を作動させて吸気1弁を閉じて，シリンダ内のガス流動を制御することもある．これは負圧を利用するものから電動モータ式に代わってきており，連続的な制御が可能となっている．さらには，吸気管に制御バルブを取り付けてスワールやタンブルなど吸入行程におけるガス流動を制御して燃焼を制御しようとする方法も実用化されている．

以上のように，現在のエンジンには多くのアクチュエータが利用されており，燃料噴射やガス流動の制御が行われている．

4.2 先端科学機器

4.2.1 走査型プローブ型顕微鏡におけるアクチュエータ

走査型プローブ顕微鏡（Scanning Probe Microscope, SPM）は，アクチュエータによる微細位置決め技術によって，先端科学の世界や産業面で大きな技術的革新がもたらされた好例といえる．

SPMとは，プローブ（探針）を用いて観察対象表面の形状など，表面の特性を原子レベルの分解能で可視化する装置である．1982年にビーニッヒ（Binnig）らによって発表された走査型トンネル電子顕微鏡（Scanning Tunneling Microscope, STM）[4-10]をはじめとして，走査型原子間力顕微鏡（Atomic Force Microscope, AFM）[4-11]など，多数の方式が考案されている．STMの発明は，それ自体がノーベル物理学賞の対象となるなど，広く科学の世界に大きな影響を与えた．現在SPMは，表面観察を必要とする先端科学の分野で使用されるだけでなく，半導体製造プロセス中での検査装置などのように産業的にも重要な装置となっている．

図4.9にSPMの概要を示す．非常に鋭い先端を持つプローブと観察対象表面を接近させ，この間に生じる相互作用をプローブにより検出する．この状態でプローブ先端が表面をなぞるように，アクチュエータを制御して走査を行う．このような線状の走査を繰り返して，面としての情報を得る．相互作用の変化，あるいは走査に必要となったアクチュエータ制御信号の分布から観察画像を表示することができる．

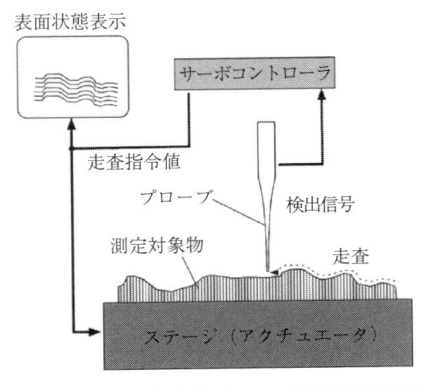

図4.9 走査型プローブ顕微鏡の概要

SPMの嚆矢であるSTMでは，導電体の観察対象とプローブ先端との間に流れるトンネル電流を検出し，この電流の大きさが一定となるように，アクチュエータによってプローブあるいは観察対象を移動させる．また，代表的なSPMとなっているAFMでは，プローブ先端が対象物表面との接触により受

ける力や，原子間に働く近接力を検出することによって，絶縁体表面の形状も観察することが可能となっている．この他，粘弾性率，磁性，強誘電性，光学的特性など，様々な物理的あるいは化学的特性の分布をプローブによって可視化するSPMが開発されている．近年では液中での観察や，高速走査による動画の撮影も行われるようになっており，バイオ試料の観察にも使われている．

　一連のSPMが実用化された背景には，圧電アクチュエータによる精密位置決め技術がある．例えばSTMではプローブ先端と観察対象表面の間隔は数ナノメートルであり，サブナノメートルのオーダー，すなわち原子の大きさ程度，あるいはそれ以上の分解能で制御を行う必要がある．圧電アクチュエータを利用することによってこのような精密な位置決めが実現された．

　代表的なSPMであるAFMに用いられるアクチュエータの例を図4.10に示す．これは，観察対象をステージごと移動させるチューブ型スキャナと呼ばれるアクチュエータである．チューブ状に成型された圧電素子からなり，AFMのプローブに対して観察対象を移動させ，観察対象表面の走査と近接状態の制御を行う．チューブ表面に対向配置された電極間に電圧を印加することによって，xy平面内の走査が可能である．さらに，電圧印加によるz方向への伸縮によって，プローブ先端と観察対象表面の間隔を制御することができる．各自由度は完全には独立ではないが，あらかじめ干渉の具合を測定して補正することによって，精密な制御を実現している．

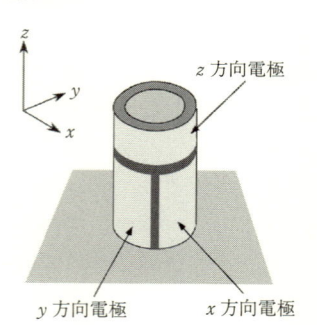

図4.10　AFMで使用されるチューブ型スキャナ

　SPMに用いられるプローブは，観察対象表面との相互作用を検出するセンサといえるが，一部のSPMで用いられるプローブには，以下のようにアクチュエータとしての機能を持つものも存在する．

　AFMの測定モードには，大きく分けて3通りの方法がある．図4.11に図示する，コンタクト（完全接触），ノンコンタクト（完全非接触），タッピング（周期的接触）の各モードである．コンタクトモードでは表面との接触を保つため，高い分解能が得られる反面，柔らかい試料は傷ついてしまう．これに対してノンコンタクトモードでは，表面への影響は小さいものの，分解能は低下

4.2 先端科学機器

（a） コンタクトモード

（b） ノンコンタクトモード

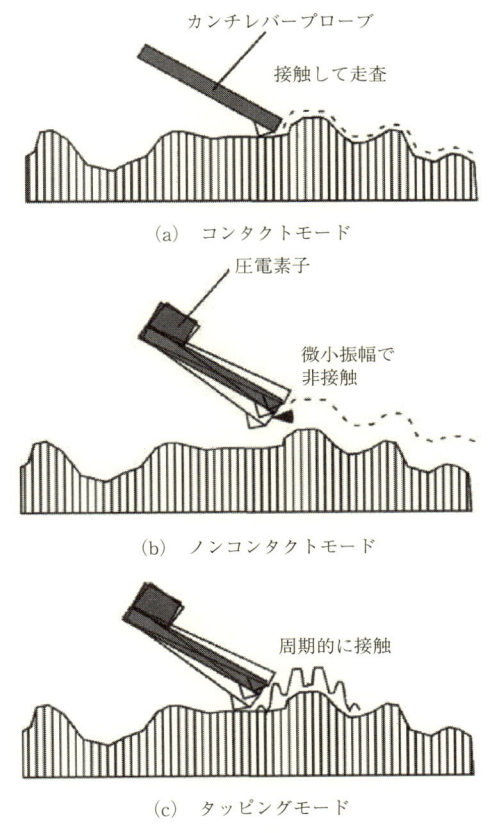

（c） タッピングモード

図 4.11 AFM の測定モード

することになる．タッピングモードはこの中間であり，プローブ先端が間欠的に表面と接触し，比較的高い分解能を得ながら，表面への影響を抑えることができる．

このうち，主にノンコンタクトモードおよびタッピングモードでは，プローブを共振させ，近接・接触状態を振動振幅の変化から検出する方法が用いられる．近接・接触時には振動プローブ先端が外力を受け，振動の境界条件が変化するため，共振周波数が変化する．この共振周波数変化や，これに伴う振動振幅の変化を検出し，一定に保つことによって表面形状の画像を得る．

一般に，AFM のプローブはカンチレバー（片持ち梁）の形状である．カン

チレバーのたわみ量から，相互作用の大きさ，例えば観察対象表面から受ける引力あるいは斥力の大きさを検出する．このたわみ量の測定には，レーザ光の反射方向をフォトディテクタによって検出する，光てこ方法が利用されることが多い．ノンコンタクトモード，タッピングモードのようにプローブの励振が必要な場合には，振動型プローブとしてカンチレバーの根元に小型の圧電アクチュエータを接着してレバーを励振するものや，レバー表面に成膜した圧電体の薄膜によって励振するものが用いられている．特に後者では，圧電薄膜を励振用のアクチュエータとしてだけでなく，振動振幅を交流信号として検出するセンサとしても使用することができる[4-12]．液中でもプローブの振動状態を検出することが可能であることから，バイオ関係の試料観察も実現されている．

4.2.2 真空機器におけるアクチュエータ

真空環境は表面物理などの先端科学の研究現場だけでなく，半導体製造装置をはじめとして，産業的にも広く利用されている．高真空，あるいは超高真空と呼ばれる高い真空度を持つ環境でも，アクチュエータによって物体を移動・変形させる技術が必要とされている．例えば，荷電粒子ビームを用いる精密加工装置では，ビームを発生することのできる真空環境内で加工対象物の搬送などの必要性が生じる．

アクチュエータ自体を真空環境内に配置可能としたものとして，特殊な絶縁体でコーティングされた圧電アクチュエータがある．これは，圧電体や電極を構成する材料から真空度に影響のあるアウトガスが発生することを防ぐためのものである．

小型の装置の比較的低い真空度の場合には，外部から機械的な機構によって駆動力を伝える方法が使われる．しかし，高真空の場合には，シールの関係からこのような方法は用いることができない．また，高真空を得るには，構造材からのガスの発生による真空度への影響を防ぐために，装置全体を加熱する作業が必要となる．これは，アクチュエータ材料にとって苛酷な環境である．このことから，ランジュバン型の超音波振動子を基にして，圧電材料を装置外に置き，回転力を真空チャンバー内に伝えるアクチュエータも実現されている[4-13]．

静電アクチュエータでは，得られる静電気力の大きさは印加電界の大きさに依存するが，これは絶縁破壊強度の制約を受ける．電圧が印加された平行平板

間の絶縁破壊強度は，パッシェン（Paschen）の法則に従うことが知られている．これによれば，電極間距離と気圧の積が非常に小さいとき，放電が生じる電圧は極めて大きい．したがって，高真空中では静電アクチュエータによって極めて大きな出力を得ることができる．アクチュエータとしての駆動だけでなく，浮上技術としても静電気力が用いられている[4-14]．

4.2.3 強磁場環境におけるアクチュエータ

強磁場環境は，磁気共鳴画像（Magnetic Resonance Imaging，MRI）などの医療用機器，核磁気共鳴装置（Nuclear Magnetic Resonance，NMR）など物理・化学分析装置，超電導応用機器などで使用されている．このような装置内の強磁場環境下では，一般的な電磁モータは，その駆動原理上，磁場の影響を受けるために利用することが難しい．また，NMRやMRIでは，モータの発生する電磁界によるノイズが測定に影響を与える．しかし，強磁場環境においても測定対象の搬送などにアクチュエータが必要とされ，磁場に対して上記のような影響のない，空気圧，静電，圧電などの原理のアクチュエータが利用されている．

強磁場環境を用いる医療用MRIは，核磁気共鳴現象によって生体内を可視化するものである．すでに0.5Tから2T程度の磁場を用いるものが，広く医療現場で使用されている．さらに，MRI環境下で手術を行うことや，生体への動的作用の影響を可視化することを目的として，MRI内へアクチュエータを導入することが試みられている．例えば，圧電素子を駆動に用いる超音波モータ[4-15]や，静電気力を駆動源とする静電モータ[4-16]は，電磁現象を直接駆動に用いるものではないため，MRIでも利用することができると考えられている．特に，超音波モータは原理上多自由度化や小型化が容易とされ，手術用器具の駆動源として注目されている[4-15]．また，静電モータは高電圧を使用するものの，電流の値は小さいことから発生磁場は小さく，MRIの測定環境への影響も小さい[4-16]．

強磁場環境で回転型アクチュエータが求められている例として，固体核磁気共鳴（以下，固体NMR）装置における高速アクチュエータがある．固体NMRは固体材料の分子構造を調べるものであり，分析感度向上を目的として試料の高速回転が必要とされている．一般に7T以上と，MRIに比べて強力

な磁場中での回転駆動が必要となる．

これまで固体 NMR では，磁場の影響を避けるために主として空気圧を用いたタービン式の回転機構によって高速回転駆動を行う方法が用いられてきた[4-17]．この方法では回転部の小型化が可能であり，毎分 50 万回転程度の高速回転が実現されている．しかし，空気の断熱作用から測定温度を可変にすることは難しく，特に極低温環境では極低温冷媒を使用する必要があるなど，装置全体の大型化・複雑化が避けられない．

超音波モータは前述の通り強磁場環境で用いることが可能であり，小型化も比較的容易である．図 4.12 のアクチュエータは，固体 NMR の測定環境で用いる試料回転用アクチュエータを，円筒型マイクロ超音波モータの構成を基本として試作した例である．円筒型のステータ先端に進行波を励振し，試料ケースと接続されたロータを回転させる構造のものである．固体 NMR では強磁場を発生する超電導磁石内の狭隘空間に，高周波コイルや試料ケースを配置する必要があり，このようなマイクロアクチュエータの利用が有効である[4-18]．

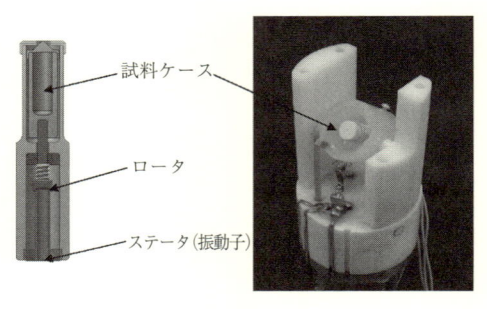

図 4.12 強磁場対応試料回転アクチュエータの断面と写真

4.3 マイクロ化学システム

4.3.1 マイクロ化学プロセスとは

マイクロ化学プロセスとは，微細加工技術によって作製されたマイクロ空間で構成されるマイクロデバイスを利用して物質生産するシステムであり，従来の工場に立ち並ぶ大型プラントと対比させて，マイクロ化学プラントとも呼ばれる．マイクロ空間は，一般には数 μm から数百 μm 程度のマイクロ流路のことを指すが，実際は，マイクロ空間の効果を活用できるものであればミリスケールのデバイスも対象となる．このマイクロ空間で行う操作の代表的なものは混合，化学反応，熱交換であるが，それ以外にも，抽出や乳化などの様々な

4.3 マイクロ化学システム

単位操作や分析まで，通常の物質生産現場に存在するあらゆるプロセスを行うことができる．なかでも，マイクロ空間内で反応を行うデバイスのことをマイクロリアクターと呼び，本マイクロ化学プロセスの主軸を担っている．

さて，上述したマイクロ空間の効果とはどういうものか？ まずはマイクロ空間の特徴から見ていく．マイクロ空間の最も特徴的な性質は，「単位体積あたりの表面積が極めて大きい」ことである．このことは，物質生産プロセスにおいて大きな影響を及ぼし，特に以下の4点がマイクロ空間の効果として期待できる．

1) 高い熱制御性（迅速な熱交換性能）
2) 均一な反応場（製品の高品質化，副反応の抑制）
3) 短い拡散距離（拡散時間の短縮）
4) 重力の影響を受けない

このようなスケーリング効果によって，従来の回分式（バッチ式）反応器よりも高い装置特性が期待されている．そのうえ，マイクロ流路内で各種操作を行うマイクロ化学プロセスは，フロー系の連続操作が可能な小型装置であることから，生産性や省スペース化において大きなメリットを有している．もちろん，小さな容器内で物質生産を行うため，大量生産を目指す場合には，本デバイスの数を増やして並列同時処理を行う"ナンバリングアップ"で対応することができる．

このような特徴を有するマイクロ化学プロセスでは，現在のスケールアップにより大量物質生産を実現してきたプラントと比較して，大型化に伴う工業化までのリードタイムが大幅に減少してコストを削減できるほか，小型化による使用スペースの減少，移動可能な小型装置化によるオンサイト生産，必要な量のみを生産できるオンデマンド生産，爆発性や毒性の反応物を少量で反応に用いることのできるリスク低減，さらに，高効率な熱エネルギーの利用によるエネルギー消費量および二酸化炭素排出量の削減など環境面での効果も大きく，反応場のスケールダウンによってもたらされる物質生産現場におけるメリットは想像以上に大きいものである．そのため，今後の生産プロセスを大きく変える次世代の化学プラントの形であるとも期待されている．

このような取り組みは，1990年代始めにドイツで起こったものであるが，

日本国内でも 2000 年前後から精密な機械加工技術の強みを生かして活発に研究が行われている[4-19～21].

以下の節では，このマイクロ化学プロセスで実用化を目指した各種操作の概要について解説し，アクチュエータ技術の活かせる要素について触れていく．また，マイクロリアクターに関する良書は，既に多数出版されているので，詳細を学ぶためにはそれらも参考にされたい[4-22～4-25].

4.3.2　マイクロスケールでの化学合成

マイクロ空間での化学合成では，一般に反応物質 A と B あるいは反応物質 A，B と活性化試薬をそれぞれの流路からマイクロ空間内で合流させ，迅速に混合させることで反応を均一に開始させ，流路長によって反応時間を制御する．そのため，まずマイクロ流路内で素早く混合させることが化学合成を効率良く行うためには極めて重要であり，その役割を担うマイクロミキサーの開発が本研究分野の当初からの主力であった．上述のように，単位体積あたりの表面積が大きいといったマイクロリアクターの特徴は，二液を混合させる際には必ずしも十分ではない．幅の小さな流路を高流速で流体が流れれば，まず層流の流れを形成するため，T 字管で正面から衝突した二つの流体は平行流としてもう一方の流路へと流れていく．もちろん，流路幅が小さいため拡散距離は短く拡散時間が短縮されるが，より迅速な混合性能が求められるため，様々な工夫が行われてきた[4-26]．図 4.13 にはマイクロミキサーで用いられる混合性能を高めるための原理をまとめている．マイクロミキサーにおける混合特性を比較するために主に用いられているのは，Villermaux‒Dushman 反応と呼ばれる化学反応を用いた評価法であり，混合特性が良くないとヨウ素イオンが生成して 352 nm の吸光度が増加するため，混合液の吸光度測定で容易に評価できる[4-27]．一般に低流速になるほど混合しにくくマイクロミキサーにとっての課題でもある．現在最も有名なマイクロミキサーは，独 IMM 社製のインターディジタル型マイクロリアクター（SIMM）であるが，二重円管型マイクロミキサー（図 4.14）[4-28]などそれを大きく上回る混合性能を示したものも開発されている．

このようなマイクロミキサーを用いて，これまでに多くの有機合成反応でマイクロ空間の効果が得られている．特に，酸化反応，ニトロ化反応，直接フッ

4.3 マイクロ化学システム

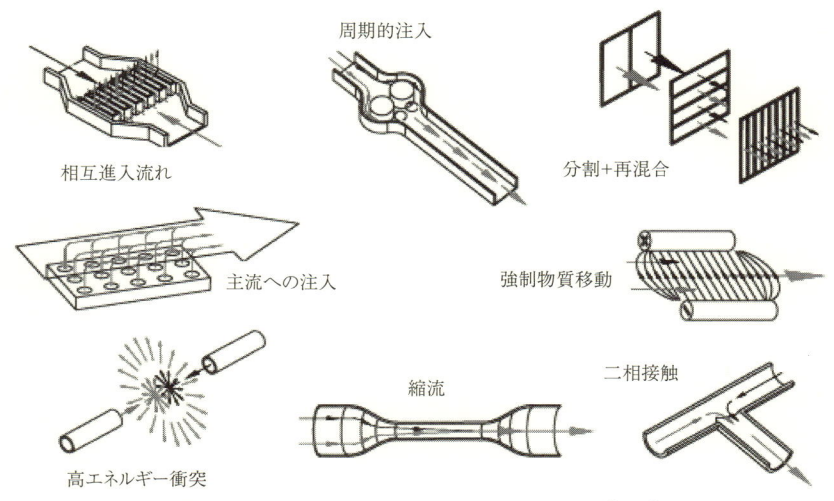

図 4.13 マイクロミキサーにおける混合原理[4-26]

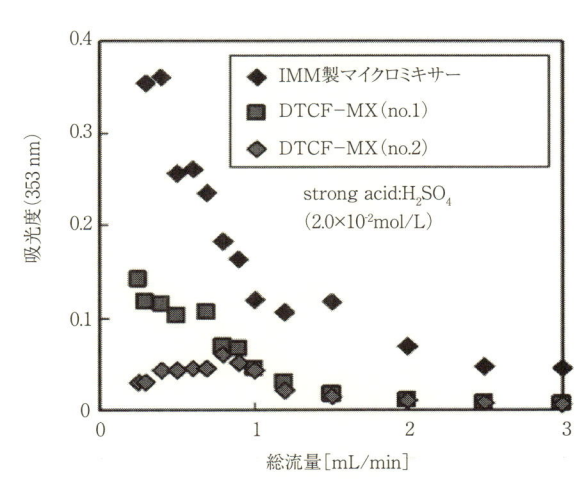

図 4.14 二重円管型マイクロミキサー（DTCF−MX）の混合性能[4-28]

素化反応などの大きな発熱を伴う反応において，マイクロ空間による熱の除去性能の高さから反応収率の向上が報告されている．たとえば，図 4.15 のようなアルコールからケトン化合物を合成するスワン酸化反応をマイクロリアクターで行うと，通常のバッチ反応では−20℃でも低い収率なのに対して室温付

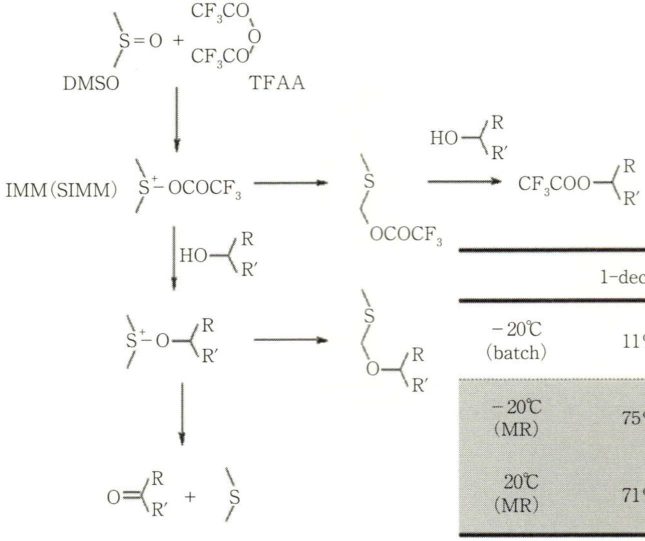

	1-decanol	2-octanol
−20℃ (batch)	11%	20%
−20℃ (MR)	75%	92%
20℃ (MR)	71%	89%

図 4.15　マイクロリアクターを利用したスワン酸化反応と反応収率[4-29]

近において目的生成物を非常に高い収率で得られている[4-29]．これは，中間体が不安定で転移反応による副反応を生じやすいところをマイクロリアクターで抑制したことが原因だと考えられる．

4.3.3　微小液滴生成（乳化）および微粒子製造

マイクロ空間の「均一な反応場」という特徴を活かして，サイズの揃った微小液滴生成（乳化）もまた工業的には有望な技術といえる．通常，乳化操作は回転翼や超音波照射による剪断力によって非相溶な二流体を分散させるが，分散した液滴サイズを斉一にすることは不可能に近い．これに対して，Y字型などのマイクロ流路内で液滴を剪断力によって作成すると，常に一定の剪断力で液滴を作成することが可能で，結果として単分散な液滴調製が行える（図4.16）．図4.16からも分かるように，流量によって液滴サイズも制御することが可能であり，任意の単分散液滴を調製する装置として有望である．また，ここで生成された単分散液滴を利用すると，その後の重合操作などを経て単分散な微粒子調製も実現することができ，単分散乳化技術は微粒子作成技術

4.3 マイクロ化学システム

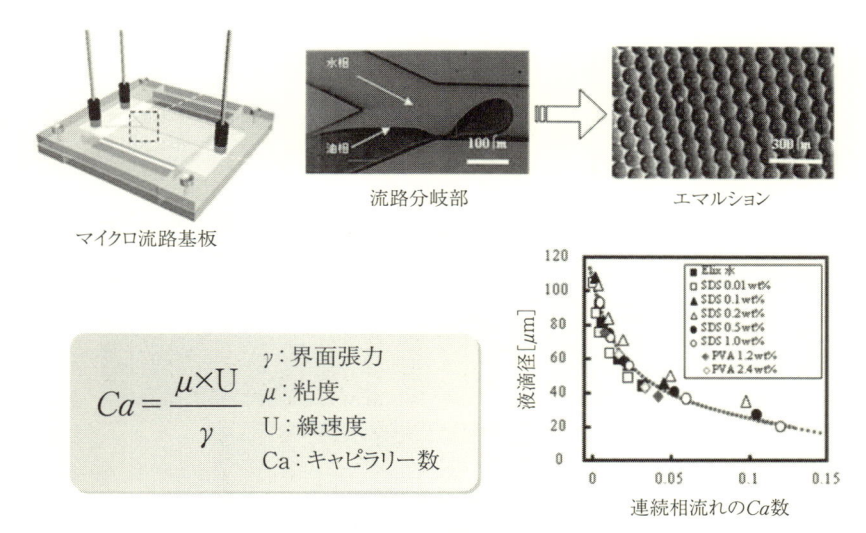

図 4.16 マイクロ流路分岐乳化法を用いた単分散液滴生成

$$Ca = \frac{\mu \times U}{\gamma}$$

γ：界面張力
μ：粘度
U：線速度
Ca：キャピラリー数

においても大きな効果を発揮する．また，マイクロ流路への押し出し技術を用いた単分散液滴調製装置も独立法人食品総合研究所を中心に開発が進められている[4-30]．

この液滴生成にアクチュエータ機能を適用したデバイスが，鈴森，神田らによって開発されている（図 4.17）．金属へ精密に開けられた微小孔を利用して，ランジュバン型ねじり振動子を用いた単分散液滴調製を実現している．本デバイスを用いると，平均液滴径 35μm で変動係数 5.5％の単分散液滴（Water−in−Oil（W/O）エマルション）が作成されている．

また，薬物を内封した微小液滴は，そのサイズを制御することで，薬剤としても利用可能であり，岡山大学を中心とした産学官連携により，マイクロ流路の超音波励振によって比較的単分散な O/W ナノエマルション生成を達成している[4-31]．

以上のように，単分散液滴調製ならびに単分散液滴をベースとした単分散微粒子のハンドリング等において，マイクロスケールで働く微小アクチュエータは低電力で付加価値の高い精密製品を生産するうえで非常に重要な役割を果たせる．今後は，各液滴や微粒子レベルでソーティングなど自在にハンドリングできるような精密で微小なアクチュエータ装置は重要になると期待される．

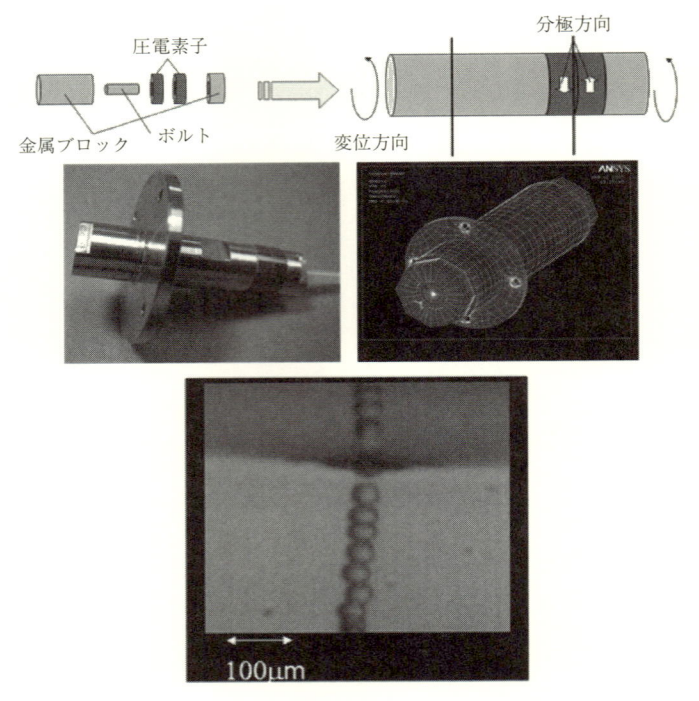

図 4.17 ランジュバン型振動子を利用した単分散液滴生成

4.3.4 アクチュエータを用いたスラグ流発生デバイスおよび分離デバイスの開発

　相互に溶解しない流体もしくは異相が交互に流れる流れを Slug flow（スラグ流）という．スラグ流がマイクロ流路内で移動するとき、スラグ流の各流体セグメント内で流体の激しい循環流れが確認されており、流体内の撹拌および流体間の物質移動の速度が大きいことが知られている[4-32]．このことは、異相間の化学プロセスにおいて極めて有利で、有機合成化学および抽出操作において新規な反応器として期待が高まりつつある．また、4.3.3項で説明したように微小液滴および微粒子合成においても実用化が近い．

　このように化学生産プロセスに期待されるスラグ流は、スラグ長が短いこと、および安定であることが好ましい．T字もしくはY字路により異なる流

4.3 マイクロ化学システム

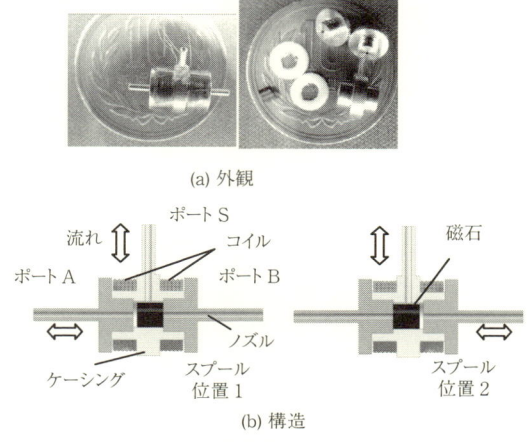

(a) 外観

(b) 構造

図 4.18 マイクロ電磁バルブ

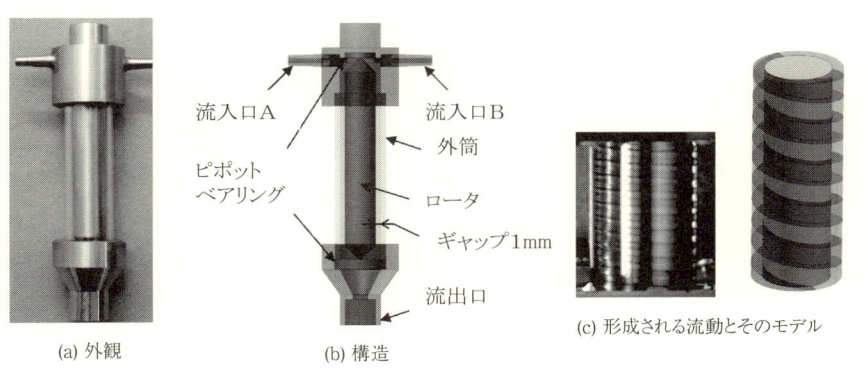

(a) 外観 (b) 構造 (c) 形成される流動とそのモデル

図 4.19 マイクロロータリーリアクター

体を合流させることでスラグ流は容易に発生するが、スラグ長や安定性は流路形状、流体の物性（粘度、表面張力）および流量の影響を受ける．このため、希望する条件でスラグ流を発生させ、化学プロセスに使用するには制限がある．

そこで流体の物性に影響されることなくスラグ流を発生させるための微細で精緻なアクチュエータを高度に駆使したデバイスが開発されている．最近の報告例を示す．図 4.18 に示すように流体の合流部分に磁石製可動子を配置し，電磁石の極性反転に基づき可動子を移動することで流体を交互に流すことにより，スラグ流を発生させることが可能である．形成されるスラグ流は可動子が

往復する周期を変化させることにより、0.4〜3.4 mm のピッチで生成可能である[4-33]. また、ロータが高速回転する同心二重円筒管の隙間（幅 500 μm）に異なる流体を供給し、流体が隙間内を螺旋状に移動することにより見た目上スラグ流を発生させるデバイスも開発されている（図 4.19）. 特に、このデバイスでは、ロータの回転応力が流体の流動を激しく促進し、界面間の物質移動には極めて効果が高い[4-34].

スラグ流を発生させた後、例えば、抽出操作では異なる相を完全に分ける操作が必要である. スラグ流を静置すれば徐々に分離するが、連続的に迅速に分離するには工夫が必要である. T 字または Y 字路で分離することも可能であるがその制御は難しい. 液液分離の場合、一方を疎水性、他方を親水性の表面処理を行うことにより分離が可能であるが、この場合も流体の物性や流量などの条件に制約がある.

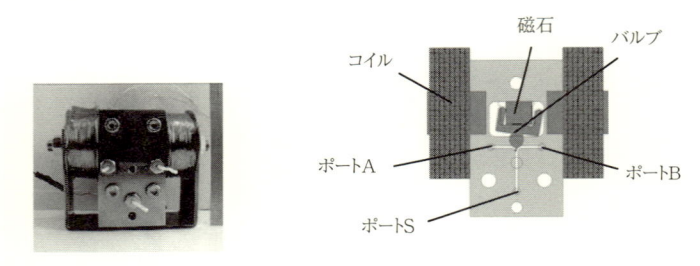

(a) マイクロ電磁バルブの外観と構造

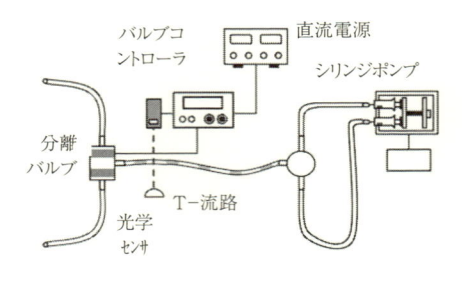

(b) スラグ流分離システム

図 4.20 マイクロ電磁バルブを用いたスラグ流分離システム

アクチュエータを用いてスラグ流を分離する方法としては、マイクロ電磁バルブとセンサとを組み合わせ、スラグ流の流体の一方に色素などを溶解させる

ことでスラグの種類をセンサにより判別し，可動子を精緻に動かすことでスラグ流を連続的に分離するシステムの開発も始まっている．(図 4.20)[4-35]

4.3.5 今後の展望

マイクロ化学プロセスは，従来の化学プラントよりも環境低負荷なプラントを提供できることから，今後の物質生産プロセスを大きく変えうる技術であり，国内外で今後更なる普及が予想される．その市場規模は約 8,000 億円とも言われ[4-36]，この分野においてアクチュエータを活用する可能性も大いにあり得る．特に，アクチュエータ機能を組み込んだ"アクティブマイクロリアクター"は，独自性の高いマイクロリアクター装置開発であり，今後の発展のためには操作性の向上や安定操業への寄与といった実用性の高い機能を有するアクチュエータの研究開発が重要な鍵を握るであろう．

4.4 球面モータ

4.4.1 球面モータの構造と特長

一般的に用いられているモータは，ある一つの中心軸周りに回転する．これに対して，図 4.21 に示すような球形をした回転子を様々な方向に回転させることのできるモータは球面モータと呼ばれる．球面モータの駆動原理に

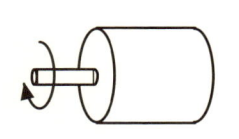

(a) 一般的なモータ　(b) 球面モータ

図 4.21 一般的なモータと球面モータ

は 4.4.3 項で述べるように，ワイヤによる牽引力によるもの，電磁力によるものや，超音波の進行波を用いるものがある．多くの球面モータの構成要素には，球形の回転子，回転力を発生させて回転子に伝えるとともに回転子を支えるお椀形の固定子，回転力の発生制御機構や，電源部などのエネルギー源がある．

一般的なモータは中心軸周りの一自由度の回転を行うことから，ギアを用いて利用する力を大きくすることができるが，球体を様々な方向に回転させるような多自由度の運動を行う機構を構成する場合にはいくつかの問題点が発生する．例えば，人間の肘に対応するロボット関節を構成する場合には，肘の曲げ伸ばしとひねりを行うために二つのモータを組み合わせて実現する必要があ

る．複数のモータを組み合わせて多自由度機構を実現する場合には，先端側に配置するモータは根元側に配置するモータにぶら下がる格好となり，根元側のモータには先端側のモータも含めて回転させるだけの大きな出力トルクが必要となる．このため，ロボット関節のエネルギー利用効率が悪くなる．また，ロボットアームの先端の位置と姿勢を指定した場合のロボット関節の回転角度の計算（逆運動学）が複雑になる．さらに，電気自動車などの車両では前後方向に回転するようにモータ軸が配置されているため，直接横方向には移動できず，縦列駐車などでは切り返しのためのスペース，時間や運転技術が必要となり，必然的に狭い場所での利用は困難である．

これに対して球面モータでは，球形の回転子が様々な方向に回転できる．このため，一般的なモータと比較すると，

- 多自由度機構を実現するためのモータ数を削減できることからシステムの小型化が可能であり，
- 多自由度を確保するために配置されたモータも含めた回転トルクを根元側のモータが持つ必要がないために省エネルギーが期待され，
- 回転の中心とモータの中心が一致することから，ロボットアームの先端の位置と姿勢を指定された場合のモータの回転角を幾何学的に解くことができることとなり，簡単に制御でき高速化が実現できる，

といった利点があると言われている[4-37,4-38]．このような特長から，4.4.3項で述べるように，これまでに様々な駆動方式の球面モータが研究，開発されている．

4.4.2 球面モータの応用性

球面モータは全方位へ回転できる特徴から，図4.22に示すような応用が考えられている．

日本は2007年に，総人口の21％以上を65歳以上の老年人口が占める超高齢社会に突入している．65歳以上であっても元気な高齢者は多いが，介護が必要な高齢者も年々増加しており，また，介護期間も長くなる傾向にある．このため，高齢者ができるだけ自立的な生活をおくるための福祉機器の研究，開発も盛んである．人間の生活上，家庭内の移動は必須であるが，建物の部屋内はそれ程広くはなく，通常の車椅子では移動が困難である．球面モータは様々

4.4 球面モータ

図 4.22 球面モータの応用例

(a) 移動台車，車椅子，おもちゃ，などの駆動
(b) 多関節ロボットの関節
(c) 撹拌装置
(d) ポインティングデバイス
(e) 室内イルミネーションやカメラの駆動

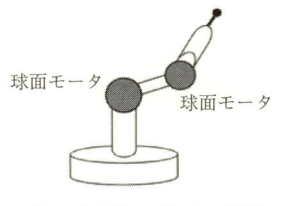

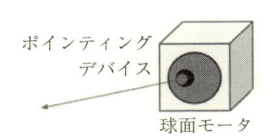

な方向に回転できるため，ホロノミックな移動により狭い場所で自由に移動できる車椅子の駆動装置として応用できる．

多関節ロボットの関節への応用では，逆運動学を幾何学的に簡単に解くことができる特長を生かして，ロボットアームの先端の位置決め精度の向上や制御回路の小型化が期待される．また，手術における患者への負担が少なく美容的にも良いことから，内視鏡手術の範囲が広がってきているが，小型でモータ数の少なくできる利点を生かして，多自由度で多機能な鉗子などへも応用できる．

地球上では重力の影響が避けられないために，三次元的に均質な材料の製造が困難である．そこで，宇宙空間や落下を利用した無重力空間での新しい材料や高性能の材料の創成が期待されている．材料製造における重力の影響は，液状の混合原料を様々な方向に回転させて撹拌することで低減することができる．球面モータでは中空の回転子を用いる場合がほとんどであるため，材料製造のための撹拌装置へも応用できる．

さらに，回転子にレーザポインタやLEDなどを取り付けることにより，ポインティングデバイスやリモートカメラなどの駆動や，室内イルミネーション装置の駆動源としても応用できる．また，球面モータを用いて，荷物を適切な搬送用コンベアに振り分ける応用も考えられる．

4.4.3 球面モータの種類

球面モータは，その駆動原理により大きく牽引型，電磁型，および，超音波型の三種類に分類される．

(1) 牽引型

球体を複数本のワイヤにより牽引し，回転子上の出力軸を様々な方向に向けることができる球面モータである．4本のワイヤを用いた牽引型の球面モータが開発されている[4-39]．しかしながら，牽引型では原理上回転角度や回転方向に制限がある．

(2) 電磁型

電磁型球面モータでは，電磁力によって回転子を任意の方向に回転させる．これまでに，球面ステッピングモータ，球面同期モータ，および，球面誘導モータが研究開発されている．

a. 球面ステッピングモータ

ステッピングモータと同様に，磁石間の引力と斥力を利用して回転子を回転させるタイプの球面モータである．ステッピングモータは原理的には同期モータに分類されるが，研究事例が多いため，球面同期モータとは別個に説明する．球面ステッピングモータでは，回転子に永久磁石を固定子に電磁石をそれぞれ多数配置することが多い．

回転方向や回転角度に制限があるものとして，二つの弓状のステッピングモータを回転軸が互いに直交するように入れ子状に配置したもの（図4.23）[4-40]や，ステッピングモータの軸を傾けることで多自由度化を図ったものがある[4-41]．また，8個の永久磁石を回転子に配置し，固定子には電磁石24個を2層構造に配置したもの[4-42]や，直径275mmの回転子に永久磁

図4.23 入れ子状弓形ステッピングモータ（矢野氏提供）

石を112個配置し，固定子には電磁石を96個配置したもの[4-43]も開発されている．

一方，回転方向や回転角度に制限のないものでは，回転子の永久磁石や固定子の電磁石の配置が球対称であることが理想であるが，正多面体には正四面体，正六面体，正八面体，正十二面体，正二十面体しかなく，多数の永久磁石や電磁石を配置することができないため磁石配置には工夫が必要である．正多面体や準正多面体の頂点に磁石を配置することが検討されており，回転子の永久磁石を正六面体の頂点位置に配置し，固定子の電磁石は正八面体の頂点位置に配置した6-8球面ステッピングモータが試作されている（図4.24）[4-44]．また，直径12 inch（305 mm）の回転子に永久磁石を24個配置し，固定子には16個の電磁石を配置して，位置決め精度がZ軸方向で3°，X，Y軸方向で15°のものも開発されている[4-45]．さらに，全方位に回転して回転方向によらずに数°の位置決め精度を持つ球面ステッピングモータが開発されている（図4.25）[4-46,4-47]．

b. 球面同期モータ

立体的に配置した三組の巻線に流す電流の振幅と位相を変えることによって回転磁界の回転軸を三次元空間の任意方向に制御した球面同期モータが開発されている[4-48]．この球面モータの回転方向精度は600 rpmで回転させた場合で±10°であり，位置決め精度は0.5°である．また，回転子に永久磁石を外側がN極とS極が交互になるように配置し，固定子のジンバル機構の付け根部

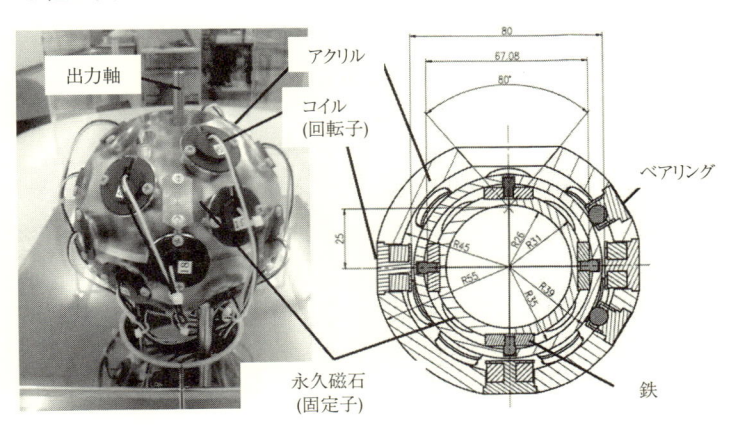

図4.24　6-8球面ステッピングモータ（矢野氏提供）

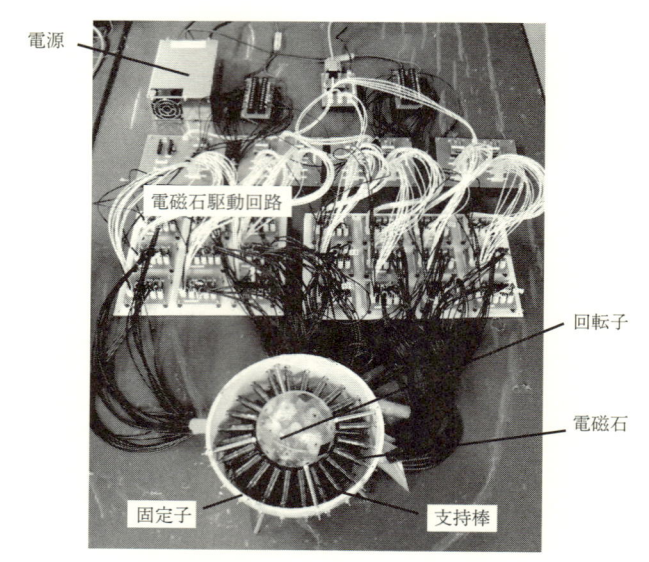

図 4.25 球面モータとその駆動システムの概観

分には X 軸方向用と Y 軸方向用の界磁巻線を二組配置し，各組には 3 個の電磁石を配置した，多極 PM 同期モータが開発されている[4-49]．この球面モータでは，ジンバル機構の付け根部分では，三相リニア同期モータと同じ構造となるため，X 方向用の界磁巻線の組に三相交流を与えると X 方向に，また，X 方向用と Y 方向用の界磁巻線の組に三相交流を与えると X 方向と Y 方向の合成方向に回転する．その他，位置計測にホール素子センサを用いて PI 位置フィードバック制御ができる 2 自由度球面同期モータも開発されている[4-50]．

c. 球面誘導モータ

球面誘導モータは，交流モータの一種である誘導モータと同様に，固定子の作る回転磁界によって，電気伝導体の回転子に発生した誘導電流による回転トルクにより回転する．中空鉄球にアルミを融着したもの[4-51]や，回転子を薄い球殻としたもの[4-52]が開発されている．

(3) 超音波型

超音波型の球面モータでは，カメラ用レンズの自動焦点機構に用いられている超音波モータと同様に，圧電素子を用いて発生させた振動（超音波）により

回転子を擦動させることで，回転子を回転させる．三つの圧電素子と回転子を密着させたものが実用化されている[4-53]．また，圧電素子の上にリング上の振動子を配置して，圧電素子の振動により振動子のリングの形をしならせることにより駆動するものも開発されている[4-54]．

4.4.4 電磁石駆動の球面ステッピングモータ

ここでは，球面モータの具体的な例として，全方位に回転する球面ステッピングモータ[4-46, 4-47]の構成，回転子の駆動方法の概略を述べる．

(1) 全体構成

球面ステッピングモータは，図4.25に外観を示すように，永久磁石が32個配置された回転子，84個の電磁石が配置された固定子から構成される．また，個々の電磁石を励磁するために，電源部，励磁制御回路，および，電磁石の励磁パターンを生成してそれを励磁制御回路に送信するパソコンから構成される球面モータ駆動部がある．

(2) 回転子

回転子には，塩化ビニルの中空球殻（半径：0.05[m]）の内側に，永久磁石（ネオジム磁石）が，球殻の外側向きがN極となるように32個配置されている．永久磁石は球内面にできるだけ均一に配置することが必要であるため，図4.26に示すように，一つの球に内接する正十二面体と正二十面体を組み合わせた立体の頂点に永久磁石が配置されている．ここで，一方の正多面体の頂点は，内接する球の中心から他方の面の重心を結ぶ半直線と球の交点

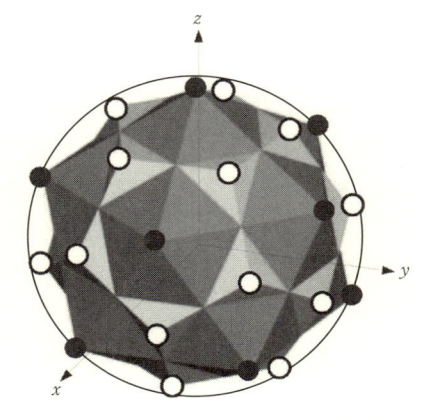

図4.26 回転子での永久磁石の配置位置

となるように，正十二面体と正二十面体が組み合わされている．なお，図4.26では，白丸は正十二面体の頂点を，黒丸は正二十面体の頂点を表している．

(3) 固定子

固定子はポリウレタン樹脂の半球殻に84個の電磁石と，可動子を固定子から一定距離の位置に拘束するための支持部から構成されている．電磁石の可動子側の極の位置は，回転子側を上として，上から見てメッシュ状に，横から見て一定角度間隔で配置されている．また，支持部は先端にプラスチックの小球を取り付けた8本の支持棒を，固定子の最低部から上面へ40°と85°の位置にそれぞれ4本ずつ設けられている．

(4) 電磁石の励磁方法

回転子の回転制御は，短い時間きざみ幅で固定子の電磁石の励磁パターンを切り替えることにより行われている．まず，回転子に配置された永久磁石のある時間での位置から，回転軸の方向と回転角速度を与えたときの，時間きざみ幅後の回転子の姿勢（各々の永久磁石の位置）が計算される．そして，この目標姿勢に可動子を回転させるために，各永久磁石の目標位置の周りの電磁石を図4.27に示すように励磁する．すなわち，永久磁石の目標位置からの距離が決められた範囲内にある電磁石に対しては永久磁石に引力を及ぼす極（S極）に励磁し，それ以外の電磁石に対しては斥力を及ぼす極（N極）に励磁する．この励磁方法によって，各永久磁石には目標位置に留まるように電磁力が働き，可動子全体の姿勢が制御される．ただし，この制御方法が有効に働くためには，永久磁石の目標位置が現在位置と近いことが必要となる．

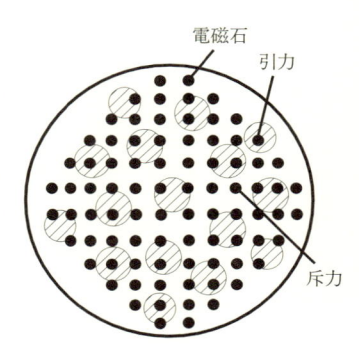

図4.27 電磁石の励磁方法

(5) 全方位回転

球面ステッピングモータが任意の方向に回転している様子を図4.28に示す．可動子表面の色テープの移動から，可動子が様々な方向に回転している様子がわかる．①から②の最初の3コマまでは，図の白い矢印に対して垂直方向に回転している．その後，固定子の上面にほぼ平行な回転面で上から見て時計回りに回転している．④の最初のコマからは，斜めに手前から奥に数コマ回転し，その後，再び上から見て時計回りに回転している．

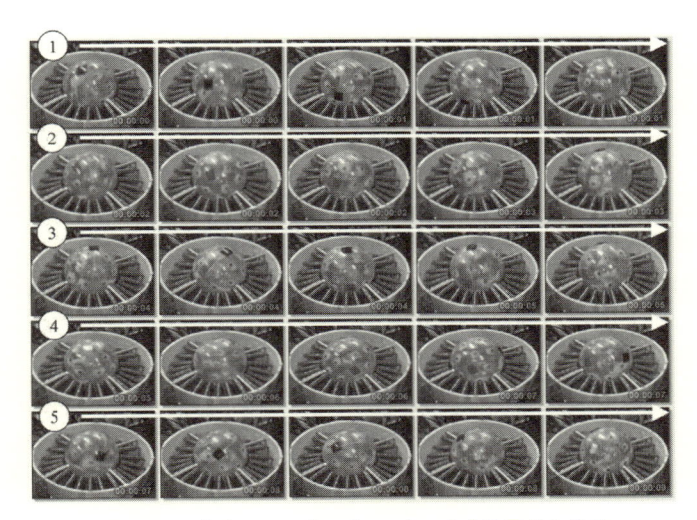

図 4.28 球面ステッピングモータの全方位回転の様子

4.4.5 球面モータの技術的課題

　球面モータは球対称な運動を可能にすることからその実用化が望まれているが，まだ解決すべき課題がいくつかある．まず，モータ効率があまり高くなく，球面モータの広範な実用化には通常のモータにおけるモータ効率のように50％以上を実現することが必要であろう．また，通常のモータに対するエンコーダのような球面モータの回転を計測する小型の計測装置が手軽には用いられないため，ほとんどの球面モータはオープンループの制御となっている．回転子の姿勢を計測する小型のデバイスを用いた回転制御特性の向上のためのクローズドループ制御の確立が望まれる．

4.5　超電導アクチュエータ

　ここで説明する超電導アクチュエータは，二次元平面上に配置された多数の電磁石群の上部に円盤状の高温（酸化物）超電導バルク体を移動子として設置し，移動子を浮上させた状態で非接触的に回転および移動させる装置である．このアクチュエータは，超電導の特性を活かしたものであるため，まず超電導

現象の基礎と超電導体の種類を説明し，その後，浮上原理を説明して，それを応用した三次元超電導アクチュエータを説明する．なお，超電導現象やその工学的応用に関してもっと詳しく知りたい方は，物理学的観点から書かれた本を参考にして頂きたい[4-55～4-58]．

4.5.1 超電導の基礎

超電導（「超伝導」とも書く，Superconductivity）とは，特定の金属や合金，化合物，酸化物などの物質を極低温に冷却したときに，電気抵抗が急激にゼロになる現象である（直流電流に対する電気抵抗はほぼゼロになるが，交流電流に対しては，交流損失分の抵抗が発生する）．それと同時に，マイスナー効果により超電導体は，外部からの磁力線の侵入が遮断される特異な現象を示す．この特異な現象を超電導現象といい，超電導現象を起こす物質を超電導体（Superconductor）という．このような超電導は，オランダ，ライデン大学のカメリン・オンネス博士らによって1911年に発見された．オンネス博士は，1908年当時には唯一液化ができなかったヘリウムの液化（4.2 K = − 269℃）に成功し，さらに液体ヘリウムの圧力を下げることで，絶対温度（0 K = − 273℃）に近い温度を得ることに成功する．オンネス博士は，ヘリウムを液化させた功績により1913年にノーベル物理学賞を受賞した．

図4.29は，超電導体と銅の電気抵抗の温度依存性を示しており，金属導体である銅の電気抵抗は，温度低下と共に小さくなるが，絶対温度になっても完全に消えることはない．それに対して，超電導体の電気抵抗は，ある温度以下で急激に小さくなりほぼゼロになる．超電導状態が現れる温度を臨界温度（Critical Temperature, T_c）といい，その温度は物質によって異なる．一般的に，常電導状態にある超電導体の電気抵抗は，金属導体より大きくなる．そして，超電導現象が現れるためには，図4.30に示すように臨界温度以外にも臨界磁場（Critical Magnetic Field, B_c）と臨界電流密度（Critical Current Density, J_c）といったパラメータがあり，この三つの値によって形成される領域の内側でのみ超電導状態を示し，その領域の外側にいるときは常電導状態を示す．

超電導体で構成されている応用機器（例えば，MRIや核融合用などの超電導マグネット）が超電導状態からいきなり常電導状態へ転移した場合（クエン

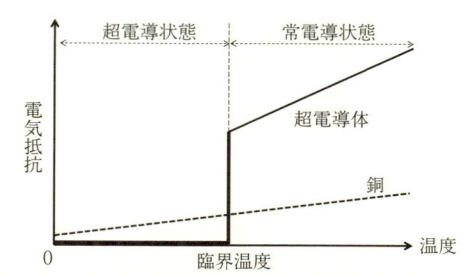

図 4.29 超電導体と銅における電気抵抗の温度依存性

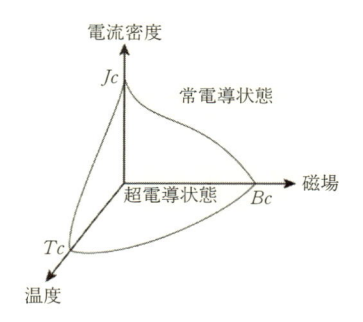

図 4.30 超電導体が超電導状態を示す臨界条件図

チという）は，機器内に大きな発熱が急激に生じ，機器が故障してしまう．従って，安全で高性能な超電導応用機器を実現させるためには，より高い臨界温度・臨界磁場・臨界電流密度を有する超電導体が望ましく，室温で使える超電導体が発見された場合は，現在，地球が抱えている電力などのエネルギー問題のほとんどは解決できると予想される．そこで，数多くの科学者たちによって臨界特性が高い，新しい超電導物質を発見するための研究が続けられた結果，1986 年以降に臨界温度が液体窒素の沸点（77K ＝ －196℃）を超える酸化物超電導物質が発見された．液体窒素は，液体ヘリウムに比べて簡単に製造でき，安価，扱いやすいなど，多くの利点があるので，液体窒素で冷却する超電導応用機器の開発が急速に行われている．

4.5.2 超電導体の種類（第一種と第二種超電導体）

　超電導体には電気抵抗がゼロになる他にも，超電導体の内部から磁力線が排除されるマイスナー効果と呼ばれる現象が起こり，内部に磁場を入れないことは，超電導体の表面で外部の磁場を打ち消す磁場を遮蔽する電流が流れることを意味する．すなわち，表面からわずか 1 μm 程度の薄皮の部分に 1 cm^2 当たり 100 万アンペア以上の高密度の電流が超電導体の周りに流れて磁場が内部に入ってくるのを防いでいる．この電流が回っている薄皮部分には磁場が侵入しているが，超電導体の内部に向かって急激に減衰していき，この磁場が侵入している距離を磁場侵入長という．超電導体に外部磁場を印加させたとき，マイスナー効果により最後まで超電導体の内部に磁場を入れず，臨界磁場以上の磁場が印加されると急に常電導状態に転移する超電導体を第一種超電導体（Type I superconductors）という．超電導を示す単一元素の超電導体が第一種超電導体であり，第一種超電導体の臨界磁場は低く，せいぜい 1000 ガウス（1 テスラは 10000 ガウス）程度しかない．強力なピップエレキバンの磁場が 1500 ガウスであるので第一種超電導体を用いて高磁場を発生させるような電磁石を造ることはできない．また，超電導アクチュエータのように超電導体を浮上させる必要がある応用においては，マイスナー効果しか示さない超電導体は磁場に反発するだけなので超電導体を安定して浮上させることはできない．

　一方，合金系超電導体の場合，超電導体の内部に磁場が侵入することが明らかになった．この磁場の侵入は，通常の金属で磁場が侵入するのとは全く異なる現象で，磁場が侵入している状態でも電気抵抗はゼロを維持しているため，この状態を超電導状態ではないとは言えない．すなわち，第一種超電導体と異なる超電導体が発見されたわけであり，磁場が侵入できない既存の第一種超電導体と区別して，第二種超電導体（Type II superconductors）と呼ばれるようになった．第二種超電導体の場合は，下部臨界磁場（Bc_1）と上部臨界磁場（Bc_2）を有しており，下部臨界磁場以下では第一種超電導体と同じく磁場を排除するが，印加磁場を下部臨界磁場以上に上げても超電導体全体が常電導転移するのではなく，部分的に常電導転移していく．すなわち，超電導体の内部に常電導の部分が発生し，この常電導部に磁場が侵入することになる．さらに磁場を上げていき，上部臨界磁場を超えると超電導体全体が常電導転移してしまう．従って，第二種超電導体の場合は，磁場が下部臨界磁場と上部臨界磁場の間に

存在すると，抵抗はゼロでありながら完全反磁性ではない状態になり，この状態を超電導状態と常電導状態が混じっていることから混合状態（Mixed State）という．第二種超電導体の上部臨界磁場は非常に高く，通常 10 テスラ以上であり，100 テスラを超すものもある．第二種超電導体の発見により，高磁場超電導マグネットが実現できるようになった．

4.5.3　ピン止め効果と浮上原理

　第二種超電導体では，下部臨界磁場を境にして超電導体内部に超電導・常電導の境界を作った方がエネルギー的に安定となり，超電導内部に無数の渦糸（Vortex）と呼ばれる量子化磁束を抱えた常電導の管を形成する．すなわち，磁束ができるだけ小さく分割され，超電導部と常電導部の境界面積が最大になるような状態が超電導体内部に形成され，量子化磁束を抱えた常電導の管が超電導体の内部に侵入していくことになる．そして，この量子化磁束を作る管の中心を回る回転電流が存在する構造となる．

　第二種超電導体に，磁場に垂直な電流を流そうとすると，量子化磁束にはローレンツ力という電磁力が電流と磁場に垂直な方向へ加わる．ローレンツ力の大きさは電流と磁場の積であるので，電流と磁場が増加するほど強くなり，その力によって量子化磁束が動く．量子化磁束が動くと電流方向へ電圧が生じ，その結果，超電導体に抵抗が発生することになり，超電導体の最大長所が失われてしまう．従って，第二種超電導体に大量の電流を流すためには，量子化磁束が動かないようにピンで止めたように固定化させる必要がある．量子化磁束は，本来の超電導を壊して存在した量子化磁束であるので量子化磁束の中心では，すでに超電導状態が破れており，この部分はエネルギーが高く損をしている．もし，超電導ではない量子化磁束の径と同じ大きさの小さい不純物を超電導体が含んでいた場合は，量子化磁束はこの不純物の位置にピン止めされて動きにくくなる．不純物の場所は，もともと超電導ではないので，量子化磁束がそこに居てもエネルギーの損はなく，また量子化磁束が不純物を離れて動こうとすると，まわりの超電導の部分を壊すことになるのでエネルギーが損することになり，動きにくくなる．不純物のほか，様々な欠陥や結晶の接合部（粒界）など超電導電子がいない，またはその密度が低くなっているところに，量子化磁束はピン止めされる．

それでは，浮上原理について説明する．第二種超電導体は，量子化磁束という形で磁場を受け入れ，これをピン止めする性質を持っている．この性質によって超電導体が安定に浮上し，また，強力な磁石として使うことが可能となる．図 4.31 は，永久磁石と超電導体による浮上原理を説明するためのものである．最初の図は，高温超電導体の塊であるバルク体の上に，木の板を挟んで永久磁石を載せて冷却したときの様子を示したものである．冷却されてない常電導状態では，永久磁石から出ている磁場をそのまま受け入れている．その状態で高温超電導バルク体を液体窒素などの冷媒で冷却し，超電導状態にすると，超電導バルク体の内部の磁場の様子はほとんど変化しないが，印加磁場による量子化磁束が形成される．すなわち，超電導バルク体の中にあった磁力線の向きや磁場の強さは，量子化磁束線の方向とその密度に置き換えられるわけである．そして，超電導体の中には量子化磁束線の密度の変化に比例した超電導電流が周回している．次に，永久磁石と超電導体の間に挟んだ木の板を抜く．永久磁石には重力がかかっているので，超電導体の上に落ちるはずであるが，超電導体のピン止めの力が強いと浮いてしまう．量子化磁束線の位置がほとんど動かないので，永久磁石が下に動くと磁力線をゆがめなければならない．永

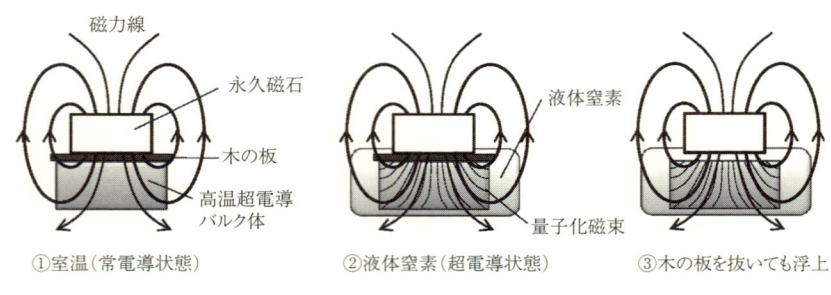

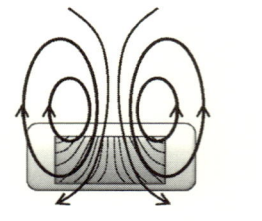

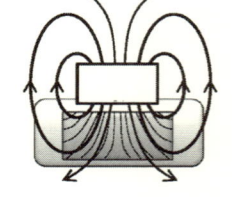

①室温（常電導状態）　②液体窒素（超電導状態）　③木の板を抜いても浮上

④超電導体は強力な磁場になっている　⑤永久磁石を戻しても同じ場所で浮上

図 4.31　永久磁石と高温超電導バルク体による浮上原理

久磁石のN極同士を近づけると強い反発力が動くように，磁力線をゆがめるのには大変な力が必要で，このため永久磁石は浮いているのである．次に，浮上している永久磁石を無理やり超電導体から引き離すと，永久電流が流れ続け量子化磁束線の配置がほとんど変わらないので，超電導バルク体は単独の磁石になる．そして，もう一度永久磁石を超電導バルク体に近づけるともともと浮いていた位置に戻る．永久磁石同士では，図 4.31 のように浮上させることはできなく，反発して跳ねるかひっくり返ってから引きついてしまう．すなわち，安定浮上は第二種超電導体であることで可能になっている．

　浮上した状態のまま超電導バルク体を動かすためにはどうすればよいのだろうか？　この原理が分かれば超電導アクチュエータを作ることができる．まず，図 4.32 に示したように永久磁石を並べた線路（通路）を作ってやれば，移動子である超電導バルク体を動かすことができる．図 4.32 は，永久磁石と超電導バルク体を利用した磁気浮上列車を示しており，超電導体は永久磁石から浮いているというよりも，適当に空隙を空けて吸い付いているわけであるので，ビルの壁に走ることも可能であり，エレベータとしても利用できる．しかし，永久磁石で線路を形成すると移動体である超電導体の始動や方向転換，速度の制御などができないので，永久磁石の代わりに電磁石で線路を形成することによって速度や位置などを制御することを可能とする．

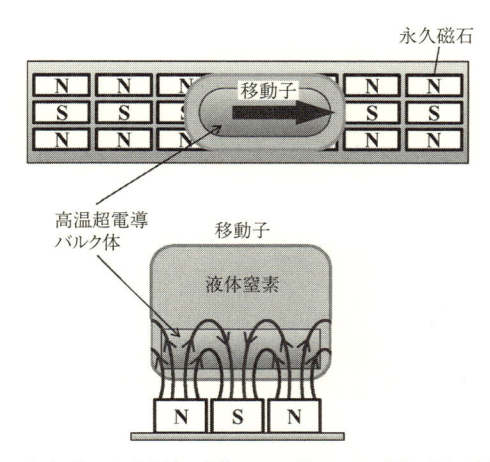

図 4.32　永久磁石と高温超電導バルク体による磁気浮上列車の原理

4.5.4　高温超電導バルク体を用いる三次元アクチュエータ

　高温超電導バルク体は，従来の超電導材料にはない特有の電磁気的特徴である強いピン止め効果によって非常に高い磁場を捕捉（トラップ）することが可能であり，テスラ級の高磁場が発生可能な高性能磁石をはじめ，磁気浮上搬送装置や磁気軸受，電磁クラッチ，モータ・アクチュエータなど産業・輸送分野への応用や，フライホイールによる電力貯蔵などの電力分野への応用が期待されている．

　三次元超電導アクチュエータは，移動子である高温超電導バルク体を非接触で三次元空間内を自由（浮上・直進・回転）に動かすことが可能であるため，機械的な接触や粉塵，ほこりなどを嫌うシリコーンウェハーなどを扱うクリーンルーム内での搬送装置や部屋の内外など空間的に隔てた環境での遠隔操作による搬送装置として有効に使われると期待されている．

　図4.33に，筆者らによって提案された三次元超電導アクチュエータの概念を示す[4-59～4-62]．提案する超電導アクチュエータは，固定子である二次元配列された電磁石群と移動子であるバルク体で構成され，固定子を開発した励磁システムを用いて制御することで，三次元的な磁場分布を発生させることにより移動子を鉛直方向と水平方向への動作および浮上・回転させることが可能となる．固定子からの磁場分布を制御するためには，各電磁石の電流値と極性を個別に制御しないといけない．そこで，励磁システムは，PCからD/Aに情報を伝達する信号変換回路，電流値を制御する主回路および制御回路，電流の極性を反転させる反転回路から構成されている．

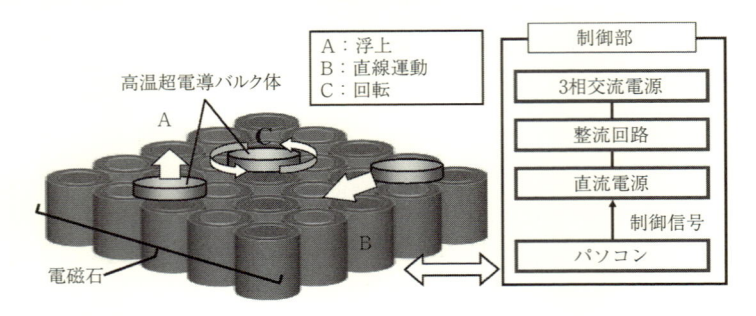

図4.33　三次元超電導アクチュエータの概念図
　　　　固定子は電磁石群であり，移動子は高温超電導バルク体となる．

電磁石4個で構成されている固定子のユニットを図4.34の左に示し，8個の電磁石で構成されているユニットを右図に示す．4個の電磁石を用いて移動子である超電導バルク体を回転させる場合，制御角度は90°になるため，もっと細かく角度を制御したいときには右図の8個の電磁石を用いることで45°で制御することが可能となる．また，極数が多いほど超電導バルク体を安定浮上させることが可能となるので安定性面においても向上することが期待される．実際には，二種類のユニットを混合して配置させることで制御の幅を広げることができる．

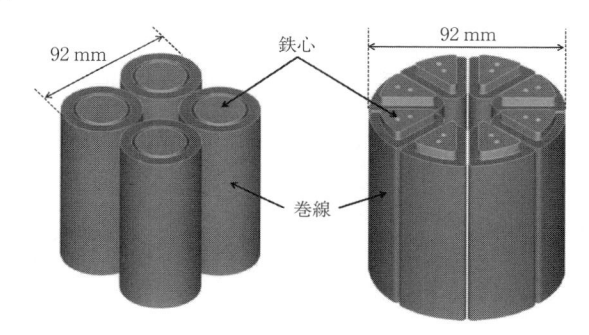

図4.34 固定子として用いられる電磁石のユニットの概念図
電磁石のユニットは，4個と8個の電磁石により構成される
電磁石の極性パターンは，4個の場合は，NNSSとNSNS，
8個の場合は，NNNNSSSS，NNSSNNSS，NSNSNSNSとなる．

図4.35と図4.36には，それぞれのユニット電磁石による発生磁場分布を高精度の磁場センサであるホール素子で測定した結果を示している．図4.35において，左図はNNSSとNSNS極性の電磁石上部での発生磁場分布の測定結果であり，右図は直径60 mm，厚み15 mmのYBCO超電導バルク体の捕捉磁場を表している．図4.36では，NNNNSSSS，NNSSNNSS，NSNSNSNS極性での電磁石上部での磁場分布と各極性での超電導バルク体の捕捉磁場分布を表している．両図から，電磁石からの発生磁場分布がそのまま超電導バルク体に反映されて捕捉されていることが分かる．超電導アクチュエータの性能を高めるためには，浮上高さと浮上力を向上させる必要があるので，着磁方法（磁場中冷却，ゼロ磁場中冷却），励磁電流・着磁電流，極性パターンなどをパラメータとして研究を行っている．また，開発中の超電導アクチュエータの高性

(a) NNSS 着磁パターン

(b) NSNS 着磁パターン

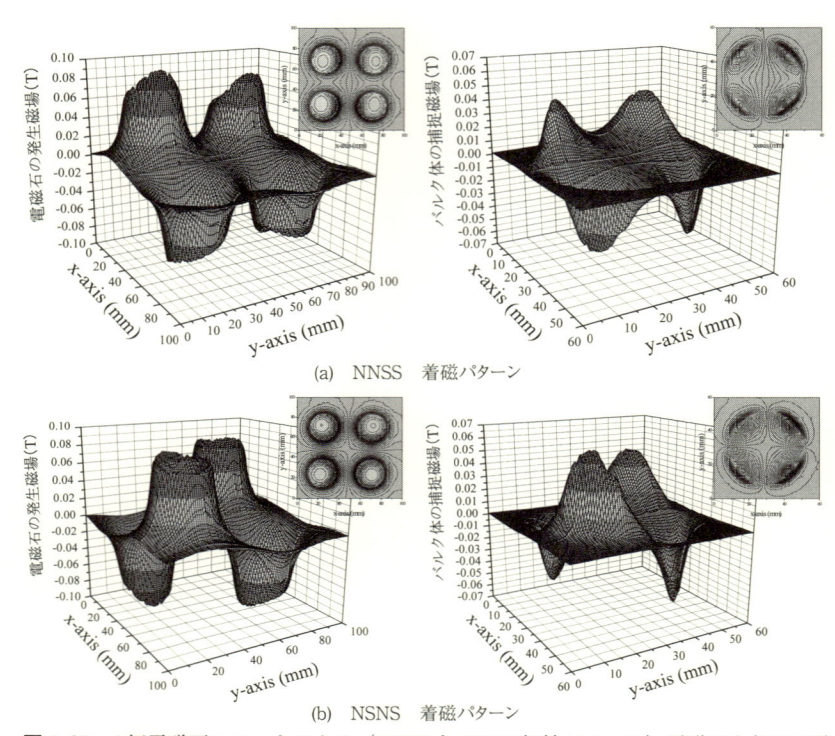

図 4.35 4極電磁石ユニットによる（NNSS と NSNS 極性パターン）電磁石上部での発生磁場分布図（左図）と、その発生磁場によって直径 60 mm の高温超電導バルク体に捕捉された磁場分布図（右図）．また、各図の右上図は等高線図を示す．

能化を図るために電磁石の最適形状やバルク体の形状依存性などについて実験と電磁場数値解析により検討している．

実験結果の一例として，4個の電磁石を用いた場合の NNSS と NSNS 極性パターンにおける浮上力の測定結果を図 4.37 に示し，8個の電磁石における浮上力を図 4.38 に示す．図の中で着磁電流とは，電磁石の上部に超電導バルク体を配置させた状態でバルク体に磁場を捕捉させるために電磁石に流した電流を意味し，駆動電流は，その後にバルク体を動かすために電磁石に流した電流である．4個の電磁石の場合，NSNS 極性パターンの方が NNSS 極性パターン

4.5 超電導アクチュエータ　　161

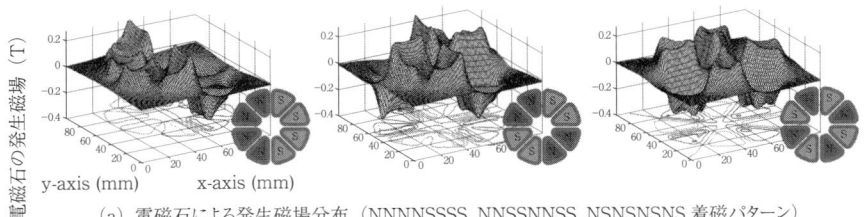

(a) 電磁石による発生磁場分布（NNNNSSSS, NNSSNNSS, NSNSNSNS 着磁パターン）

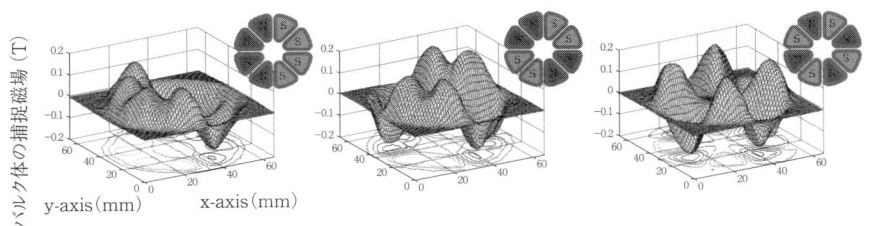

(b) バルク体に捕捉される磁場分布（NNNNSSSS, NNSSNNSS, NSNSNSNS着磁パターン）

図 4.36 8極電磁石ユニットによる（NNNNSSSS, NNSSNNSS, NSNSNSNS 極性パターン）電磁石上部での発生磁場分布図（上図）と、その発生磁場によって直径 60 mm の高温超電導バルク体に捕捉された磁場分布図（下図）.

より大きい浮上力が得られている．特に，駆動電流が小さい領域（15 A）では顕著であるものの，それ以上の駆動電流では鉄心の飽和により浮上力の上昇率が下がる．従って，より高い浮上力を得るためには，電磁石の構造と極性パターンを最適化させる必要がある．8個の電磁石を用いる場合は，浮上力は4個に比べて低いが回転角度を細かくできる．また，電磁石の極性パターンについては，鉄心の飽和特性が優れている NNNNSSSS パターンが有効である．

図 4.39 に移動子である超電導バルク体の回転原理を 8 個の電磁石を用いた場合について示す．まず，NNNNSSSS 極性パターンで超電導バルク体を着磁してから電磁石の電源を制御することによって極性を 45°ずつ回転させる．こうすることによって超電導バルク体は，バルク体に捕捉されてある極性パターンと同じくなるように電磁石の極性回転に追従して回転する．

4.5.5 今後の展望

超電導体は，冷やさないと才能が現れない大きなハンディキャップを抱えているものの，材料や応用分野での可能性は限りなく大きいと考えられる．高温

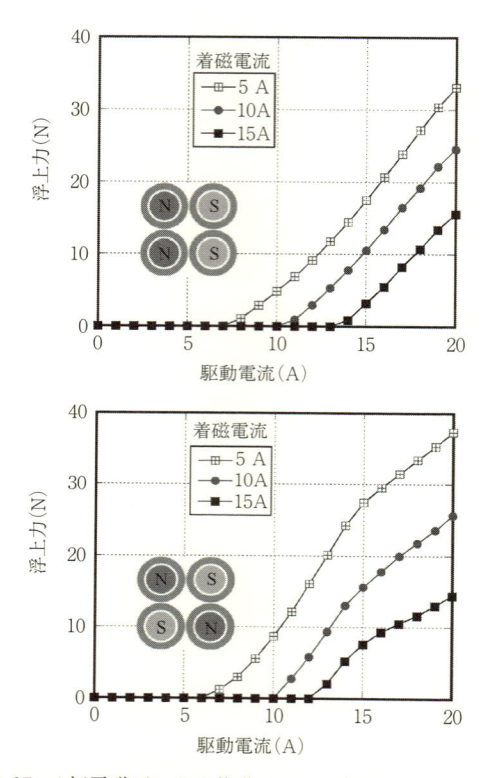

図 4.37 4極電磁石による着磁パターン(NNSS と NSNS 極性パターン)と着磁電流による浮上力の駆動電流依存性

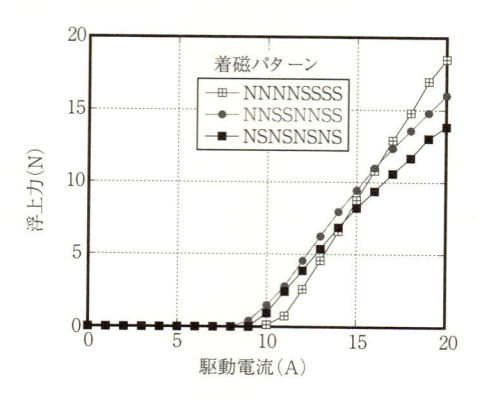

図 4.38 8極電磁石による着磁パターン(NNNNSSSS,NNSSNNSS,NSNSNSNS 極性パターン)による浮上力の駆動電流依存性,着磁電流は 10 A.

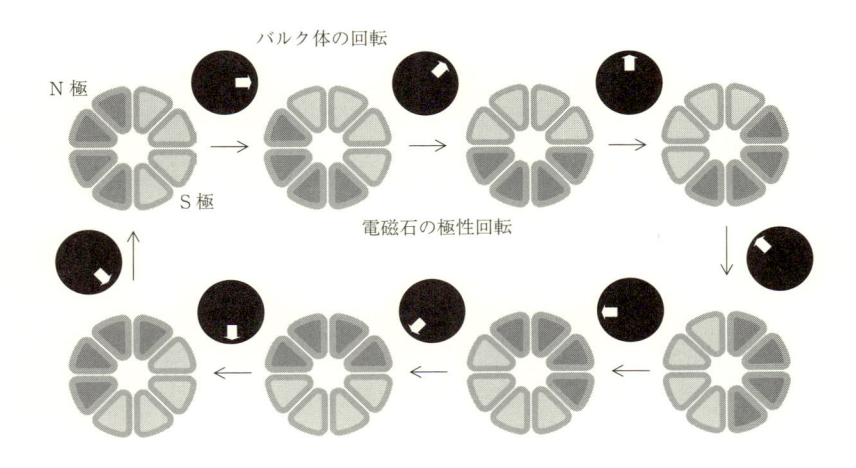

図4.39 8極電磁石ユニットによる移動子である超電導バルク体の回転原理 電磁石の極性を45°ずつ回転させることによって超電導バルク体も追従して45°ずつ回転する．

超電導体の発見により安価で簡便に使える液体窒素で冷やして応用することが可能となり，また，冷凍機装置の発達によりスイッチを押すだけで極低温が得られるようになったので，電力・医療・運輸・環境など超電導の応用分野はさらに広がり，発展していくと考えられる．従って，超電導アクチュエータ分野においても，より高性能化・微細化・大型化が進められていくであろう．

4.6 環境問題の解決に貢献するアクチュエータ技術

4.6.1 アクチュエータと環境問題との関係

　地球温暖化，酸性雨，光化学スモッグ，ダイオキシンなどの有害物質，シックハウスなどなど，環境に関する問題はますます大きくなってきている．これらの問題に対してアクチュエータはどのような貢献ができるのか．アクチュエータと環境との関係を考えたときにいくつかの見方が考えられるであろう．第一には，問題がある環境の中でセンサリングを行ったり，高温高圧あるいは逆に真空のような特殊環境の中で動作したりと，アクチュエータそのものが動作する環境を考えることである．第二には，アクチュエータが環境に負荷をか

けない原理で動作したり，環境低負荷の材料を用いて作られたりすることである．そして第三には，最も重要なことであるが，アクチュエータが環境問題解決のために貢献するという関係であろう．これらの観点はどれも重要であり，これからますます考慮していかねばならない点である．本節ではこれらの観点から，アクチュエータを捉える．

4.6.2 特殊環境で動作するアクチュエータ

一般に機器は動作する環境が多いほど広く利用され汎用されるようになる．アクチュエータも様々な特殊な環境でも動作すべく開発されてきている．動く機器であるアクチュエータは，その駆動源の供給方法と動作部位の潤滑性と動作精度が特殊な環境中でも維持されねばならない．本項では，それぞれの特殊環境で克服されねばならない課題を示すにとどめる（表4-1）．これらを克服して開発されているアクチュエータについては他項を参照されたい．

表4.1 特殊環境と考えうる克服すべき課題

特殊環境	克服すべき課題
高温	・熱膨張による精度の低下 ・磁性を失うキュリー点による限界 ・燃焼器内など酸化反応場での耐性 ・熱による劣化
低温	・熱収縮による精度の低下 ・液体（油圧用油など）の粘性の増大 ・低温による材料劣化
高圧	・気密性の確保 ・圧力差への耐性
真空	・潤滑成分の蒸散 ・圧力差への耐性
高湿度	・錆への耐性 ・環境からの水の凝集
クリーン環境	・機器からの成分や磨耗カスの飛散 ・それに伴う使用材料制限（とくに潤滑剤） ・減菌可能な構造

4.6.3 環境負荷の小さいアクチュエータ

環境に漏出した場合に有害である成分を含まない材料を用いて装置を作製す

る流れは，環境問題の観点からは必要不可欠である．アクチュエータにおいてもこの流れは大きい．電子部品に使用され，環境に漏出すると有害である成分として代表的なのは「鉛」である．鉛を含むチタン酸ジルコン酸鉛はその大きな圧電性から多くの電子部品に使用されてきた．チタン酸ジルコン酸鉛の代替となる鉛を含まない材料開発の研究が活発に行われている．ビスマスを含む材料が有力であるが，より一層の開発が望まれる．

　そのもの自身は有害とはいえないが，環境中に大量に漏出すると除去に大きな労力を要したり，火災の危険もある物質として「油」がある．油を使用した油圧アクチュエータは，空気圧アクチュエータや電動アクチュエータと比較しても種々の利点を有している．例えば，高圧化が容易なので大きなパワーを出せること，質量に対する力の比および慣性力に対するトルクの比も大きく高速応答が可能であること，無断変速も可能であることなどが挙げられる．これらの利点の多くを失わず，環境にも優しい材料として考えられているのが「水」である．水を用いた水圧アクチュエータの研究が行われており，特に食品・医療・医薬分野ではこれらの開発が期待されている．水を用いる場合，その特性から油と異なる問題点が発生する．特に，錆びをつくり易いという特性は重大な問題であり，水と接する部分には防錆材料を使用する必要がある．また，油よりも潤滑性が乏しいので水潤滑特性に優れた材料の開発も望まれている．

　地球規模での環境問題を考えた場合，CO_2排出量の少ない駆動力を用いた方が環境負荷は小さい．特に，大容量の動きを長時間持続させる必要がある場合にはこの効果は大きくなる．電気を使用せずに駆動するアクチュエータとして，水素吸蔵合金アクチュエータがある．このアクチュエータは温度差によって水素を吸放出する水素吸蔵合金を利用して熱の出入りを駆動力とする．高温側 40〜80℃，低温側 20℃以下でも駆動が可能であるので，地熱による温泉や太陽熱が利用できる．宮武は，港の再開発のために需要が予想される大量の海水（1 日あたり約 9 万 m^3）を揚水するためのシステムとしてこのアクチュエータを利用した開発を推進している[4-63]．地熱や太陽熱を直接利用して，大量の水を汲み上げるシステムは，水環境浄化のための水の輸送にも利用することが可能であり，後述する目的として環境浄化に寄与するアクチュエータとしての発展が期待される．

4.6.4 環境浄化に寄与するアクチュエータ

地球温暖化抑制のための CO_2 排出量抑制，酸性雨防止のための窒素酸化物（NOx）や硫黄酸化物（SOx）排出抑制，大気中への粒子状物質（PM）排出抑制など，大気汚染を改善するためにも種々の課題がある．さらには，環境中に排出される有害物質の分解除去，水質の改善など，枚挙に暇の無い環境問題にアクチュエータが直接貢献できれば，アクチュエータの適用範囲が大きく拡がる．本項では，これらの例の中から二つを述べる．一つめは，移動発生源である自動車から排出される前述のNOxとPMを低減するために一般的に用いられている燃料噴射弁用アクチュエータであり，二つめは，水質改善のためにアクチュエータを用いて有害物質を除去できるラジカルを水中に発生させる試みについてである．

(1) NOx, PMの低減のためのアクチュエータ

環境への負荷を低減するために用いられているアクチュエータの中で，その効果が高く，くわえて汎用されているのが，ディーゼルエンジンへの燃料噴射ノズルの部分に使用されているアクチュエータ（高圧インジェクタ）であろう．ディーゼルエンジンは，ガソリンエンジンと並んで自動車の主要なエンジンの一つである．両エンジンとも，吸気・圧縮・膨張・排気工程でなるサイクルを繰り返し燃焼のエネルギーを運動エネルギーに変換するのであるが，ディーゼルエンジンはガソリンエンジンとは異なるいくつかの特徴を有する．それらを列挙すると，

1) 吸気工程においては燃料を含まない空気のみを吸引する．
2) 圧縮される際の圧縮比が大きいのでシリンダー内がより高温になる．
3) 点火プラグを用いず，燃料を噴出させ自然着火させる．

となる．2）と3）で示されるように高温になるシリンダー内で自然着火するために，より低い温度で着火する軽油（ディーゼル）が燃料として用いられる．ディーゼルエンジンはガソリンエンジンよりも熱効率が高く，CO_2 排出量が少ないエンジンである．しかし，空気の量が多く燃焼温度が高いという特徴は，空気中の窒素（N_2）を酸化し易くさせる．そのため，NOxの排出量が多くなる．加えて，燃料噴射の制御をしていないディーゼルエンジンでは，低回転で燃料の不完全燃焼が起こり易く，燃え残りのいわゆるススを大量に排気するケース

4.6 環境問題の解決に貢献するアクチュエータ技術

が多かった．ススを含むPMは大気の中に浮遊し汚す物質であり，前述のNOxは酸性雨の原因物質である．現在は，この二つの物質も厳しい基準値で規制されているが，PMを排出しやすかったディーゼルエンジンの日本での人気は低く，その使用率は2007年の乗用車では2.7%に過ぎない（日本自動車工業会「世界自動車統計年報2009」[4-64]のデータ）．しかし，欧州ではディーゼルエンジンの人気は高く，同年のフランスでは乗用車の半分がディーゼルエンジンを搭載している[4-64]．この人気は，低燃費（原理的にCO_2の排出量が少ない）だけでなく，NOxとPMの排出量を低減させる技術革新に後押しされている．その技術革新の主役を担うのがアクチュエータである．

　ディーゼルエンジンでは，前述の様に圧縮された高圧のシリンダー内に燃料を霧状に噴霧させる必要がある．高圧の空間に物質を霧状に注入することは非常に困難を伴うことは容易に想像できるし，その際に不均一な燃料分布が生じると，不完全燃焼が起こり，それが原因で大量のPMが生じる．この困難な問題を克服すべく，140〜160 MPaの燃料を制御して噴霧することを可能にした技術が，コモンレールである[4-65]．詳細な原理については，4.1.1項ディーゼルエンジン用燃料噴射弁の節で解説されるので，ここでは簡単に紹介する．図4.40に示すように，燃料は，高圧ポンプでレールのような長い部品内に供給され蓄圧される．そこから，各シリンダーに燃料を注入するインジェクタへ燃料供給配管がつながっている構造をしている．従って，インジェクタに共通に高圧の燃料が供給される．供給される燃料も高圧であるので，圧縮時のエンジンシリンダー内への燃料の噴霧が容易になる．このインジェクタ部分がアクチュエータでできている（図4.41）．弁の上端と下端に同じ圧力の燃料が存在するが，バルブを動かすことで圧力差を生じさせ弁を瞬時に開ける構造になっている．この高い応答性と大きな力で燃料噴射のタイミングと量を制御できる．この利点を利用して，燃料は1サイクルの間に4〜6回に分けて噴射される（図4.42）．シリンダーの上端に来たピストンを力強く動かすメインの燃焼の前後に程度の異なる噴射を行う．これにより不完全燃焼を起こさせず（PM低減），あまり高温にせず（NOxの低減），振動も低減させる．さらに排気ガスの下流にあるNOx除去触媒の活性化も行う温度調節も実現している．もともとCO_2排出量の少ない利点のあったディーゼルエンジンの欠点を補う優れた働きをしている．現在高圧インジェクタには，ソレノイド式とピエゾ式

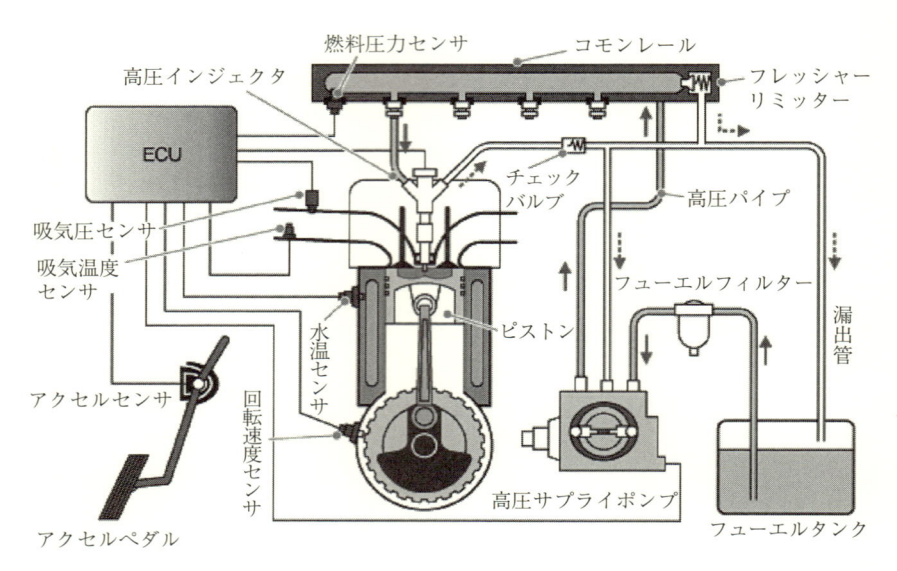

図 4.40　電子制御コモンレールの概念図
（河合寿：地球に優しい「ディーゼルエンジン」と電子制御[4-65]より引用）

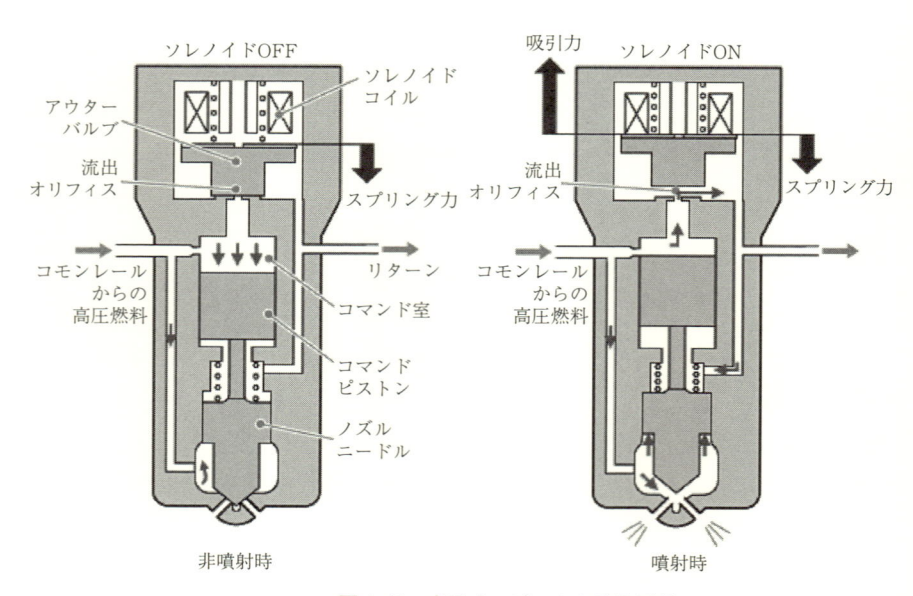

図 4.41　高圧インジェクタ動作原理
（河合寿：地球に優しい「ディーゼルエンジン」と電子制御[4-65]より引用）

4.6 環境問題の解決に貢献するアクチュエータ技術　　　　　　　　　　169

グリッド角度

図 4.42　コモンレールでの多段噴射のタイミングの概念図
矢印の大きさは噴射の量を示す.

が使われている．ピエゾ式は稼動部分を軽量化しやすいので，より高い応答性が実現でき，きめ細かい噴射と制御が実現可能となる．4.1.1 項で解説されるように両方式ともに利点と欠点がある．今後も両方式の開発が進み，ますます精度があがり，NOx と PM のさらなる低減化が期待される．燃料も，化石燃料である軽油から植物由来の燃料であるバイオディーゼルに取って代わる流れが生まれている．燃料の違いに対応し，特化した制御システムも生まれてくるであろう．

(2)　水環境浄化のためのアクチュエータ

環境に排出された有害物質を分解除去することは，環境問題を解決する上で必要不可欠である．分解反応を誘発させる強力な物質として，反応性の高い不対電子を持つラジカルが挙げられる．高い酸化還元力を有するラジカルを，アクチュエータを用いて水中に発生させる研究[4-66]がなされている．そのラジカルを発生させる原理は非常に興味深い．大応力でかつ高速応答が可能なアクチュエータで，微小な気泡を発生および崩壊させ（キャビテーション）そのエネルギーを二酸化チタンに吸収させることでラジカルを発生させる．二酸化チタンは，白色の塗料・顔料・着色料などとして一般的に利用されているが，近年では抗菌剤などにも利用され着目されている．二酸化チタンは，光が当たるとその紫外線を吸収し，周りに存在する物質からラジカルを発生させる（図4.43）．このアクチュエータでは，紫外線のエネルギーに代えて，キャビテーションによるエネルギーが利用される．キャビテーションとは，圧力の急激な変化によって微小な泡が発生・崩壊する現象であり，大きなエネルギーを有し，船のスクリューなどを損傷させる原因としても知られている．この，大きなエネルギーを生み出すキャビテーションをアクチュエータにより発生させ，二酸化チタンに吸収させるのである．このために，超磁歪素子を用いた図

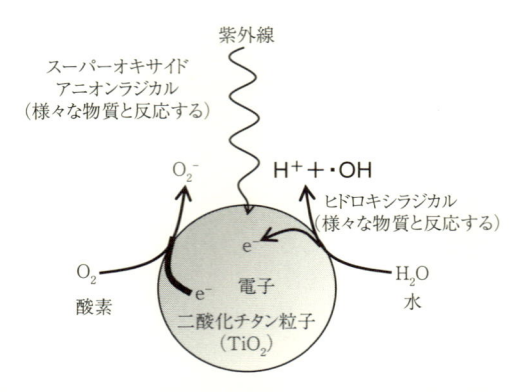

図 4.43 二酸化チタン粒子がラジカルを発生させる概念図
紫外線によって表面近くの水からヒドロキシラジカルを，
酸素からはスーパーオキサイドアニオンラジカルを発生させる．

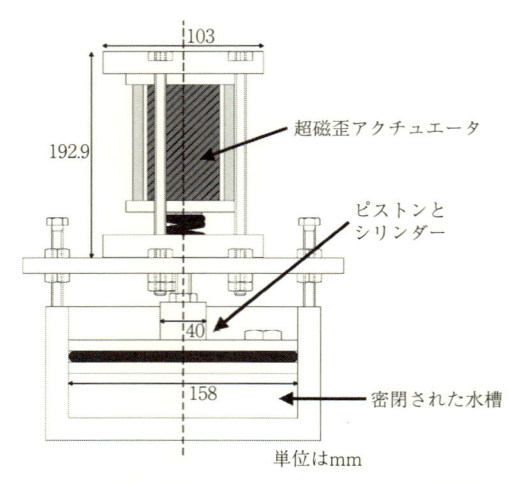

図 4.44 超磁歪アクチュエータキャビテーション発生装置
（山田外史（金沢大学）：超磁歪アクチュエータによる
キャビテーション発生装置とラジカルによる環境浄化[4-66]
より引用し改変した）

4.44 に示すような装置が用いられた．交流磁界を印加させることによってピストンを振動させる．その振動幅は最大 130 μm で，200 Hz までのサイクルは可能である．この振動により，下部にある密閉水槽内の水の圧縮・膨張が繰

り返され，キャビテーションが生じる．水槽内にあらかじめ封入された二酸化チタンの粒子表面でラジカルが発生する．そのラジカルの発生量は，振動の印加時間が長いほど，振動の周波数が高いほど，またチタン粒子が小さい（重量当たりの表面積が大きい）ほど多くなることが明らかとなった．一般に考えられるように，紫外線や超音波発生装置を用いることで，ラジカルを発生させることも可能であるが，紫外線は装置に使用する材料の劣化を早める欠点があり，超音波発生装置は，容器の形状やプローブの位置により溶液中に均一でないエネルギー分布が生じる．本装置は，その様な欠点を克服し，一定量で均一なエネルギーが溶液全体に供給されるのである．一方で，現在のところ密閉された回分式であるので，一度に大量の物質を処理することは難しい．今後大量処理をできるような連続化や大型化が実現すると非常に面白い．

4.6.5 今後の期待

本節では，アクチュエータが動作する環境，環境負荷の小さいアクチュエータ，環境問題解決に直接寄与するアクチュエータの三つの観点からいくつかの例を挙げるにとどまった．環境の問題は地球規模の大きさであり，今後ますます重大化していくことが予測される．問題が大きければ大きいほど，アクチュエータが関われる可能性も大きいのではないだろうか．上述したコモンレールの高圧インジェクタの様に，一般にまで普及して環境浄化に貢献することは稀なケースであるにしろ，たくさんの発想から環境問題解決に貢献するアクチュエータが生まれてくることを期待する．

参 考 文 献

[4-1] 宮本正彦：コモンレールシステムを支える技術, エンジンテクノロジー, Vol. 8, No. 4, pp. 14-19 (2006).

[4-2] 宮木正彦, 中島樹志, 竹内克彦, 谷 泰臣：燃料噴射系製品の現状と将来展望, エンジンテクノロジーレビュー, Vol. 1, No. 3, pp. 14-21 (2009).

[4-3] 堀 政彦：環境対応型ディーゼルエンジンの将来像, 自動車技術, Vol. 60, No. 9, pp. 6-11 (2006).

[4-4] 長田耕治, 佐々木忍, 鳥谷尾哲也, 田中 泰：コモンレールシステム, エンジンテクノロジー, Vol. 8, No. 1, pp. 31-35 (2006).

[4-5] 吉村徹也：180 MPa ピエゾコモンレールシステム，自動車技術，Vol. 60, No. 9, pp. 101-106 (2006).

[4-6] 黒柳正利：最新燃料噴射技術，エンジンテクノロジーレビュー，Vol. 2, No. 1, pp. 96-101 (2010).

[4-7] 伊藤信裕：可変動弁機構，エンジンテクノロジーレビュー，Vol. 1, No. 5, pp. 98-103 (2009).

[4-8] 山根 健：BMWのフル可変動弁システム VALVETRONIC, エンジテクノロジー，Vol. 5, No. 1, pp. 8-13 (2003).

[4-9] 矢島淳一：新型 V6 ガソリンエンジンの開発，自動車技術，Vol. 62, No. 3, pp. 21-25 (2008).

[4-10] G. Binnig, H. Rohrer, Ch. Gerber, and E. Weibel, Surface studies by Scanning Tunneling Microscopy, Phys. Rev. Lett., Vol. 49, pp. 57-60 (1982).

[4-11] G. Binnig, C. F. Quate and C. Gerber, Atomic force microscope, Phys. Rev. Lett., Vol. 56, pp. 930-933 (1986).

[4-12] T. Itoh and T. Suga, Piezoelectric Sensor for Detecting Force Gradients in Atomic Force Microscopy, Jpn. J. Appl. Phys., Vol. 33, pp. 334-340 (1994).

[4-13] T. Morita, T. Niino and H. Asama, Rotational feedthrough using a ultrasonic motor for ultra-high vacuum conditions, Vacuum, Vol. 65, pp. 85-90 (2002).

[4-14] 江戸宏一，新野俊樹，樋口俊郎：真空中におけるアルミ円盤の静電浮上，1999年度精密工学会秋季大会学術講演会講演論文集，p. 187 (1999).

[4-15] T. Mashimo, S. Toyama, and H. Matsuda, Development of Rotary-Linear Piezoelectric Actuator for MRI Compatible Manipulator, Proceedings of 2008 IEEE/RSJ International Conference on Intelligent Robots and Systems, pp. 113-118 (2008).

[4-16] M. Rajendra, A. Yamamoto, T. Oda, H. Kataoka, H. Yokota, R. Himeno, and T. Higuchi, Motion Generation in MR Environment Using Electrostatic Film Motor for Motion Triggered cine-MRI, IEEE/ASME Transactions on Mechatronics, Vol. 13, pp. 278-285 (2008).

[4-17] T. Mizuno, K. Takegoshi and T. Terao, Switching-angle sample spinning NMR probe with a commercially available 20 kHz spinning system, Journal of Magnetic Resonance, Vol.171, pp. 15-19 (2004).

[4-18] H. Maeda, A. Kobayashi, T. Kanda, K. Suzumori, K. Takegoshi and T. Mizuno, A Cylindrical Ultrasonic Motor for NMR Sample Spinning in High Magnetic Field, 2009 IEEE International Ultrasonics Symposium (IUS), pp. 1070-1073 (2009).

[4-19] マイクロ化学プロセス技術研究組合 (MCPT), http://www.mcpt.jp/

[4-20] 岡山ミクロものづくり事業, http://www.optic.or.jp/micro/

[4-21] 岡山マイクロリアクターネット,
http://www.optic.or.jp/micro-reactor/

[4-22] 吉田潤一他 著：マイクロリアクタテクノロジー —限りない可能性と課題—, エヌ・ティー・エス (2005).

[4-23] 草壁克己, 外輪健一郎：マイクロリアクタ入門, 米田出版 (2008).

[4-24] 前 一廣他：マイクロリアクターによる合成技術と工業生産,
Science & Technology (2009).

[4-25] V. Hessel, S. Hardt, H. Lowe, Chemical micro process engineering, Wiley-VCH (2004).

[4-26] V. Hessel, H. Lowe, F. Schonfeld, Micromixers-a review on passive and active mixing principles, *Chem. Eng. Sci.*, 60, 2479-2501 (2005).

[4-27] W. Ehrfeld, K. Golbig, V. Hessel, H. Lowe, T. Richter, Characterization of mixing in micromixers by a test reaction: Single mixing units and mixer arrays, *Ind. Eng. Chem. Res.*, 38, 1075-1082 (1999).

[4-28] E. Kamio, T. Ono, H. Yoshizawa, Design of a new static micromixer having simple structure and excellent mixing performance, *Lab Chip*, 9, 1809-1812 (2009).

[4-29] T. Kawaguchi, H. Miyata, K. Ataka, K. Mae, J. Yoshida, Room-temperature swern oxidations by using a microscale flow system, *Angew. Chem.*, 117, 2465-2468 (2005).

[4-30] 株式会社イーピーテック, http://eptec.jp/

[4-31] 特願2009-260180,「超微小液滴調製装置」.

[4-32] M. N. Kashid, D. W. Agar, S. Turek, CFD modeling of mass transfer with and without chemical reaction in the liquid-liquid slug flow microreactor, *Chem. Eng. Sci.*, 62, 5102-5109 (2007).

[4-33] 門脇信傑, 鈴森康一, 武藤明徳：化学プロセスにおける可変長スラグ流生成用三方弁の開発, 日本機械学会論文集C編, 76 (763), 266-272 (2010).

[4-34] H. Furusawa, K. Suzumori, T. Kanda, Y. Sakata, A. Muto, Realizing Spiral Laminar Flow Interfaces with Improved Micro Rotary Reactor, *J. Robotics Mechatronics*, 21 (2), 179-185 (2009).

[4-35] 川口優樹, 門脇信傑, 鈴森康一, 武藤明徳, 川上真以, マイクロバルブを用いたアクティブスラグ流化学プロセスの実現 ―第2報：銅イオン抽出プロセスへの応用―, 日本機械学会ロボティクス・メカトロニクス講演会2009 講演論文集, 2A2-K09 (2009).

[4-36] 総務省報告書,
http://www.soumu.go.jp/s-news/2003/pdf/030407_2_s_2218.pdf

[4-37] 矢野智昭：球面モータ, 日本ロボット学会誌, 21, 7, pp.740-743 (2003).

[4-38] 矢野智昭：高トルク球面モータの開発, 第50回自動制御連合講演会講演論文集 (CD-ROM), pp.84-87 (119.pdf) (2007).

[4-39] Hirokazu Nagasawa, Satoshi Honda, Development of a Spherical Motor Manipulated by Four Wires, The Fifteenth Annual Meeting of American Society for Precision Engineering, Scottsdale, Arizona, U.S.A., (2000).

[4-40] Tomoaki Yano, T. Suzuki, Basic Characteristics of the Small Stepping Motor, Proc. 2002 IEEE/RSJ International Conference on Intelligent Robots and Systems (IROS' 02), (2002).

[4-41] Mingyu Tong, 平田勝弘, 池尻昌平, 前田修平：三自由度球面アクチュエータの動作特性解析に関する研究, 電気学会研究会資料 (リニアドライブ研究会), pp.17-22 (2009).

[4-42] Liang Yan, I-Ming Chen, Guilin Yang, and Kok-Meng Lee, Analytical and Experimental Investigation on the Magnetic Field and Torque of a Permanent Magnet Spherical Actuator, IEEE/ASME Trans. Mechatronics, Vol. 11, No. 4, pp.409-419 (2006).

[4-43] E.h.M. Weck, T. Reinartz, G. Henneberger, R.W. De Doncker, Design of Spherical Motor with Three Degrees of Freedom, Annals of CIRP, Vol. 49 pp.289-294 (2000).

[4-44] Yong-Su Um, 矢野智昭：正六面体と正八面体に基づく球面ステッピング

モータの周波数と速度の関係, 電気学会研究会資料 (リニアドライブ研究会), pp. 41-44 (2009).

[4-45] D. Stein, G. S. Chirikjian, Experiments in the Commutation and Motion Planning of a Spherical Stepper Motor, Proc. DETC'00 ASME 2000 Design Engineering Technical Conferences and Computers and Information in Engineering Conference, (2000).

[4-46] 五福明夫, 永井孝和, 池下聖治, 柴田光宣, 亀川哲志：全方位回転可能な球面モータの開発, 日本機械学会論文集 (C編), 74, 747, pp. 2713-2720 (2008).

[4-47] Seiji Ikeshita, Akio Gofuku, Tetsushi Kamegawa, Takakazu Nagai, Development of a Spherical Motor Driven by Electro-magnets, J. Mechanical Science and Technology, Vol. 24, No. 1, pp. 43-46 (2010).

[4-48] http://www.eerr.unina.it/pdf/18-01f.pdf (Tomoaki Yano, Multi Dimensional Drive System, Electrical Engineering Research Report, pp. 1-6, Dec. 2004), 2010. 4. 28

[4-49] http://yokota-www.pi.titech.ac.jp/index-A.html (矢野智昭：科学研究費補助金研究成果報告書, 平成21年6月), 2010. 4. 28

[4-50] J. Wang, K. Mitchell, G. W. Jewell and D. Howe, Multi-Degree-of-Freedom Spherical Permanent Magnet Motors, Proc. the 2001 IEEE Int. Conf. on Robotics & Automation, pp. 1798-1805 (2001).

[4-51] 田中, 和多田, 鳥居, 海老原：多自由度球体アクチュエータの提案と設計, 第11回電磁現象及び電磁力に関するコンファレンス講演論文集, pp. 169-172 (2002).

[4-52] B. Dehez, G. Galary, D. Grenier, and B. Raucent, Development of a Spherical Induction Motor With Two Degrees of Freedom, IEEE Trans. Magnetics, Vol. 42, No. 8, pp. 2077-2089 (2006).

[4-53] http://www.tuat.ac.jp/~toyama/research_sphericalmotor.html (遠山茂樹, 球面超音波モータ), 2010. 4. 28

[4-54] 前野隆司：超音波モータ, 日本ロボット学会誌, 21, 1, pp. 10-14 (2003).

[4-55] 下山純一：トコトンやさしい超伝導の本, 日刊工業新聞社 (2003).

[4-56] 松葉博則：超電導工学・現象と工学への応用, 東京電機大学出版局 (1997).

[4-57] 仁田旦三：超電導エネルギー工学，オーム社（2006）．

[4-58] ISTEC ジャーナル編集委員会編：超電導技術とその応用，丸善（1996）．

[4-59] 清水昭宏，七戸 希，金 錫範，村瀬 暁："超電導アクチュエータの3次元挙動に関する研究"、超電導応用電力機器研究会，No. ASC-05-25（2005）．

[4-60] S. B. Kim, T. Inoue, A. Shimizu, S. Murase, "The electromagnet design for 3-D superconducting actuator using HTS bulk", Physica C, 445-448, pp. 1119-1122（2006）．

[4-61] S. B. Kim, T.Inoue, A. Shimizu, J. H. Joo, S. Murase, "Characteristics of a on 3-D HTS actuator with various shaped electromagnets", IEEE Trans. on Applied Superconductivity, Vol.17, No.2, pp.2327-2330（2007）．

[4-62] S. B. Kim, T. Inoue, A. Shimizu, S. Murase, "Development of 3-D superconducting actuator using HTS bulks based on 8 poles electromagnets", Physica C, Vol.463-465, pp. 1346-1351（2007）．

[4-63] 宮武 誠：総務省　情報通信分野における戦略的な競争的研究資金【地域ICT振興型研究開発】平成21年度採択課題資料．

[4-64] 日本自動車工業会「世界自動車統計年報2009」．

[4-65] 河合 寿（元 デンソー）地球に優しい「ディーゼルエンジン」と電子制御 ＠IT MONOist（アットマークアイティ・モノイスト）
http://monoist.atmarkit.co.jp/fembedded/articles/carele/06/carele06b.html
知っておきたいカーエレクトロニクス基礎（6）㈱ワールドテック 2008/8/25

[4-66] 山田外史：超磁歪アクチュエータによるキャビテーション発生装置とラジカルによる環境浄化
http://k-inet.ee.t.kanazawa-u.ac.jp/~yamada/yamada_lab/yamada_lab04/homepagefiles/kenkyu2/actuator.files/frame.htm

第5章

アクチュエータが切り拓く医療，福祉

　本章では種々のアクチュエータを用いて，医療・福祉分野へ適用した事例を紹介する．5.1節では細胞のメカニカルストレスに対する応答を研究するための細胞伸展システム，また受精卵の体外培養システムについて，5.2節では振動技術を用いた生体計測法，皮膚の硬さや筋疲労の評価，歯の動揺やインプラントの固定度評価などへの応用について詳細に解説する．5.3節ではリハビリテーションにおけるアクチュエータの現状や空気圧ゴム人工筋の応用事例，5.4節では空気式パラレルマニピュレータについて解説する．最後に5.5節ではソフトアクチュエータによる内視鏡誘導の開発事例などを紹介する．

5.1　医学，バイオ研究での利用

5.1.1　はじめに
　我々の体は常に動的状態にある．特に心・血管系組織は，常に血液からのズリ応力，血圧による圧力や血管壁の伸展などといった機械的な刺激にさらされているが，細胞の機械刺激感知機構は未だ不明な点が多い．心血管系で見られる病気の多くが血行動態負荷の乱れに起因する細胞機能変化によるという事実は，メカノセンサを介した細胞内情報系を解明することが如何に重要であるかを示していると言えるだろう．細胞の機械刺激感知機構の解析が遅れている理由の一つに，生体の複雑なメカニカルストレスを再現する $in\ vitro$ 実験系を確立することが困難であるという点が挙げられる．そこで，我々はより生体内に近い状態での細胞内情報伝達解析にアクチュエータを駆使したシステムを開発し

てきた．本章ではアクチュエータのアプリケーションとして，心・血管系組織の研究用システムのみならず，ヒト不妊治療を目指した卵管内メカニカル環境を再現した培養系について紹介したい．

5.1.2 培養細胞伸展システム

　培養細胞に再現性良く定量的な一軸方向のストレッチ刺激を与えながら培養する装置を開発した Polydimethyl siloxane（PDMS）ストレッチチャンバー：図5.1(a) およびストレッチ刺激負荷装置：図5.1(b)．この装置は大学発ベンチャーであるストレックス株式会社で製造・販売している．駆動部にはコンピュータ制御のステッピングモータが内蔵されており，直動システムの採用によりモータの回転運動を直進運動に変換している．この"アクチュエータ"により，伸展性のある PDMS ストレッチチャンバーを伸展することで，膜面上に培養されている細胞を伸展する．細胞はこの伸展刺激に対して非常に敏感に反応することが判明してきた[5-1]．例えば，ヒト臍帯血管内皮細胞（Human Umbilical Vein endothelial Cell, HUVEC）に一軸方向のストレッチ刺激を与えて培養したところ（20%ストレッチ，1 Hz），当初ランダムに配向しているが継時的にストレッチ方向とは垂直方向へ配向するようになる．60-120分後にはストレッチ軸に対してほぼすべての細胞は垂直方向に配向することが確認された（図5.2）．血管内では，血管内皮細胞は常に機械刺激を受けており，その機械抵抗を減少させるために紡錘形をとり長軸を血管走行方向に向けて配列している．これは，細胞を過度の機械刺激から守る合目的な反応であると考えられる．また，我々は，同様のストレッチ刺激負荷条件で培養した HUVEC

図5.1(a)　シリコン樹脂製　ストレッチチャンバー　　図5.1(b)　ストレッチ刺激負荷装置

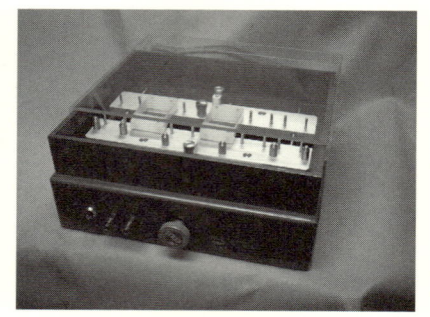

では，静置培養した場合と比較して，focal adhesion kinase（FAK）や，mitogen-activated proteinkinase（MAPK）のチロシンリン酸化が亢進することを報告している）．このことは，ストレッチ刺激によって，細胞接着斑分子・インテグリンを介した機械受容シグナルが亢進したことを示唆している

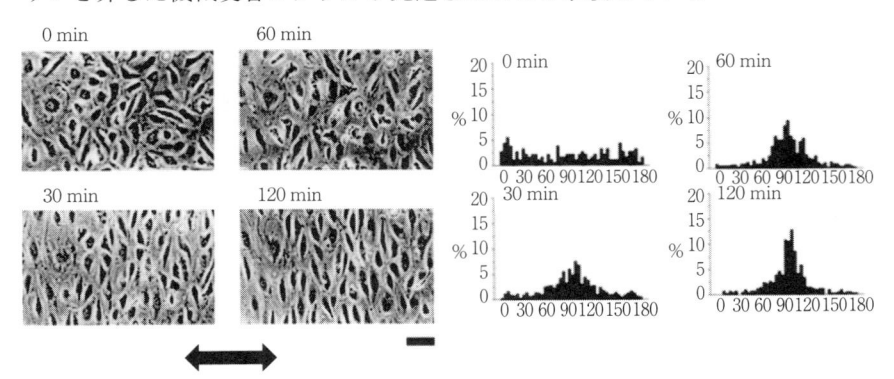

図 5.2 一軸周期的刺激（1 Hz, 20%）に対する血管内皮細胞の形態応答
継時的に伸展方向に対して垂直に配向する（Bar: 30 μm）そのヒストグラム

5.1.3 単離心筋細胞伸展システム

臓器としての心臓の役割は血液の駆出であり，すなわち機械的な仕事である．よって心臓の構成要素である心筋細胞は常に機械的刺激を受けている．近年の研究から生体は機械的刺激によって様々な細胞内情報伝達経路を活性化していることが明らかになっている．一生涯機械的刺激下にある心筋細胞も例外ではなく，その力学的環境の変化が細胞機能を修飾していることが次第に明らかになってきており，機械的刺激と細胞機能の関連の解明が望まれる．

心臓を構成している心筋細胞は，哺乳類の場合，長さが 100-150 μm で，幅が 15-20 μm の桿状の細胞である（図 5.3）．心筋細胞は横紋筋であり，その横紋を形成する筋節と呼ばれる線条構造物が存在する．筋節は筋の収縮機構の最小単位である．筋節はアクチン（細い繊維）とミオシン（太い繊維）と呼ばれる収縮蛋白が互い違いに重なった構造をしており，この両線維がスライドすることによって筋の収縮が行われる（図 5.3）．このときの筋収縮時の発生張力は筋節の初期長に大きく依存するため，心筋細胞の機械的負荷状況を制御するためにはその長さと張力を測定・制御しなければならない．

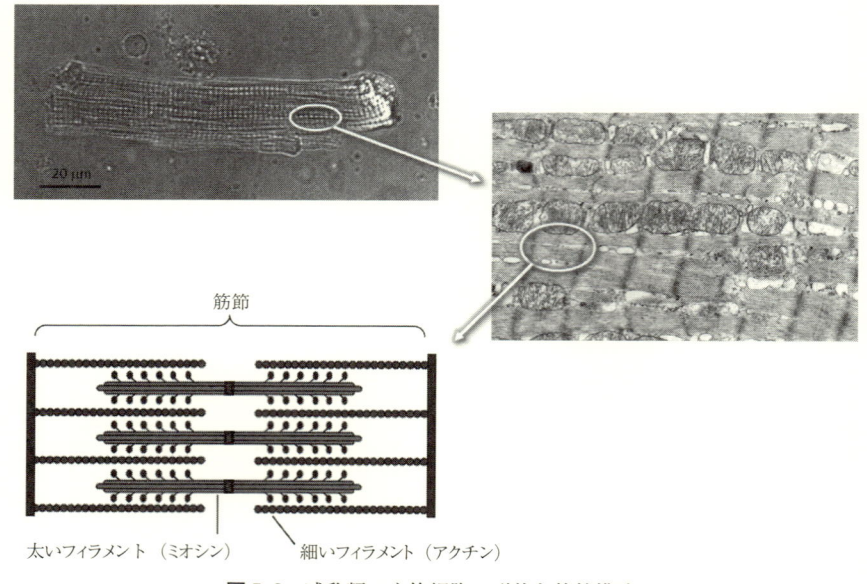

図 5.3 哺乳類の心筋細胞の形状と筋節構造

　単離心筋細胞の筋節長をコントロールするためにはまず細胞の両端を把持し，細胞を伸展させる技術が必要不可欠である．これまで単離心筋にストレッチを負荷するために様々な試みがなされてきた．例えば poly-L-lysine などの接着剤で心筋細胞の両端を保持する方法[5-6]や，微細なガラスピペットによる吸引力で両端を保持してストレッチする方法[5-7]が報告されているが，その対象サイズが小さいことからストレッチ装置への細胞マウントそのものの成功率は決して高くはなかった[5-8]．

　現在我々が用いている心筋細胞伸展技術はカーボンファイバーを用いた方法である[5-9]（図 5.4）．この技術は 1990 年に Le Guennec らによって最初に報告された[5-10]．カーボンファイバーは静電気により細胞膜と吸着するので，細胞把持はカーボンファイバーを細胞に軽く押し付けるだけでよく，接着剤塗布やピペット吸引などの操作が不要であるため把持操作が簡便である．また，接着剤そのものによる細胞膜へのダメージ等を考慮する必要がない．また，カーボンファイバーは弾性率が既知であればそのたわみから心筋の発生張力を計算することができるので特別に張力測定用のトランスデューサーを準備する必要がない．

5.1 医学, バイオ研究での利用

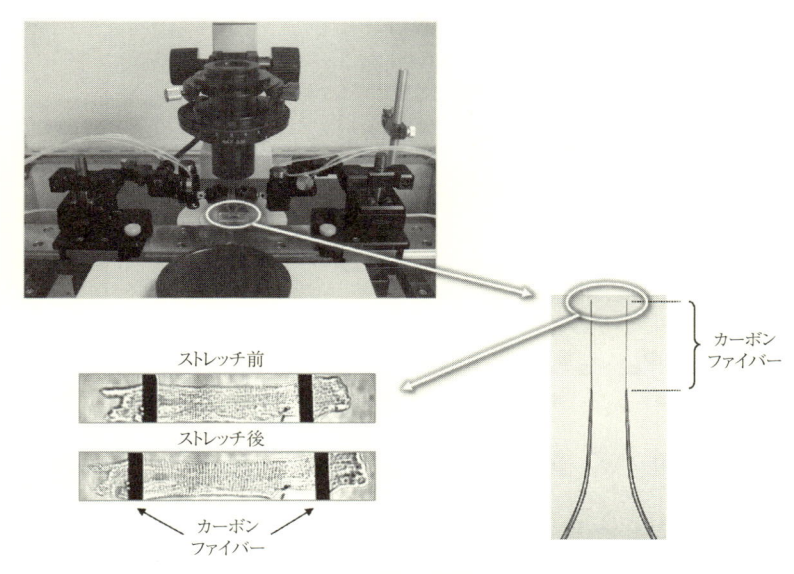

図 5.4 カーボンファイバーを用いた単離心筋細胞長さ・張力コントロールシステム

　生体内での生理的な拍動時の心臓（左心室）の圧・容積関係は等容性および等圧性の収縮・弛緩を含む4相に分けられる．すなわち，心筋細胞の長さ・張力関係は等尺性および等張力性の収縮・弛緩を含む4相に分けられる（図5.5上）．よって，伸展負荷（前負荷）のみのコントロールでは生理的な機械環境を再現することはできず，収縮時の抵抗様式（後負荷）もコントロールする必要がある．我々はカーボンファイバーをコンピュータ制御のピエゾトランスレーター（PZT）にマウントし，計測した細胞長・張力データをPZTの制御コマンドへフィードバックすることにより等尺性および等張力性の収縮弛緩様式を再現している．この制御技術を用いることにより生理的なヒトの左心室圧容積関係とほぼ同等の心筋細胞長さ・張力関係を得ることができた（図5.5下）.

　カーボンファイバー法を用いることにより伸展刺激の成功率が上昇し，現在機械的刺激と細胞機能の関連を研究する動きが次第に広がりつつある．しかしながら，カーボンファイバーの吸着力も生理的な機械負荷条件をカバーするのに十分な保持力を有しているとは言えず，細胞保持技術のブレークスルーが望まれる．

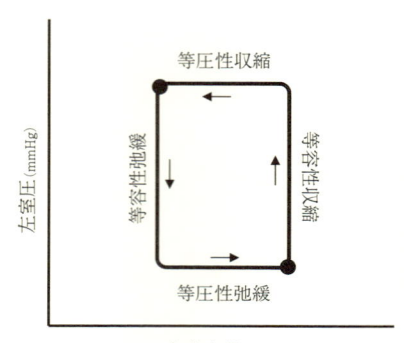

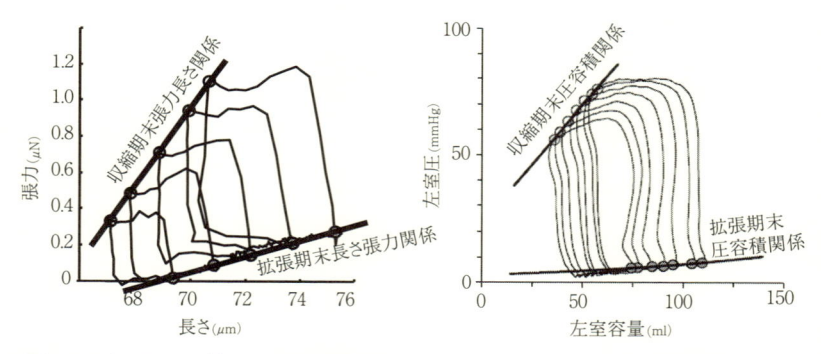

図 5.5 生理的な心拍の圧容積関係（上）と生理的なヒトの左心室圧容積関係（下右）および実験的に再現された心筋細胞長さ・張力関係

5.1.4 生殖補助医療におけるアクチュエータの可能性

　近年，不妊に悩むカップルが増加しており，不妊治療の割合が増加している．配偶者間人工授精で施術を完了できれば良いが，そうでない場合は，採取した精子と患者母体から摘出した未受精卵の体外受精・顕微受精を行う．その受精卵の体外培養を行い胚盤胞と呼ばれる発育した受精卵を移植する．難患者の受精率および胚盤胞到達率を上昇させることが現時点の重要課題である[5-11]．

　現状の生殖補助医療技術とりわけ胚培養技術では生理的発生過程において生体内に加わるべき動的環境が全く考慮されていない．現状では卵子細胞の培養においてはミネラルオイル中のマイクロドロップ培養液（〜 20μl）での静的培養など，生理的環境が全く反映されていない系を用いて生殖補助医療が行わ

れている．個々の技術に様々な改良が加えられては来ているが，受精・着床率・生児獲得率は芳しくない．

卵巣から排卵された卵は卵管内で受精し，子宮に達するまでに4〜5日を要する．その間に受精卵の発育と胚の移送が行われる．膨大部と峡部があり，動物種によって若干異なるが，それぞれの空間のサイズは0.3，0.1 mm程度である．また，卵細胞はほぼ球形であり，その直径は0.1 mm程度である．峡部内空間と卵のサイズとを比較すると，空間のほうが卵の直径よりも若干小さく，卵管繊毛または筋肉によって接触ないしは圧縮が起こっていると考えられる（図5.6）．

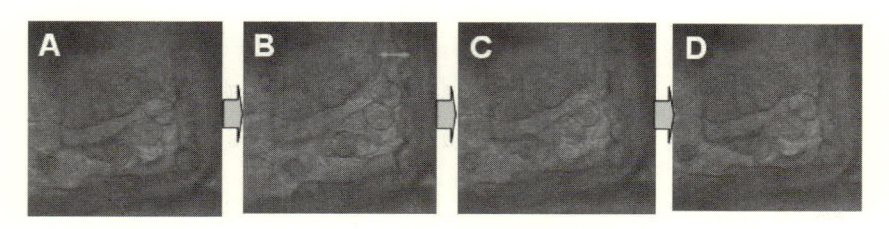

図5.6 A〜D：マウス卵管内で受精卵が移動する様子
B, C, DはAから9, 15, 20秒後の像である
⇔部は卵管の蠕動による開いた空間を示す．

この卵管の構造に基づいた考察から，胚の移送に伴う物理的刺激が受精卵の発育には欠かせない．そこで，受精卵を移動させながら培養するDynamic culture systemの構築が進められた．このシステムでは培地が移動するために，老廃物拡散速度が上昇する．この効果によって，胚発育を阻害する物質の取り込み量を下げることもできる．最近の研究結果から，上記の効果によって細胞分裂が促進する可能性が示されている[5-12, 5-13]．

Dynamic culture systemは卵管蠕動を模倣し，培養時に胚移動させるために，胚移動のためのアクチュエータが必要となる．現在の技術では，電気駆動装置をインキュベーター内に入れ，コントローラーを外に配置するシステムが殆どである．

我々は近年，傾斜体外培養システム（Tilting Embryo Culture System, TECS）を開発した[5-12]．図5.7(a)に示すように，上部のコントローラーと下部の電気駆動装置で構成されている．シャーレを駆動装置の上に置き，図

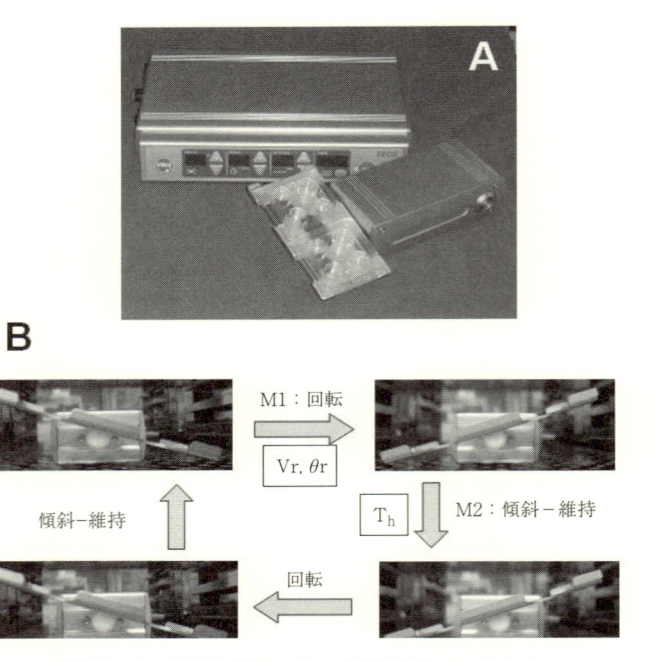

図 5.7 A：TECS 外観　B．：TECS 駆動プログラム

5.7(b) に示すようにステージの移動と傾斜保持を繰り返す．その動作によって，培地移動と胚移動（図 5.8）が起こり，胚に適度なシェアーストレスを負荷できる培養系である．上記の傾斜駆動皿上に胚を入れたマイクロドロップを含むシャーレあるいは 4 well chamber を載せられるため，従来の培養系をそのまま適用できる長所がある．

ほぼ同時期に，Heo らは Dynamic Microfunnel Embryo Culture System について報告している[5-13]．poly（dimethylsiloxiane）（PDMS）製の流路を用いて，流路近傍の膜を電気信号によって点字デバイスのピンで上下駆動させることにより，漏斗型チャンバー内の培地を撹拌させながら受精卵を培養できる．マイクロ流路培養系[5-14]とは異なり，この培養系では培地移動による胚移動が起こるため，胚に適度なシェアーストレスと生化学的刺激を負荷できる．

TECS を含む旧来の Dynamic culture system では新原理に基づく高機能アクチュエータが組み込まれたシステムは依然発案されていない．マイクロアク

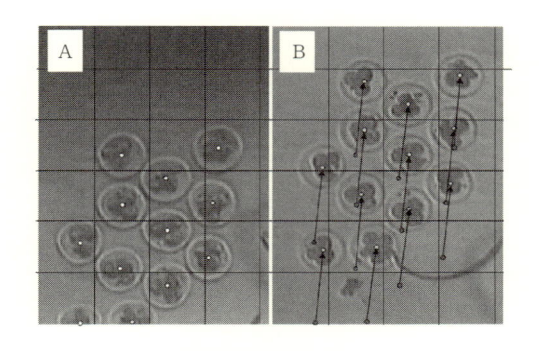

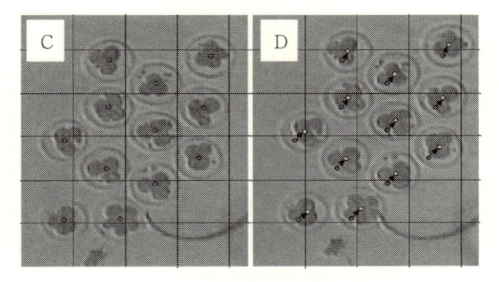

図 5.8　A〜D：TECS 培養時で受精卵が移動する様子
　　　　A：傾斜が -10 度から +10 度へ移動する際の像
　　　　B：A の 6 秒後の像
　　　　C：10 度傾斜保持時
　　　　D：傾斜保持時の像 C の 40 秒後の像
　　　　　グリッドは 0.1 mm 間隔である

チュエータの機能が十分に生かされれば，卵管の蠕動が再現され，より生理的環境に近い条件で胚培養が可能となる．

　マイクロアクチュエータ機能を発現させるための駆動・制御系として，空気圧がその候補となる．受精卵培養は 37 度，二酸化炭素および酸素濃度が制御され，飽和水蒸気環境下を保持できるインキュベーターで行われる．電気駆動装置をインキュベーターに導入した場合，動作不良のリスクが上昇する．従って，この装置をインキュベーター外に出して，空圧によって蠕動模倣運動を起こすのが良いと考えられる．現在の試作品では，PDMS 製のマイクロ流路模倣系を完成させている．今後，コンタクトレンズ材料等の医療用の素材を用いた培養システムを構築する．

卵管蠕動を反映させた人工卵管培養システムを構築し，機械的刺激を定量化する．そして，機械的刺激の種類と胚培養成績の相関が明らかになることにより，卵管内で負荷されるメカニカルストレスのうち，どの成分が重要か判別できる．最終的には，優良家畜の増産および生殖補助医療における難患者の治療が期待される．

5.2 生体計測

ヒトは物の"硬さ，軟らかさ"を感覚的に感じているが，その概念や定義は不明確な要素が多い．各種辞典によれば，"他の物体によって変形を与えられようとするときに呈する抵抗の大小を示す尺度"と解説されている．従来，多くの研究者は独自に測定器を開発し，それぞれが個別に"硬さ"を定義して指標を求めてきた．本節では，種々のアクチュエータを用いて，生体の触診や打診などを模倣した硬さ評価や，生体インプラントの固定度評価など，医療分野に応用した例を紹介する．

5.2.1 振動計測と生体

生体軟部組織に対する硬さ計測は，もっぱら手指による触診が主である．一般に触診は，比較的ゆっくりと生体表面を押し込む，左右に動かす，などの変形を与えて，手指の運動系と感覚系の複雑な連携に基づいて，硬さ／軟らかさ，表面性状，形態，振動の伝達具合などを観察している．これらの手技の中で，ステップ荷重，ステップ変形，一定速度での変形あるいは荷重，周期振動等に対する微妙な応答を，手指で感知しているのである．すなわち，多数の工学的測定によって得られる多くの情報を，ヒトは短時間に取得し，総合的に"硬さ"を判断しているのである．工学的な硬さ計測は，測定対象に何らかの外力を印加し，その応答を検出することであるが，測定周波数領域によって，静的計測法と動的計測法に大別できる[5-15]．

(1) 静的計測 (Stress-strain method)

静的計測は測定対象に一定方向の外力を加え，その際に生ずる歪みとの関係から"硬さ"を求めるものである．加える外力としては，①ステップ荷重，②

ステップ変形，③一定速度の（ランプ関数的）変形あるいは荷重などがある．特に③は，手指による触知覚との対応が良いとされる．生体表面に平行に外力を与える場合，水平または回転方向に荷重を加える方法として，二つの接触子を皮膚に張り付け，一定荷重で両側に引っ張り，その変位量を測定する方法，円盤を皮膚に貼り付けて一定トルクで回転させ，その移動角を測定する方法[5-16]などがある．一方，生体表面に垂直方向に荷重を加える場合，円盤状接触子を用いて一定荷重を加え，その押し込み量と応力を測定する方法[5-17]，球状接触子を用いて一定変位に対する応力の時間的変化を測定する方法[5-18]などがある．さらに，細胞単位レベルの簡便な弾性率測定法として利用されるマイクロピペット吸引法の原理を応用して，生体軟組織の弾性率を測定する方法[5-19]もある．

(2) 動的計測

動的計測には衝撃応答法（Impact response method）と強制振動法（Vibrating method）がある．衝撃応答法の利点は，測定装置を比較的安価に製作できる点と測定時間が非常に短い点（約1秒以内）である．例えば，小型インパクトハンマー（図5.9）を用いて生体表面に衝撃荷重を加え，波動の伝播特性を測定する方法である[5-20]．ハンマーは動電型アクチュエータで打ち出される．本法では小型加速度計を生体表面に貼付し，加速度検出点から1cm離れた場所に衝撃荷重を加える．ハンマーの衝撃荷重は硬い部位ほど荷重の加わっている時間が短く，荷重の最大値が高くなる．一方，加速度応答は減衰振動波形となり，最初の1サイクルから得られる減衰振動周波数は硬い部位ほど高くなる．また衝撃荷重が大きく異なるにもかかわらず，加速度応答の大きさはあまり変わらない．

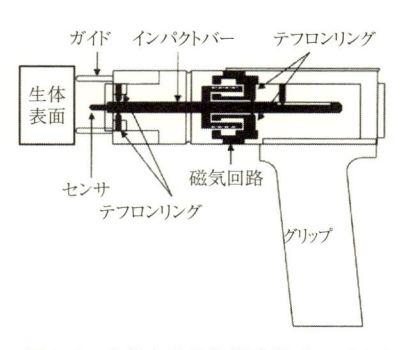

図 5.9 生体力学特性測定用インパクトハンマー（文献[5-20]より著者改変）

強制振動法は *in vivo* における硬さ計測でよく用いられる方法である．生体に対して強制的に振動を与える方向によって，水平方向，ねじり方向，垂直方

向の三つに大別される．例えば，直径 2 mm，厚さ 0.5 mm のプラスチックの円盤プローブを接触力 0.05 N で生体表面に押しつけ，水平方向に周期運動させて荷重と変位を測定する方法[5-21]がある．また，0.004～10 Hz の微小振動を生体表面に対してねじり方向に加え，そのときの応力と歪み，位相角を測定する方法[5-22]もある．

生体表面に対して垂直方向に加振する場合には，振動子と生体との接触状態がほぼ一定となるので，他の方法に比べて測定の再現性の点で優れている．動電型アクチュエータとキャパシタ型センサで構成されるバイブロメータ（Vibrometer）を用い，生体表面を正弦波駆動したときの駆動電流（駆動力）と微小変位から，生体機械インピーダンス（Biomechanical impedance）を算出する方法[5-23]がある．さ

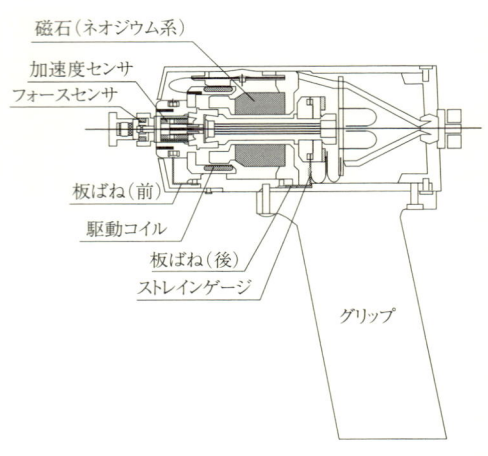

図 5.10 生体機械インピーダンス測定プローブ

らに，生体表面にランダム機械振動（30～1000 Hz）を加えて生体機械インピーダンスを算出し，計測時間の短縮化を図った測定法[5-24]もあるが，その測定プローブ（アクチュエータとセンサ部分）の構造を図 5.10 に示す．生体表面を加振するアクチュエータは，動電コイルと固定磁石である．また生体表面の力と速度（あるいは加速度）を検出するセンサは，二組の圧電素子を持つインピーダンスヘッドである．プローブを生体に一定荷重で押し付けたときに，振動方向がぶれないように，振動軸の固定に工夫がなされている．さらに，超音波領域に共振周波数を持つ振動体を生体組織に接触させ，その共振周波数（Resonance frequency）の変移から硬さ計測を行う方法[5-25]もある（後述）．

5.2.2　医学への応用

(1)　弾性イメージング（Elastography）

正常組織と比較して，乳癌などは増殖と共に硬さが増すと言われる．例え

ば，通常の乳腺組織と比べ，線維化の強い組織では硬くなり，浸潤癌，特に周囲組織の中に結合織を伴って浸潤する癌（硬癌）では，弾性係数が非常に大きくなる．また結合織の増生を強く認めない非浸潤癌でも，乳腺組織や良性の線維化より高い係数となる[5-26]．体表から見た硬さ情報を知覚して病巣を鑑別診断する触診は，腫瘍が小さい場合や病巣が深在性の場合には難しく，医師の経験や主観に依存する．一方，生体表面から内部を形態的に観察する方法として，超音波を用いたエコー診断があるが，それに加えて組織の弾性分布が可視化できれば，触診の限界を克服することも可能であろう．この断層像に硬さ情報を加味した，組織弾性イメージング（Tissue Elasticity Imaging）技術が新たな診断技術として，検診や一般診療現場で用いられ始めている．

組織弾性イメージングは，体表から静圧を加えていくと軟らかい組織は変形しやすいが，硬くなった組織は変形しにくいことから，組織の変形率の差，歪み分布を画像化する方法である[5-27]．この歪みは弾性係数とは異なり，圧縮の程度に応じて変形する相対的な指標であるが，組織の弾性を反映している．そこで，超音波エコー信号を高速演算して歪み画像を求め，さらにBモード画像にカラー化（硬い：青色，軟らかい：赤色）して重畳することにより実現している．超音波プローブはフリーハンドで操作するので，適切な圧迫速度でイメージングができるようガイドされており，未熟練の技師や医師でも，画像診断のベテランと同レベルの高い正診率で診断できる．

本手法は，Real-time Tissue Elastography®として，㈱日立メディコ製デジタル超音波診断装置 Prosound α7 の一機能として組み込まれ，乳腺領域や前立腺領域，動脈硬化症などでの画像診断に応用されており，今後，集団検診等でも用いられるようになるかもしれない．詳細はホームページを参照されたい（http://www.hitachi-aloka.co.jp/products/ultrasonic/alpha7.html）．

(2) ハプティックセンサ

本センサで用いられている方法は，圧電セラミック素子を使用した接触コンプライアンス法の一種で，センサの固有振動数が付加される音響インピーダンスによって変化することに基づくものである．センサは振動子と検出素子から構成され，検出素子からの出力信号を増幅し，位相シフトさせて振動子にフィードバックさせることにより，発振回路を構成する．例えば，振動子を生体組織

に接触させると回路の共振周波数が変化する.振動子の先端は球形であるので,接触させた生体組織が軟らかければ接触面積は増大し,見かけの質量が増加するので,共振周波数は低くなる.一方,組織が硬ければ点接触するので,見かけのスティフネスが増加し,共振周波数は増加する.従って,この周波数の変化量（Δf_0）は,生体組織の硬さ特性を表し,これを硬さ指標"tactile"と定義している.

$$\Delta f_0 = \frac{1}{2\pi^2}\left(\frac{k_x}{z_0}\right) \qquad c_x = \frac{1}{2}\left(\frac{\pi}{S}\right)^{1/2}\frac{1-v^2}{E}, \qquad (5.1)$$

ここで,z_0はセンサ自身の等価インピーダンス,vはポアソン比,Eはヤング率,Sは半径rの接触面積,c_xは接触コンプライアンスで,スティフネスk_xはコンプライアンスの逆数として求められる[5-28].

本センサを原発性および転移性肝癌に適用したところ,肝静脈波形から求められるPulsatility Index（PI）やResistance Index（RI）との有意相関がみられ,肝線維化の評価に有効であると報告している[5-29].さらに,64チャンネルの乳癌チェッカや血管内用ハプティック型カテーテルセンサ,体外受精のためのマイクロタクタイルセンサ等への応用が試みられている.

本法を使ったセンサとして,㈱アクシム（http://www.axiom-j.co.jp/japanese/homepage.htm）より,「アクシムバイオセンサ」が販売されているので,詳細はホームページを参照されたい.

5.2.3 生体の硬さ評価
(1) 生体機械インピーダンス

静的計測法では測定周波数領域が低いので,質量要素を含まないバネとダッシュポットのみの力学モデル（MaxwellモデルやVoigtモデルなど）が多く用いられる.またMaxwellモデルにバネを直列接続した三要素モデル,さらにダッシュポットを直列接続した四要素モデル[5-30]などもある.一方,動的計測法ではVoigtモデルに質量要素を付加した単一共振モデル[5-23]が用いられることが多く,その機械インピーダンス$Z(j\omega)$は次式のように表される.

$$Z(j\omega) = R + j\omega M + \frac{E}{j\omega} \qquad (5.2)$$

ここで,R[Ns/m]は粘性要素に基づく機械抵抗,M[kg]は等価質量,E[N/m]

はスティフネスである．この力学モデルは簡易でありながら，軟組織の生体機械インピーダンスの特徴を概ね表現できるので用いられることが多い．一方，前述の図 5.10 に示す測定プローブで得られた，駆動点における力と加速度を用いて算出される生体機械インピーダンス $Z(j\omega)$ は次式のように表される．

$$Z(j\omega) = \frac{F(j\omega)}{V(j\omega)} = j\omega \frac{F(j\omega)}{A(j\omega)} \tag{5.3}$$

ここで，$A(j\omega)$，$V(j\omega)$，および $F(j\omega)$ はそれぞれ加速度，速度，駆動力のフーリエ変換である．さらに，生体表面で測定された軟部位の機械インピーダンスを，無限な均質粘弾性媒質中の振動球の放射インピーダンス $Z_S(j\omega)$ として表現するものもある[5-31]．

$$Z_S(j\omega) = \frac{1}{3}\pi\omega a^3 j\left(1 - \frac{9j}{ah} - \frac{9}{a^2h^2}\right), \quad h^2 = \rho\omega^2(\mu_1 + j\omega\mu_2) \tag{5.4}$$

ここで $\mu_1[\mathrm{N/m^2}]$ はずり弾性係数，$\mu_2[\mathrm{Ns/m^2}]$ はずり粘性係数，$a[\mathrm{m}]$ は振動球の半径，$\rho[\mathrm{kg/m^3}]$ は媒質密度を表す．生体のように圧縮できない媒質で，周波数が十分に低い場合には，式(5.4)の近似として次式が成立する．

$$Z_S(jw) = 6\pi a^2\sqrt{\frac{\rho(\sqrt{\mu_1^2 + \omega^2\mu_2^2} + \mu_1)}{2}} + 6\pi a\mu_2 + j\omega\left(\frac{2\pi a^3\rho}{3}\right)$$
$$+ j6\pi a^2\sqrt{\frac{\rho(\sqrt{\mu_1^2 + \omega^2\mu_2^2} - \mu_1)}{2}} + \frac{6\pi a\mu_1}{j\omega} \tag{5.5}$$

また，実際に生体表面に接触させる振動子の形状（円盤型）を考慮した近似式も用いられる[5-32]．

(2) インピーダンス測定装置

生体機械インピーダンスを測定する簡便な装置として，図 5.11 に示すインピーダンス測定装置がある．図 5.10 に示した測定プローブを用いて，生体表面を 30～1000 Hz の疑似ランダム振動で加振し，駆動点での力 $f(t)$ と加速度 $a(t)$ をインピーダンスヘッドで検出する．信号は増幅されてコンピュータに取り込まれ，高速フーリエ変換（Fast Fourier Transform, FFT）されて，式(5.3)によってインピーダンスの周波数特性が求められる．同図(b) は軟部位のインピーダンス周波数特性であるが，実部は周波数と共に増加し，式(5.2)の単一共振モデルでは表せないことがわかる．測定結果に式(5.5)をあてはめた結

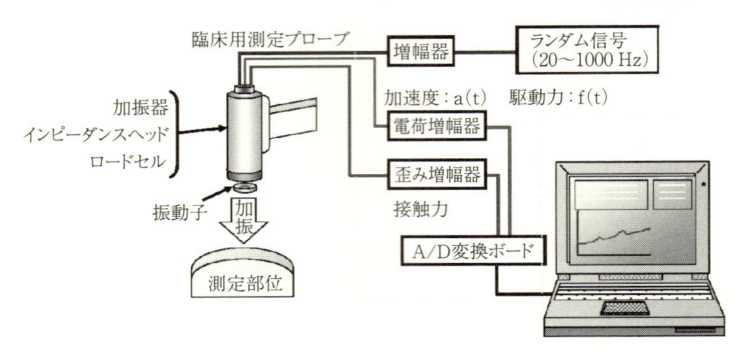

(a) 機械インピーダンス測定装置

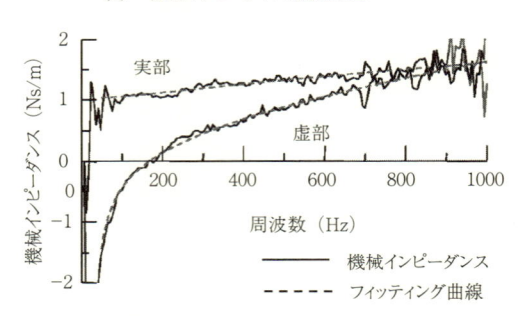

(b) 機械インピーダンスとフィッティング例

図 5.11 ランダム振動による生体機械インピーダンス測定装置と測定された機械インピーダンス

果が同図の破線である．測定にランダム振動を用い，その後フーリエ変換して周波数特性を得る測定手法は，生体を *in vivo* で測定する際には短時間計測が必須なので，大変有効な方法である．また測定時に生体表面にどれほどの接触圧をかけるかによって，接触インピーダンスや生体の見かけの硬さは変わるので，常に一定に保持しておく必要がある．

(3) 皮膚の硬さ（季節変化、加齢変化）

図 5.12 は 4 歳女児の目じりの弾性係数の半年間の変化を表したものである．弾性係数は式(5.5)より求めた．同図の黒い部分は数値が高く，いわゆる硬い部分となっており，冬季には全体的に硬く，春から梅雨時にかけて徐々に軟ら

12月（補正後）　　　3月（補正後）

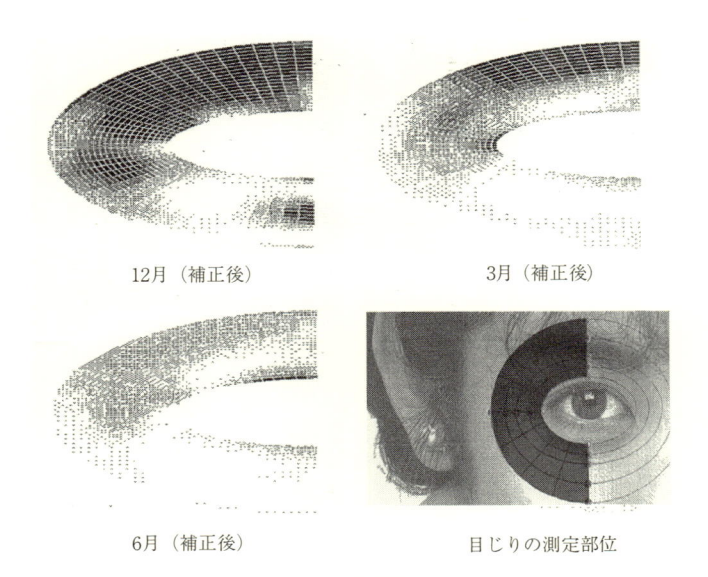

6月（補正後）　　　目じりの測定部位

図 5.12 目尻の弾性係数の季節変化

かくなっていく季節変化が定量的にとらえられている．

図 5.13 は 10 代から 60 代までの女性 185 人の頬の部分の機械インピーダンス（30 ～ 300 Hz の絶対値）を測定した結果である[5-33]．加齢につれてイン

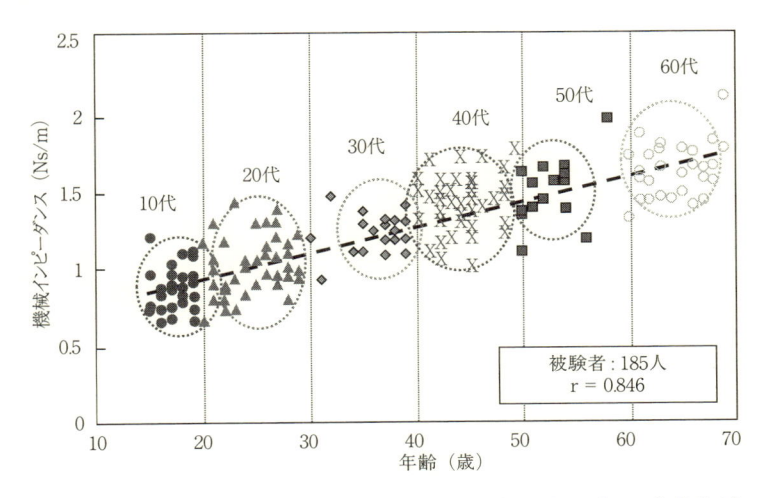

被験者：185 人
r = 0.846

図 5.13 加齢による頬のインピーダンスの変化（文献[5-33]より著者改変）

ピーダンスが大きくなっていく様子がわかる．さらに被験者の人数を増せば，加齢による皮膚弾力の変化の様子が詳細にわかるであろう．

(4) 筋の硬さ変化

日常生活における腰痛や肩凝りなどに伴う筋疲労の度合いを定量化することは，筋疲労の進行を抑制したり，緩和させる上で重要である．例えば，車載シートに長時間座ると，筋疲労によって生体内に様々な生理的変化が生じるが，体表からも筋硬度の変化として測定が可能である[5-15]．

腰部の生体機械インピーダンスを測定するために，姿勢に影響を与えない程度の穴（$\phi 25$ mm）をシート背部に開ける．車載シートは通常の車載シート（標準シート）と，背部のスポンジおよびSバネを取り除いたシート（不良シート）である．このシートでは不良姿勢の典型である"猫背"となるので，長時間姿勢を維持すると筋疲労が生じやすくなる．実験では左手でハンドルを握り，右手でマウスを操作してモニターに映る動体を追いかける眼精疲労も加えた．第三・第四腰椎の間，および第四・第五腰椎の間で，脊柱から左右4 cmの計4点で，前述の機械インピーダンスを測定して筋硬度（粘弾性）変化を求めた．被験者は普段から車の運転を行っている22歳前後の男性6人，着座後30分毎に3時間，延べ13回の測定を行った．

実験結果から式(5.5)に示す粘弾性定数を求めたのが，図5.14である[5-34]．着座開始時の値で規格化すると，弾性係数は両シートとも同程度の増加傾向で

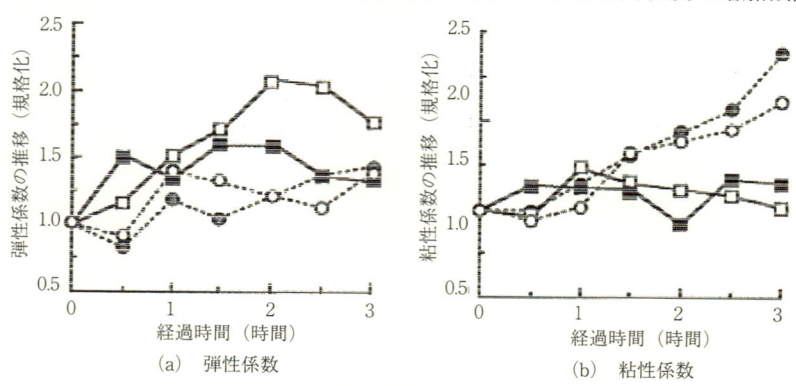

図5.14 車載シートでの粘弾性係数の変化（標準シート □：部位3，■：部位4，不良シート ○：部位3，●：部位4）（文献[5-34]より著者改変）

あるが，不良シートでは着座 30 分後にすべての部位で一時的に弾性定数が減少する．この頃から被験者は腰部の疲労（痛み）を訴え始める（13 例中 8 例）．このような傾向は標準シートでは見られないことから，弾性係数と初期の筋疲労の相関が示唆される．また粘性定数は，標準シートでは顕著な傾向が見られないが，不良シートでは疲労の進展と共に大きく増加した．しかし，このような変化を示さない被験者もいたので，さらに検討が必要である．また被験者の体型や体格も影響すると考えられる．

　次に，マッサージチェアで施療したときのマッサージ効果について，筋の硬さ変化に着目して評価した．被験者は実験に同意を得た 40 〜 50 代の男性 25 名で，マッサージチェアは五種類とし，実験に当たってあらかじめ背パッドと背面カバーを取り外した．アンケート等を済ませてチェアに着座した後，首，肩，背部の機械インピーダンスを測定した．チェアに座って測定①の後，安静状態を維持し，測定②と③を行い，"手動の肩コース" を 10 分間マッサージの後，測定④と⑤を行った．

　揉み玉がしっかりと当たっていた部位を「施療あり」，揉み玉がほとんど当たっていなかった部位を「施療なし」とした．それぞれについて，機械インピーダンスの平均値を求めて経時変化として示したのが図 5.15 である．Ⅰのマッサージを行わない安静状態の区間では，機械インピーダンスはほとんど変化しない．Ⅱのマッサージ前後に測定した測定③と④の結果から，マッサージによってインピーダンスが低下したことがわかる．「施療あり」「施療なし」の 2 群について等分散を仮定した t 検定を行った結果，有意差が認められた

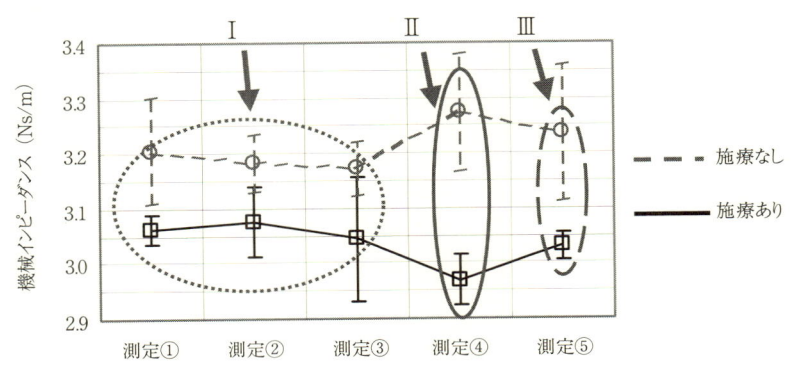

図 5.15　マッサージチェアによるマッサージ効果

(p=0.002). Ⅲの区間で，測定③と⑤について同様の検定を行ったところp=0.1692となり，有意差が認められない．すなわち施療効果の持続性は確認できなかった．これより，本実験の場合は，測定③から④にかけて施療効果が現れていたが，測定⑤の時点では効果がなくなっていると考えられる[5-35]．

5.2.4　生体インプラントの植立評価
(1)　天然歯の動揺評価

超高齢社会を迎えようとしているわが国において，高齢者も含めた人々の生活の質（Quality of Life, QOL）を確保することは大変重要なことである．80歳で自分の歯を20本以上残すことを目指す「8020（ハチマルニイマル）健康長寿社会」というキーワードがあるが，口腔の健康と全身の健康には密接な関係があり，食生活を十分に確保することは健康管理とも直結する．すなわち，残っている歯が多いほど寿命も長く，高齢者のQOLを良好に保つ秘訣である．

一方，歯の動揺を測定することは，歯科補綴のみならず，矯正や歯周病などの臨床歯科において，歯周組織の状態を知るうえで大変重要な診査である．一般に，歯科医は指やピンセットで歯を唇舌，近遠心，垂直方向に揺らせて診査するが，経験に依るところが大きい．そこで，前述の生体機械インピーダンス測定装置を用いて，動揺度診査をより客観的に行う「歯の動揺度自動診断システム」を開発した[5-36]．臨床診査では，歯の動揺はほとんど動かないものから，舞踏状に大きく揺れる順に，M0～M3の4段階に分類する．上記の自動診断システムによって測定された歯周組織の機械モビリティ（インピーダンスの逆数）は，歯の動きやすさを表す（図5.16はM0～M3と診査された上顎前歯の機械モビリティ周波数特性）．機械モビリティの周波数特性から同図(b)に示すモデルのパラメータを求め[5-37]，特に弾性要素（k），粘性要素（c_1, c_2）に着目して評価することによって，動揺の差を定量化することができる．

図5.17は同意を得た女性4名の上顎中切歯7歯の粘弾性パラメータと基礎体温の経日変化である．月経開始日を基準日（0日）として，月経前16日から月経後10日まで測定した．同図の幅は±1SEであり，基礎体温の上昇につれてパラメータ値はいずれも小さくなり，その後，月経開始日に向けて値が上昇していく．このように，粘弾性パラメータの変動には，卵巣周期にほぼ同期した生体リズムが存在することがわかる[5-38]．

5.2 生体計測

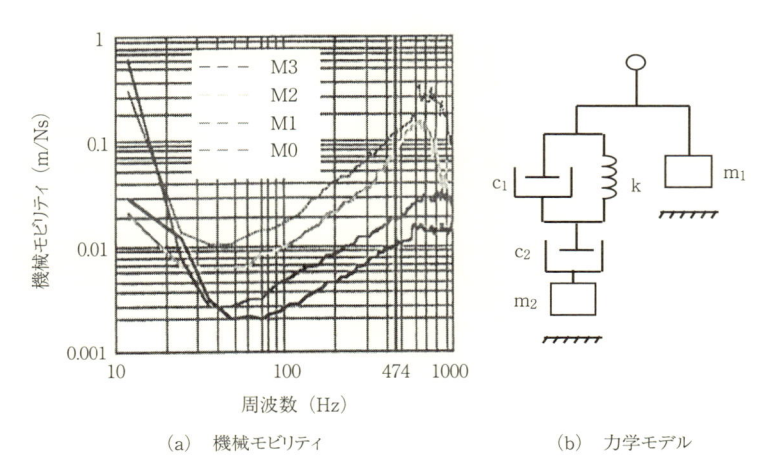

図 5.16 上顎前歯の機械モビリティと力学モデル((a)は文献[5-39]より著者改変)

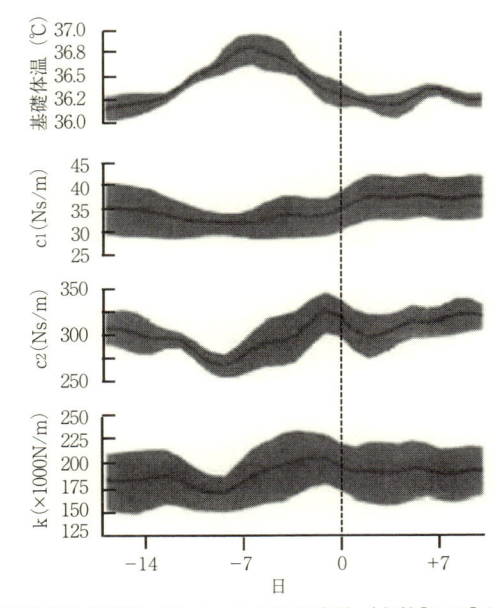

(a) 機械モビリティ　　(b) 力学モデル

図 5.17 基礎体温と粘弾性パラメータの経日変動(文献[5-38]より著者改変)

一方,図 5.16 の 100 ～ 500 Hz の機械モビリティに着目すると,それぞれの値が大きく異なっているので,特定の周波数(例えば 474 Hz)で機械モビリ

ティを測定して，その大きさを比較すれば，動揺度（MI値）の比較が可能である．このような観点から開発された，簡便な「動揺度チェッカ」の構成を図5.18に示す．測定プローブには，2枚一組のバイモルフ型圧電素子を組み込み，一方を正弦波で振動させるアクチュエータとし，他方を加速度検出用センサとしている[5-39, 5-40]．測定プローブ自身の共振周波数を，歯を加振する測定周波数として用いることによって，高感度の測定を行うことを可能とした．

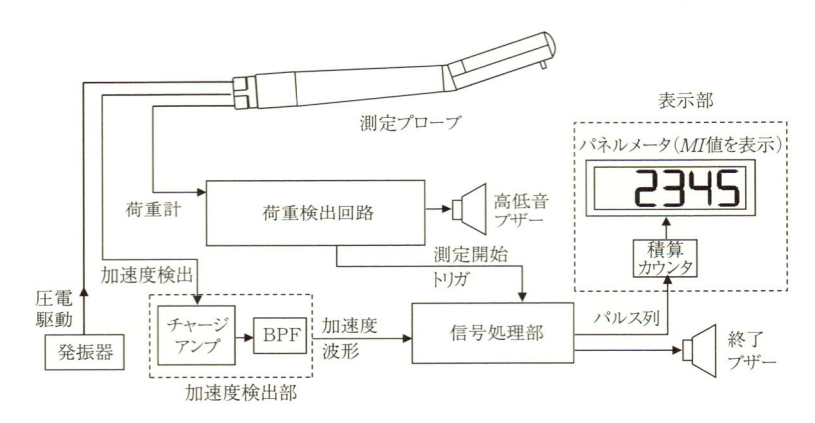

図5.18 動揺度チェッカ

また本測定システムを用いて，疼痛や開口障害，関節雑音を主症状とする顎関節症を機能的に診査することもできる．下顎前歯を上述の自動診断システムで測定すると，40～300 Hzに顎関節周囲組織の力学特性の影響を受ける．そこで，下顎を安静にした状態での測定結果から，レジンブロックを噛ませて下顎の可動性を排除した測定結果を減算することによって，顎関節部の力学特性を得ることができる[5-41, 5-42]．図5.19(a)は減算した結果，すなわち顎関節部機械モビリティ周波数特性であり，これは同図に示すような力学モデルとパラメータで表すことができる．同図(b)は顎関節雑音や疼痛を訴え，クリッキング症状を有する顎機能異常患者（男性）の測定結果である．中央の値は男性健常者の平均値で，破線は±2SDの範囲を示す．これらの患者は健常者の値の上限，下限を超えていることがわかる．

(a) 顎関節部の機械モビリティと力学モデル　　　　(b) 顎関節異常者のパラメータ

図 5.19　顎関節部の力学特性計測（文献[5-41]より著者改変）

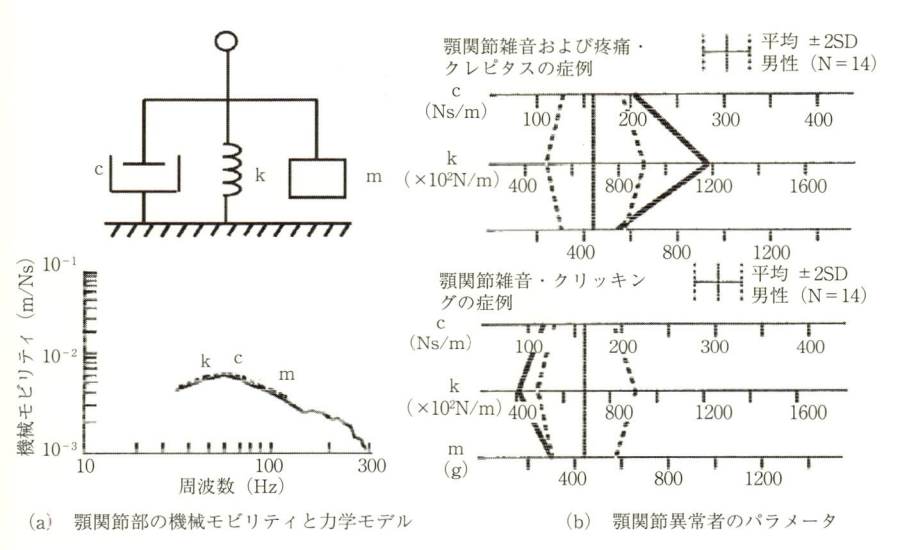

(2)　歯科インプラントの植立評価

欠損した歯に対して歯科インプラントを施術した際，インプラント体周囲組織の力学特性（オッセオインテグレーション）に着眼して，植立評価や予後の観察を行うことは大切である．市販されているインプラント評価装置としては，電子駆動型ハンドピースのタッピングによる打診応答を数値化した「ペリオテスト」や，インプラント体に装着したスマートペグの共振周波数を求める「オステル ISQ」などがある．図 5.18 に示した天然歯用の動揺度チェッカを改良した「Implant Movement checker（IM チェッカ）」は[5-43]，歯面への打撃やペグ装着の煩わしさがなく，簡便に使用できる．図 5.20 は下顎右側第二小臼歯および第一大臼歯にインプラント施術を行った際の IM 値（IM チェッカで得られる固定度指標，小さいほど動揺しない）の経日変化であり，約3週間で安定した固定が得られている様子がわかる．

また，インプラント施術をする際に，インプラントの形状は，下顎管の損傷や上顎洞の穿孔などの危険性を回避しつつ，機能的に決められるべきである．すなわち，生体力学的な安定性と骨量，骨密度などを加味した解剖学的な安全性とのバランスを考えた上で，相対的にインプラントの適切な直径や長さを決

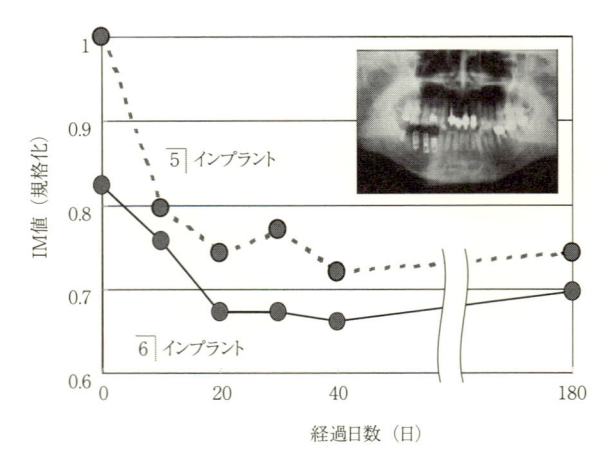

図 5.20 インプラント固定度の経日変化

める必要がある．一般にインプラントの安定性は皮質骨が重要な役割を担うが，図 5.21 は海綿骨による支持のみを想定した一層構造模型と，海綿骨の支持に加えて疑似インプラント頸部に皮質骨（2 mm）による支持を付与した二層構造模型での，IM 値の違いを示したものである[5-44]．擬似インプラントは真鍮棒で，直径は 4 mm，上部の長さは 7 mm，埋入深さを 7 から 17 mm まで変化させた．同図より，皮質骨がない模型では埋入深さが 13 mm まで IM 値は有意な減少傾向を示し，それ以上の深さでは有意差はなかった．一方，皮質骨がある模型では 11 mm まで有意な減少を示し，それ以上では有意差がなかった．また皮質骨のある二層構造模型の方が，IM 値が有意に低値を示した．このように，インプラントの埋入深さを増加させても，イ

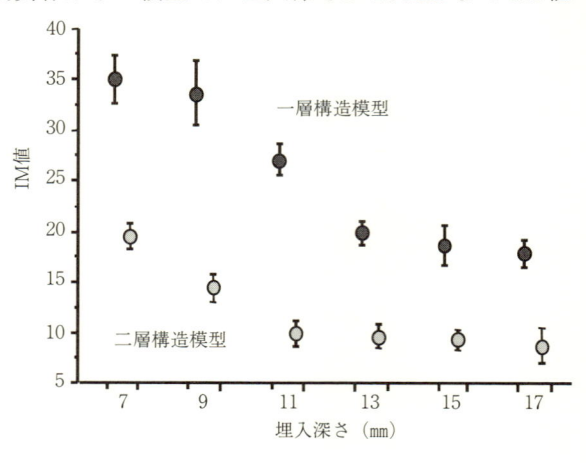

図 5.21 疑似インプラントの埋入深さと I M 値

ンプラントの固定度があまり変化しない埋入深さがあることがわかる．さらに，このような IM チェッカを使った評価は，インプラント自身の形状設計や表面構造の検討等にも有益と考えられる．

5.3 リハビリテーション

5.3.1 リハビリテーションとアクチュエータ
(1) 高齢社会の日本

日本人の平均寿命（2008 年）は男性 79.3 歳，女性 86.1 歳であり，世界で最も長寿国であると言える．1947 年の平均寿命は，男性 50.1 歳，女性 54.0 歳であったことを考えると，急速に高齢化が進行していることがわかる．65 歳以上のものを高齢者といい，65 歳以上 74 歳以下を前期高齢者，75 歳以上のものを後期高齢者という．また，14 歳以下を年少人口，15〜64 歳までを生産年齢人口という．人口の 7% 以上が 65 歳以上である社会を高齢化社会と呼び，日本が高齢化社会になったのは 1970 年であった．65 歳以上の人口が 14% を超えると高齢社会と言い，日本は 1994 年に高齢社会になった．2008 年には，人口の 22% が 65 歳以上であり，5 人に 1 人は高齢者である．2000 年に WHO（世界保健機関）が提唱した健康寿命（healthy life expectancy）は，日常生活において心身ともに自立した期間のことであり，平均寿命とは異なった意味で重要である．2006 年の日本人の健康寿命は，男性 71.9 歳，女性 77.2 歳であり，単純に考えると，健康でない，あるいは自立した生活が送れていない期間が，男女とも 7，8 年はあるということになる．これらの 7，8 年が要介護あるいは要支援状態であると言える．介護保険法は，加齢性疾患などにより心身機能が低下し，日常の入浴，食事，排泄などに世話が必要な人々に，保健医療サービスおよび福祉サービスを提供するための法律であり，1997 年に制定され，2000 年から施行されている．2000 年に要介護認定を受けたのは 256 万人であったが，経年的に増加し，2008 年には 467 万人になった．要介護あるいは要支援の原因では，もっとも多い疾患は脳卒中（23.3%）であり，次いで認知症（14.0%），高齢による衰弱（13.6%），関節疾患（12.2%），骨折・転倒（9.3%）であった．日本における身体障害者手帳を持つ障害者数は，724 万人であり，身体障害児・者は 366 万人，知的障害者が 55 万人，精神障害者が 303 万人で

ある．これら身体障害児・者においても65歳を超えると急速に増加する．このように何らかの介護や支援を必要としている人々が非常に多くおられるということがよくわかる．リハビリテーション医学の一面として，要介護・要支援状態の高齢者に対しての介護・支援，そのようにならないための予防，障害者の方々への障害改善，義肢装具の処方，自立した生活の獲得などを施行している．

(2) リハビリテーションとは

リハビリテーションという言葉は，「全人的復権」と訳される場合もあるが，昔の英国の日常用語としては「戒律を犯して教派の服装を着ることを禁じられていた人が，以前と同じ服装を着ることを許されること」を意味した．リハビリテーションの定義では，1988年DeLisaは「個人に，彼らの機能障害，環境の制約に対応して，身体，精神，社会，職業，趣味，教育の諸側面の潜在能力を十分発展させること」と述べた．つまり，リハビリテーションの意味するところは，患者が日常生活動作（ADL）を自立して行い，かつ手段的日常生活動作（IADL）も快適に遂行でき，介護量を軽減し，ひいては生活の質（QOL）を高めることにある．四肢の切断や片麻痺など，障害が残ったとしても，何とか自立した生活を送れるように種々の手段を用いて行うことがリハビリテーション医学である．リハビリテーション医学では，いろいろな機器を用いて患者の自立した生活を取り戻すべく治療する．例えば，切断された下肢には義足を用いて歩行できるように訓練する．両下肢麻痺で移動できない人には車椅子によるADLを考え，訓練する．脳卒中で片麻痺になった患者さんには下腿が尖足にならないように装具を付ける．声が出なくなった患者さんには，コミュニケーションエイドを考える．座位がとれない子供さんには，座位保持装置を処方する．このように装具や車椅子，義足などを用いて訓練し，少しでも自分でできることを増やし，自立した生活にもっていくことがリハビリテーションの役目である．寝たきりという状態は，リハビリテーションの立場でいえば，敗北であり何とか寝たきりにならないように工夫する．また，介護を必要とする場合にも，介護量が減少するように考えて，訓練する．

(3) リハビリテーションにおけるアクチュエータの利用

高齢者や身体障害者の自立支援や介護支援のため，人間親和型ロボットへの

関心が高まり，駆動するための，人間に優しくて安全なアクチュエータの開発が要求されている．動作だけでなく本体も柔軟で，受動的柔軟性を備えたアクチュエータをソフトアクチュエータと呼び，人間親和型のアクチュエータとして期待されている．ソフトアクチュエータは，すべての運動方向における慣性，粘性および剛性が小さいアクチュエータであり，ゴムを素材とした空気圧で駆動される空気圧ゴム人工筋は，代表的な空気圧ソフトアクチュエータである．空気圧アクチュエータは，空気の圧縮性により柔軟な動作が要求されるシステムの駆動系として非常に有効である．空気圧ゴム人工筋は，軽量かつ高出力であり，人間親和型ロボットへの応用が期待されている．

空気圧ゴム人工筋は，原理的には1958年にアメリカにおいて義肢への応用を目的として開発された．当時は人工筋の寿命が短く実用化はされなかった．ゴムの素材などが改良され，1980年代中頃には，国内メーカーにより「ラパチュエータ」として販売されたが，現在は製造・販売されていない．イギリス，ドイツのメーカーなどから同種のゴム人工筋を入手できるが仕様が限定され，かなり高価である．岡山大学大学院自然科学研究科の則次教授の研究室では，市販のゴムチューブと繊維コードを用いて容易にかつ安価でマッキンベン型ゴム人工筋を制作でき，空気圧ゴム人工筋を用いた研究を行っている．

現在進行中の研究として，上肢では手指機能を喪失した障害に対する把持装置，下肢では立ち上がりができない障害に対して，起き上がりから歩行を支援する装置を作成し，患者さんへの応用を行っている．対象疾患としては，脊髄損傷，筋委縮性側索硬化症（ALS），片麻痺，進行性筋ジストロフィーなど麻痺性疾患を考えており，期待される効果は大きい．まだ実用化というところには至っていないが，近い将来に実用化を行い，多くの患者さんに有効活用していただきたい．

5.3.2 空気圧ゴム人工筋を用いた動作支援装置
(1) ソフトアシストウェア

急速な少子高齢化が進み，わが国においても2030年には総人口の約3割が65歳以上の高齢世代になると推計されている．また，医療福祉分野における若年労働者が減少しつつある．このような中で，高齢者や障害者の自立した日常生活や介護を支援する装置の開発が求められている．このような要望に応え

る手段として，高齢者や介護者の筋力を補助するためのウェアラブルパワーアシスト装置の実用化が期待される．

身体へ装着するアクチュエータはできるだけ小型・軽量・柔軟であることが望ましく，空気圧ゴム人工筋はこのようなアクチュエータとして有用である．空気圧ゴム人工筋を用いたパワーアシスト装置として，立ち上がり動作支援装置[5-45]やマッスルスーツ[5-46]が開発され，筋力の負担軽減や増幅に有効であることが報告されている．これらの装置は，外骨格にマッキベン型空気圧ゴム人工筋を取り付けた剛構造であり，短時間装着の機能回復訓練や重労働支援には適用できるが，高齢者や障害者の日常生活や社会活動支援の用途には不向きである．これらの用途に適合するためには，衣服のように小型，軽量，柔軟であり，装着時に目立たないことが望ましい．このような観点から，装置本体が外骨格を持たずゴムや布などの柔軟素材で構成される衣服状パワーアシスト装置（ソフトアシストウェア）の実現が期待される[5-47]．

マッキベン型空気圧ゴム人工筋は，高い収縮力を得られるが，その収縮率（30%前後）は人体の筋収縮率（約50%）に比べて小さい．この種の直動型人工筋により関節の回転動作を支援するためには，動作範囲の確保と発生力のトルク変換のための機構が必要となり装置の小型・軽量性を損なう恐れがある．立ち上がり動作支援などのように大きな支援力が必要な装置には発生力が大きいマッキベン型人工筋が適するが，手指や上肢などさほど大きな支援力を必要としない部位には，小型・軽量および柔軟性を確保するため人工筋自体が屈曲・伸展機能を有し，別のトルク変換機構が不要な構造が望ましい．

そこで，以下では，3.2.2項の(2)で述べた湾曲型空気圧ゴム人工筋を用いた二種類のソフトアシストウェアについて述べる．これらはゴムやポリエステル繊維，布などの柔軟素材で構成される．

(2) パワーアシストグローブ

手袋の5本の指背の部分に3.2節の図3.8に示す湾曲型空気圧ゴム人工筋を取り付けることにより各指の曲げ動作や把握力の補助を行うものである[5-48]．手袋は人工筋の発生力を手指に伝えるインターフェースとして作用する．図5.22は2関節型パワーアシストグローブを示す．親指以外の各指に取り付けた人工筋は，径の異なる湾曲型ゴム人工筋を直列に2本連結している．指先用の人工

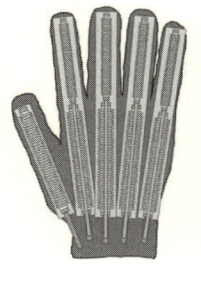

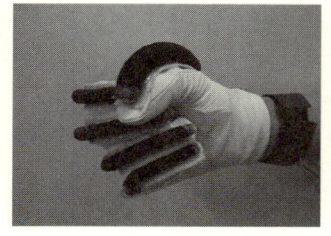

(a) 構造　　　　(b) 握り動作　　　　(c) 摘まみ動作

図 5.22　2関節型パワーアシストグローブ

筋は，内径 3.0 mm，外径 4.5 mm のゴムチューブと内径 7.5 mm，外径 10.0 mm のベローズより構成され，指根元用の人工筋は内径 6.4 mm，外径 8.4 mm のゴムチューブと内径 12.0 mm，外径 16.0 mm のベローズより構成されている．人工筋を加圧することにより手指の屈曲運動を支援する．指の伸展には減圧時のゴム人工筋の復元力を利用する．本グローブの質量は約 120 g である．

握り動作および摘まみ動作を図 5.22(b)，(c) に示す．握り動作では指先および指根元の人工筋を加圧し，摘まみ動作では指根元の人工筋のみを加圧している．指先および指根元をそれぞれ別々に動作させることにより各種の動作支援が可能である．手の筋力が低下した人や手指麻痺者の動作支援，手指のリハビリテーション支援，各種の作業支援などへの応用が期待される．

(3)　上肢用パワーアシストウェア

肘部の屈曲（1自由度），前腕部のひねり（1自由度）および手首部の掌屈・背屈，橈屈・尺屈（2自由度）の計4自由度の動作支援が可能な上肢用パワーアシストウェアを図 5.23 に示す．肘と手首の屈曲動作支援には，3.2 節の図 3.9 に示すシート状湾曲型空気圧ゴム人工筋を用いる．手首部において小指側に取り付けた湾曲型人工筋により掌屈・背屈，手の甲に取り付けた湾曲型人工筋により橈屈・尺屈動作を支援する．また，前腕部に取り付けた人工筋はシート状人工筋に螺旋状の繊維強化を施したものであり，加圧により軸中心周りのひねり動作を行う．これを前腕の上下に取り付けて回内および回外動作を支援する．試作したパワーアシストウェアの最大動作支援角度は，肘部の屈曲 90°，

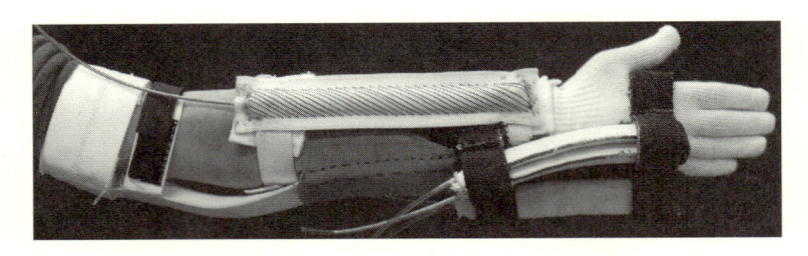

図 5.23　上肢用パワーアシストウェア

前腕部の回内 55°，回外 50°，手首部の掌屈 40°，背屈 30°，橈屈 15°，尺屈 25°であり，可動範囲は日常生活における種々の動作支援に有効である．また，装置は布地やゴムなどのやわらかい素材で構成され，装着部の全質量は 460 g と軽量である．

図 5.24 は図 5.23 のパワーアシストウェアを食事動作（スプーンで食物を口へ運ぶ動作）の支援に応用した例である．ここでは，食事動作に必要な 4 自由度の角度を事前に取得し，これらを実現するように各人工筋の加圧力を制御した．各部位の動作支援は同時に実施され，関連する筋肉の筋電計測によりパワーアシストの効果が確認されている．

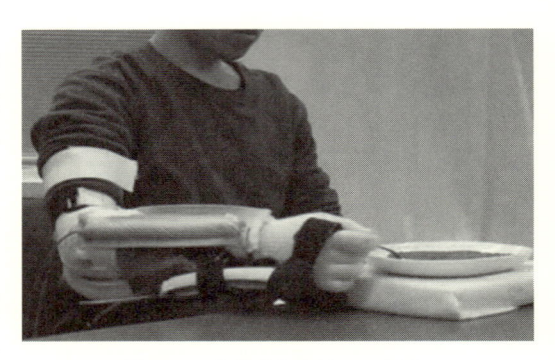

図 5.24　食事動作支援への応用

外骨格を用いないソフトアシストウェアの実用化には，装着者との意思・感覚コミュニケーションの確立などいくつかの課題が残されているが，軽量，柔軟で衣服感覚で着用できるソフトアシストウェアはウェアラブルパワーアシスト装置の一つの形態として有用である．

5.3.3　機能回復訓練への応用と評価

(1)　立ち上がり動作支援装置

製作した装置は長下肢装具にマッキベン型空気圧ゴム人工筋を取り付けたも

のであり，膝関節の伸展動作と足関節の背屈・底屈動作を支援する[5-45]．図 5.25 に装置の概要を示す．膝関節の中心軸より 90 mm の位置に円筒を設置し，円筒に接触させて長さ 675 mm の人工筋を左右に 3 本ずつ取り付ける．距離 90 mm が関節周りのモーメントアームとして作用し，人工筋の収縮力を立ち上がり支援トルクに変換する．足部には，前方に長さ 450 mm，後方に長さ 360 mm の人工筋をそれぞれ片足の両側面に 1 本ずつ取り付ける．足部の人工筋により前後の体重心を調整する．

使用するマッキベン型空気圧ゴム人工筋は，配管を取り付けた外径 16.7 mm，内径

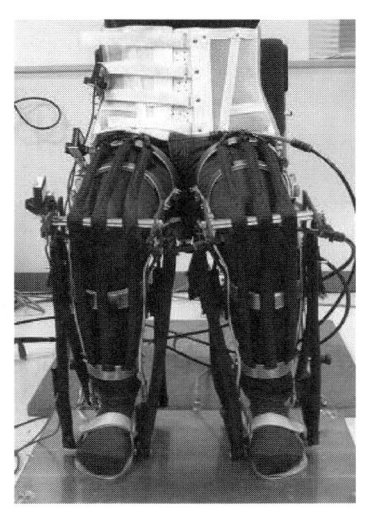

図 5.25　立ち上がり動作支援装置

12.0 mm のゴムチューブを，縮小最小径 19.0 mm，拡大最大径 40.0 mm の繊維スリーブで覆い，両端を結束バンドで固定したものである．

図 5.26 は，胸椎より下部が麻痺し車椅子で日常生活を送る患者が図 5.25 と同構造の支援装置を着用した様子を示す．装置の支援により立ち上がり動作，中間姿勢維持および座り込み動作が可能となることが確認されている．装着者は両腕で平行棒を掴み身体のバランスを取るのみでよい．このような動作を他者の介助なしに自立的に行うことができるため装着者の喜びは大きく，機能回復訓練への取り組みがより積極的になる．機能回復訓練やリハビリテーション装置として本装置の実用性は高い．

(2)　医学的評価：アクチュエータが切り拓く新応用

現在すでに用いられている，動力を用いたリハビリテーション機器としては，障害者が直接用いるものとして能動義手や電動車椅子，介護者が用いるものとして患者運搬用の吊下げ装置など，また訓練用の機器として持続運動療法機（continuous passive motion, CPM）などがある．これらの機器はいずれも市販され，すでに利用されているものであるが，障害者が直接身につけて自分の一部として用いるのは能動義手だけである．能動義手は，前腕部で切断され

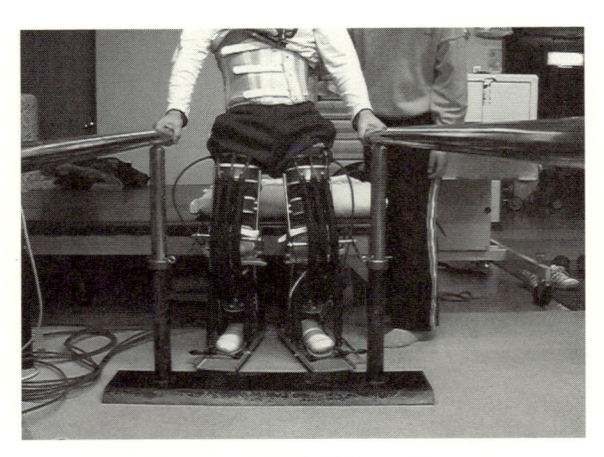

図 5.26 機能回復訓練への応用

手指がない障害者のためのもので，前腕の筋放電を感知しモータによって手指の把持動作を行うものである．手指の把持動作以上の機能は難しく，能動義手本体の価格は 200 万円ほどである．また，筑波大学の HAL のように，対象者の筋放電を利用したスーツも開発されてきた．HAL は，たいへん優れた機器であり期待度も高い．ただ，全く自動性がなく筋放電がない場合や非常に筋放電が弱い場合は HAL の使用も困難であり，その上たいへん高価である．岡山大学では，装着して障害者自身が操作し，全く筋肉自体が動かない場合でも利用でき，かつ安価なものを目指して研究している．則次教授の開発されたマッキンベン型人工筋は，目指すところを実現できる可能性が十分ある．

　人工筋をリハビリテーションに用いること自体が，新応用である．人工筋をリハビリテーションに用いる方法として，二種類ある．障害者自身の機能的回復を目指して訓練として利用する方法と，障害の回復は考えないで日常生活支援の目的として用いる方法である．下肢について，まずリハビリテーションの場面で自立したいことは立ち上がりであり，ベッドから車椅子あるいはポータブルトイレに乗り移ることである．両側支柱長下肢装具に人工筋を装着し，様々な工夫を行い，スイッチを押すことで人工筋が作用し，立ち上がることができるようになった．障害者自身でスイッチを押し，自分のタイミングで立ち上がる訓練も可能である．体重移動やタイミングなどは，訓練することでうまく立ち上がれるようになる．安全面を考えて，装具の足底部に三種類のセンサ

を付け，十分体重がかかった上でないと人工筋が作用しないように工夫した．立ち上がりの際に，障害者自身の能力が向上すれば，作用する人工筋の力を弱くして訓練できる．立ち上がり動作は，ある程度完成し，現在は，介助での歩行訓練を行っている．周辺機器の整備，簡略化，操作しやすさを向上させれば実用化可能である．上肢機能に関しては，指の機能を人工筋で支援する研究を行っている．指では切断などの全くない状態なら把持動作はある程度単純であるが，麻痺手は変形があり，「装着する」という自体がまず工夫を要した．現在は手関節を固定し，3本の指（母指，示指，中指）で開き，把持するまでの動作ができるようになった．上肢機能として目的とする場所に手を持っていく機能（リーチ機能）を持たせないと実際の生活には使えないが，現時点では，指機能が失われた脊髄損傷患者に用いることを考えている．将来的には，5本の指がそれぞれ機能でき，ピアノが弾けるほど独立した動きができることを目標に研究を行っている．今後は，リーチ機能が把持装置に加われば，ADL機能の向上が見込める障害者は格段に増える．リーチ機能も今後の重要な課題である．体幹を支持する人工筋システムも有効である可能性がある．腰痛があり腰椎の支持性に問題がある場合には，人工筋による背筋のサポートや姿勢保持が有効である可能性がある．またトレーニング機器として，エキセントリックな筋力トレーニングが簡単な機器で可能になる．

　アクチュエータにより，まだまだ多くの新しい応用が期待できる．今は装置が大きく，操作にも煩わしい点が多い．それらを改良し，人にやさしい機器であれば，多くの実用化が期待できる．

5.4 空気式パラレルマニピュレータ

5.4.1 手首リハビリ支援装置

　図5.27に本支援装置の概観を示す[5-49]．各リンクに低摩擦タイプの空気圧シリンダ（(株)Airpel社製，内径9.3mm，ストローク150mm）を用いたStewart型のパラレルリンク構造であり，上部プラットフォーム上に患者とP.T.の手を固定する治具を設置している．手先座標系 $h=[x, y, z, \phi, \theta, \psi]^T$ を同図(b)のように手首中心部に設置する．同図(c)に示すようにpronation/supination（回内/回外）は x 軸周り，radial flexion/ulnar flexion（橈屈/尺屈）

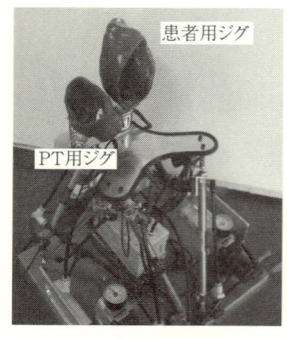

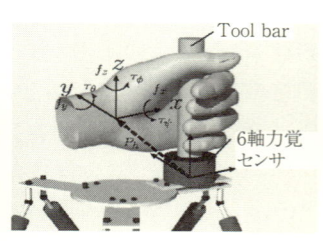

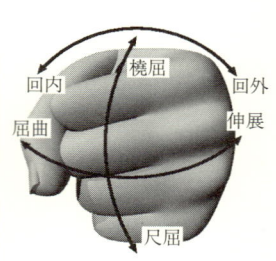

(a) 空気式パラレルマニピュレータ　(b) 機構的概要　(c) 手首関節回転運動

図 5.27　装置の概要

は y 軸周り，flexion/extension（屈曲／伸展）は z 軸周りの運動に対応する．

図 5.28 は提案するリハビリ訓練の様子を示す．理学療法士（P.T.）が施す徒手動作には患者の状態に見合ったノウハウが反映されている．そこで P.T. と患者の間に本装置を介在させ，徒手動作時に P.T. が患者に与える種々の方向の力・モーメントを装置に獲得させる．その後，装置は P.T. の代わりに獲得した訓練動作を患者に対して実行する[5-50]．

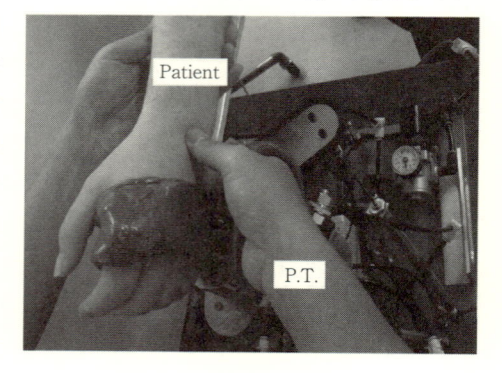

図 5.28　リハビリ動作

図 5.29 において灰色の線は回内・回外方向の徒手動作時において P.T. が患者に与えたトルクであり，黒線はそれを本装置により患者に施した結果である．装置により P.T. の印加トルクがほぼ再現されていることがわかる．

5.4.2　乳癌触診シミュレータ

日本人女性において乳癌の罹患率は胃癌を抜いて最も高く，毎年約 3 万人が発症する[5-51]．しかし，癌が乳房の一部にある場合の 5 年生存率は 92％と高

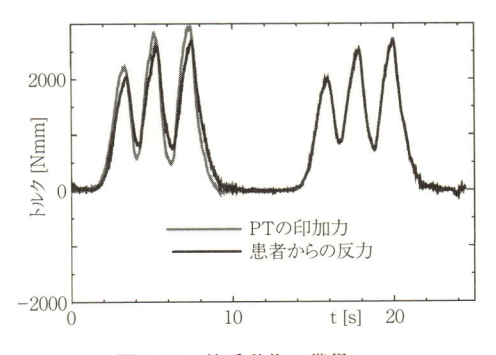

図 5.29　徒手動作の獲得

く，早期発見によりほぼ完治する．また，このような定期検診に加えて自己検診の重要性も指摘されている．図 5.30 は医師の触診動作の教育・訓練や，自己検診のための標本モデルとして利用を目的とする，触診シミュレータの概観を示す．中身が取り除かれた市販の触診シミュレータを空間に固定し，その下部に力覚呈示部となる空気式パラレルマニピュレータが配置されている．上部プラットフォームには 6 軸力覚センサを介して乳房の形状モデルを装着している．同図右に示すように訓練者は表面の任意の部位に力を印加し，触診動作を行う．このときマニピュレータは乳房の形状モデルを介して指先に反力を呈示する[5-52]．指先の空間位置に応じてマニピュレータのコンプライアンスを調整することにより，しこりのように空間的に異なる弾性特性を認識させる．図

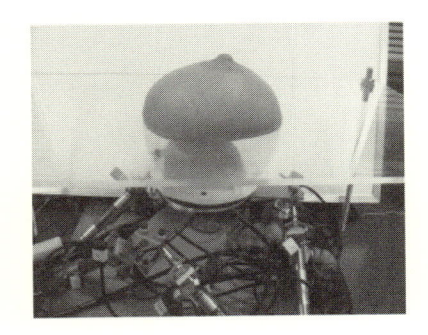

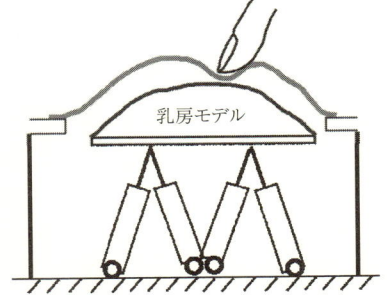

図 5.30　触診シミュレータ

5.31 はしこりモデルとして球を仮定し，その表面を指先で倣った軌跡を示している．弾性特性の変化により幾何形状を認識することができる[5-53]．

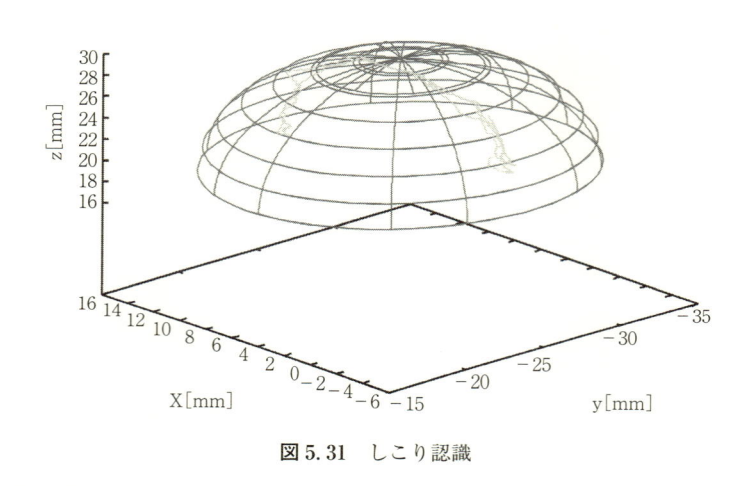

図 5.31 しこり認識

5.5 内視鏡誘導アクチュエータ

消化管疾患の早期発見と早期治療において内視鏡は非常に有効な装置であるが，その挿入では患者が苦痛を感じることも多い．特に大腸はその形状が非常に複雑であり，また腹腔内に固定されていないため内視鏡の挿入は容易ではない．本節では既存の内視鏡に装着することが可能なゴム材料から成る内視鏡誘導用アクチュエータの開発例を示す．

図 5.32 はバブラと呼ばれるソフトアクチュエータの構造を示す．バブラは複数の空気圧室を平行に配置した構造を持つシリコーンゴム体である．加圧された空気圧室は膨張変形を起こすため，各空気圧室を順に加圧していくことでバブラ表面に進行波が励起され，物体が搬送される[5-54]．この物体搬送原理を用いることで内視鏡の挿入支援が可能である．4室の空気圧室から成る断面でチューブ状にアクチュエータを製作し，これを図 5.33 に示すように内視鏡に螺旋状に巻きつける．各空気圧室に4分の1周期ずつ遅延させた正弦波状の空

5.5 内視鏡誘導アクチュエータ

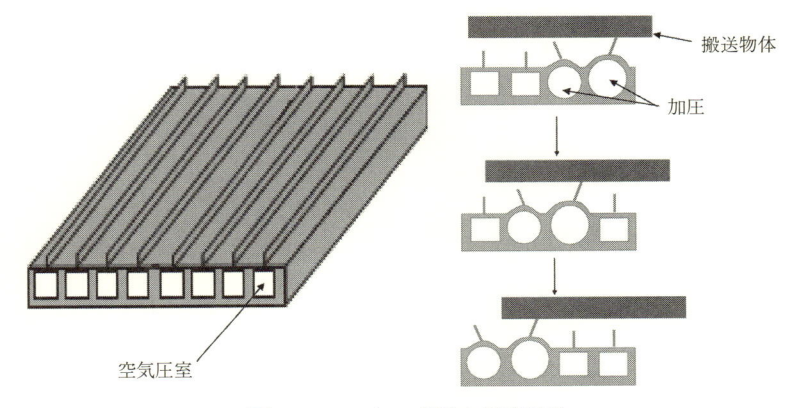

図 5.32 バブラの構造と駆動原理

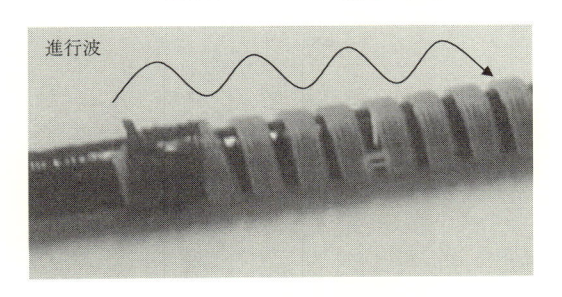

図 5.33 バブラの内視鏡への搭載

気圧を印加すればアクチュエータ全体に連続的な進行波が生成されるため内視鏡に推進力を付加することが可能である[5-55].

バブラと同様に空気圧によるゴムの弾性変形を利用したアクチュエータとして薄肉ゴムチューブアクチュエータの開発が行われている.図5.34はアクチュエータの基本動作原理を示す.薄肉ゴムチューブ内部にパルス状の空気を送気することで,ゴムチューブ表面で進行波が生成される.バブラでは進行波の方向は空気圧室の長手方向と直角な方向であったのに対して,薄肉ゴムチューブアクチュエータでは空気圧室の長手方向に対して進行波が生成される.制御性等はバブラに劣るがバブラでは物体搬送に複数の空気圧室が必要であるのに対して,本アクチュエータは一つの空気圧室で物体の搬送が可能である.基礎実験として行われた紙(8.5 mm × 4.5 mm)の搬送実験では外径2.8 mm,内径

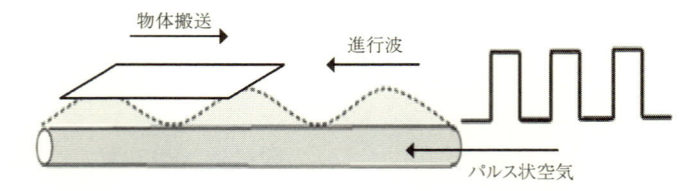

図5.34 薄肉ゴムチューブアクチュエータの動作原理

2.5 mm，長さ700 mmの薄肉シリコーンゴムチューブに圧力0.2 MPaG，周波数30 Hzのパルス状空気圧を印加することによって最大速度80 mm/sでの移動が確認されている．

この原理を基に図5.35(a)に示す内視鏡誘導薄肉アクチュエータが製作されている．既存の内視鏡に装着するために中央に13 mmの穴を，更に，その外周に薄肉ゴムチューブアクチュエータとして機能する八つの空気圧室が配置されている．すべての空気圧室にパルス状の空気を送気することで内視鏡全体に進行波を生成することが可能となる．図5.35(b)はアクチュエータを内視鏡に装着した様子である[5-56]．

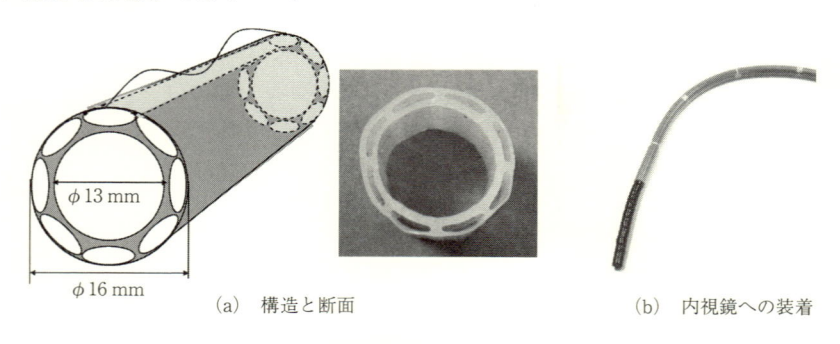

(a) 構造と断面　　(b) 内視鏡への装着

図5.35 内視鏡誘導用薄肉アクチュエータ

バブラ，薄肉ゴムチューブアクチュエータとも各々を適用した内視鏡によって大腸モデルを用いた挿入実験が実施されており挿入支援効果が確かめられている．これらのアクチュエータはシリコーンゴムのみで構成され，かつ空気圧による駆動であるため機械インピーダンスが低く，内視鏡の湾曲状態に受動的に適応することができる．また，腸壁に対して過負荷を与えることがないと

いった特長を有する．更に内視鏡挿入時において医師にはアクチュエータの搭載による新たな操作が加わらない，押し出し加工によって安価に製作が可能であるためディスポーザブルなデバイスとして使用が可能であるといった長所も有する．

参 考 文 献

[5-1] Naruse K, Sokabe M. Involvement of stretch-activated ion channels in Ca^{2+} mobilization to mechanical stretch in endothelial cells. Am J Physiol, 264：C1037-44 (1993).

[5-2] Naruse K, Yamada T, Sokabe M. Involvement of SA channels in orienting response of cultured endothelial cells to cyclic stretch. Am J Physiol. 274：H1532-1538 (1998).

[5-3] Naruse K, Sai X, Yokoyama N, Sokabe M. Uni-axial cyclic stretch induces c-src activation and translocation in human endothelial cells via SA channel activation. FEBS Lett. 441：111-115 (1998).

[5-4] Naruse K, Yamada T, Sai XR, Hamaguchi M, Sokabe M. Pp125FAK is required for stretch dependent morphological response of endothelial cells. Oncogene. 17：455-463 (1998).

[5-5] Wang JG, Miyazu M, Matsushita E, Sokabe M, Naruse K. Uniaxial cyclic stretch induces focal adhesion kinase (FAK) tyrosine phosphorylation followed by mitogen-activated protein kinase (MAPK) activation. Biochem Biophys Res Commun. 288：356-361 (2001).

[5-6] N. ShepherdN, M. Vornanen, and G Isenberg G, Force Measurements from Voltage-clamped Guinea Pig Ventricular Myocytes, Am J Physiol Heart Circ Physiol, vol 258, pp. H452-459 (1990).

[5-7] A.J. Brady, S.T. Tan, and N.V. Ricchiuti, Contractile Force Measured in Unskinned Isolated Adult Rat Heart Fibres, Nature, vol 282, pp. 728-729 (1979).

[5-8] D. Garnier, Attachment Procedures for Mechanical Manipulation of Isolated Cardiac Myocytes: a challenge, Cardiovasc Res, vol 28, pp. 1758-1764 (1994).

[5-9] G. Iribe, M. Helmes, and P. Kohl, Force-length Relations in Isolated Intact

Cardiomyocytes Subjected to Dynamic Changes in Mechanical Load, Am J Physiol Heart Circ Physiol, vol 292, pp. H1487-1497 (2007).

[5-10] J.Y. Le Guennec, N. Peineau, J.A. Argibay, K.G. Mongo, and D. Garnier, A New Method of Attachment of Isolated Mammalian Ventricular Myocytes for Tension Recording: Length Dependence of Passive and Active Tension, J Mol Cell Cardiol vol 22, pp. 1083-1093 (1990).

[5-11] 荒木康久, 佐藤和文, 鈴木秋悦, 福田愛作:エンブリオロジストのためのART必須ラボマニュアル, 医歯薬出版 (2005).

[5-12] K. Matsuura, N. Hayashi, Y. Kuroda, C. Takiue, R. Hirata, M. Takenami, Y. Aoi, N. Yoshioka, T. Habara, T. Mukaida, and K. Naruse, Improved Development of Mouse and Human Embryos by Tilting Embryo Culture System, Reprod BioMed Online, Vol.20, pp. 358-364, (2010).

[5-13] Y.S. Heo, L.M. Cabrera, C.L. Bormann, C.T. Shah, S. Takayama, and G.D. Smith, Dynamic microfunnel culture enhances mouse embryo development and pregnancy rates, Hum. Reprod, Vol.25, pp. 613-622, (2010).

[5-14] H.C. Zeringue, J.J. Rutledge, and D.J. Beebe, Early mammalian embryo development depends on cumulus removal technique, Lab Chip, Vol.5, pp. 86-90 (2005).

[5-15] 岡久雄, 入江隆:生体の硬さ, 筋硬度計による筋疲労の評価, (独) 産業技術総合研究所人間福祉医工学研究部門編:人間計測ハンドブック, pp.56-60, pp.513-516, 朝倉書店 (2003).

[5-16] R. Sanders, Torsional Elasticity of human skin in vivo, Pflügers Arch., 342, pp. 255-260 (1973).

[5-17] 吉川純生:皮膚の力学的挙動と計測法, 計測と制御, 14 (3), pp. 254-262 (1975)

[5-18] 杉本恒美, 上羽貞行, 伊東紘一:緩和弾性率を用いた生体組織の硬さの一評価法—計測理論と in vitro モデル実験による検討—, 医用電子と生体工学, 29 (4), pp. 269-275 (1991).

[5-19] 大橋俊朗, 安部裕宣, 松本健郎, 青木隆平, 佐藤正明:矩形断面ピペットを使った生体軟組織弾性率の測定に関する解析と実験, 日本機械学会論文集 (C編), 63 (607), pp. 867-874 (1997).

[5-20] 入江隆, 岡久雄:衝撃応答法による皮膚表面から見た筋力学特性の計測,

バイオメカニズム学会編：バイオメカニズム 15, pp. 31-40, 東京大学出版会 (2000).

[5-21] M.S. Christensen, C.W. Hargens III, S. Nacht, and E.H. Gans：Viscoelastic properties of intact human skin, J. Invest. Dermatol., 69, pp. 282-286 (1977).

[5-22] J.C. Barbenel and J.H. Evans：The time-dependent mechanical properties of skin, J. Invest. Dermatol., 69, pp. 318-320 (1977).

[5-23] 池谷和夫，鈴村宣夫，松久敬一：動電駆動，静電測定のバイブロメータによる胸壁インピーダンスの測定，医用電子と生体工学，5 (5), pp. 345-351 (1967).

[5-24] H. Oka, T. Yamamoto, and Y. Okumura：Measuring device of biomechanical impedance for portable use, Innov. Tech. Biol. Med., 8, pp. 1-11 (1987).

[5-25] 尾股定夫：生体軟組織の硬さ測定用センサの開発と医学への応用，日本機械学会第 10 回バイオエンジニアリング講演会, pp. 273-274 (1998).

[5-26] T.A. Krouskop, et al.: Elastic moduli of breast and prostate tissue under compression, Ultrasonic Imaging, 20, pp. 260-274 (1998).

[5-27] T. Shiina T., et al.: Strain imaging using combined RF and envelope autocorrelation processing, Proc. of 1996 IEEE Ultrasonics Symp., 4, pp. 1331-1336 (1996).

[5-28] Y. Murayama and S. Omata：Fabrication of micro tactile sensor for the measurement of micro-scale local elasticity, Sensors and Actuators A, 109, pp. 202-207 (2004).

[5-29] 畠山優一ほか：超音波ドプラー検査法と硬さセンサーによる肝線維化の評価，日消外会誌，33 (2), pp. 156-162 (2000).

[5-30] 渡邊 登：浮腫の物理的性状に関する研究―スクレロメトリー法，日本内科学会雑誌，41 (11), pp. 714-723 (1953).

[5-31] H.L. Oestreicher：Field and impedance of an oscillating sphere in a viscoelastic medium with an application to biophysics, J. Acoust. Soc. Am., 26 (6), pp. 707-714 (1951).

[5-32] 鈴木彰文，中山 淑：生体軟組織の力学インピーダンス，Therapeutic Research, 17 (8), pp. 3138-3142 (1996).

[5-33] K. Inagaki, O. Kaneko, and H. Oka : Skin flexibility measurement by mechanical impedance for evaluation of skin aging, 3rd Scientific Conference of the Asian Societies of Cosmetic Scientists, pp. 97-102 (1997).

[5-34] 岡 久雄，藤原史朗：筋硬度変化による筋疲労の評価，バイオメカニズム学会誌，20 (4), pp. 185-190 (1996).

[5-35] 岡田 誠，北脇知己，岡 久雄：筋の機械インピーダンス測定によるマッサージ効果の客観的評価，生体医工学シンポジウム 2005, 10-7 (2005).

[5-36] 岡 久雄，山本辰馬，更谷啓治，川添堯彬：歯の動揺度自動診断システム，バイオメカニズム学会編：バイオメカニズム 10, pp. 151-161, 東京大学出版会 (1990).

[5-37] D.H. Noyes and J.W. Clark : Elastic response of the temporo-mandibular joint to very small forces, J. Periodontol., 48, pp. 98-100 (1977).

[5-38] 更谷啓治，施 生根，龍田光弘，川添堯彬，岡 久雄，清水義和：歯の動揺度テスタを用いたインプラントの機能評価と生体リズム測定，バイオメカニズム学会編：バイオメカニズム 14, pp. 197-204, 東京大学出版会 (1998).

[5-39] 岡 久雄，更谷啓治，龍田光弘，仲西健樹，川添堯彬：簡便な歯の動揺度テスタ―第1報 T-Mテスタの開発―，バイオメカニズム学会誌，18 (4), pp. 216-221 (1994).

[5-40] H. Oka, Y. Shimizu, K. Saratani, S. Shi, and T. Kawazoe : Bender-type tooth-movement transducer, Trans.IEE of Japan, 118, 1, pp. 22-27 (1998).

[5-41] 更谷啓治，鍋島史一，関 良太，川添堯彬，岡 久雄：顎関節部力学特性計測システム，バイオメカニズム学会編：バイオメカニズム 12, pp. 39-49, 東京大学出版会 (1994).

[5-42] 鍋島史一：顎関節部軟組織の生物力学特性に関する研究，日本補綴歯科学会雑誌，36 (2), pp. 299-313 (1992).

[5-43] S.K. Wijaya, H. Oka, K. Saratani, T. Sumikawa, and T. Kawazoe : Development of implant movement checker for determining dental implant stability, Medical Engineering & Physics, 26, pp. 513-522, (2004).

[5-44] 澄川拓也，岡 久雄，川添堯彬：インプラントの埋入深さが動揺度に及ぼす影響に関する基礎的研究，日本顎口腔機能学会雑誌，10, pp. 1-10 (2004).

[5-45] T. Noritsugu et al., Wearable Power Assist Device for Standing Up Motion

Using Pneumatic Rubber Artificial Muscles, J. of Robotics and Mechatronics, Vol.19, No.6, pp. 619-628 (2007).

[5-46] H. Kobayashi et al., Development of Muscle Suit, Proc. of the 2003IEEE/ASME International Conference on Intelligent Mechatronics, pp. 429-434 (2003).

[5-47] 荒金正哉，則次俊郎ほか，シート状湾曲型空気圧ゴム人工筋の開発と肘部パワーアシストウェアへの応用，日本ロボット学会誌, 26, 6, pp. 674-68 (2008).

[5-48] T. Noritsugu et al., Development of Power Assist Wear Using Pneumatic Rubber Artificial Muscles, J. of Robotics and Mechatronics, Vol.21, No.5, pp. 607-613 (2009).

[5-49] 高岩昌弘，則次俊郎："空気式パラレルマニピュレータを用いた手首部リハビリ支援装置の開発 ─多自由度リハビリ動作の実現─"，日本ロボット学会誌, 24, 6, pp. 65-71 (2006).

[5-50] 高岩昌弘，則次俊郎，正子洋二，佐々木大輔：空気式パラレルマニピュレータを用いた手首部リハビリ支援装置の開発─理学療法士の徒手訓練動作の獲得と手首特性の多自由度計測─，日本ロボット学会誌, 25, 8, pp. 107-114 (2007)

[5-51] 国立がんセンター：http://www.ncc.go.jp/jp/

[5-52] J.K. Salisbury, Jr. Interpretation of Contact Geometries from Force Mesurements, Proc.of 1st Int. Symp. on Robotics Research (MIT Press), pp. 565-577 (1984).

[5-53] M. Takaiwa and T. Noritsugu, Development of Palpation Simulator Using Pneumatic Driving Robot, Proc.of ROMANSY 17 Robot Design, Dynamics, and Control, pp. 594-601 (2008).

[5-54] 鈴森康一：進行波駆動型空圧ゴムアクチュエータの研究，日本機械学会論文集（C編），64, 621, pp. 1568-1573 (1998).

[5-55] 濱隆行，鈴森康一，神田岳文：大腸内視鏡誘導薄肉 bubbler アクチュエータの試作・評価，2005年日本機械学会ロボティクス・メカトロニクス講演会予稿集，1P2-S-079 (2005).

[5-56] K. Suzumori, T. Hama, and T. Kanda, Thin Rubber-tube Pneumatic Actuator to Assist Colonoscope Insertion, Proceedings of International Conference on Manufacturing, Machine Design and Tribology, pp. 1-4, (2005).

第6章

産業界の課題とアクチュエータの将来展望

6.1 産学連携,特許動向

6.1.1 産学連携から生まれたアクチュエータの実用化〜現状と今後の展望〜

　産学連携とは,産業界と大学という性格と目的の異なるセクターが協力して,モノやサービスに新しい価値を創造することで社会に影響を与えるという,オープンイノベーションの一つの姿を呼ぶ.ここでは,産学連携の観点から新しいアクチュエータの研究開発を概観してみたい.

　機械要素の動力源であるアクチュエータは,いわば産業のコメとも言えるほど必須の要素である.しかし,実社会の主役は,従来から用いられている電磁モータや油空圧シリンダ,圧電アクチュエータなどであって,電磁力や油圧・空圧以外の動作原理に基づくアクチュエータは未だに研究段階にある.

　ところで,アクチュエータの実用化にあたっては,異分野の総合的な知見を交えた研究開発を避けて通れない.すなわち,材料特性に始まり,構造設計および発生力の解析,機械加工・特殊加工やフォトリソグラフィーを用いる精密加工技術,組み立て,さらには試作品の性能評価技術が欠かせない.このような多方面の要素技術が必要とされることから,新原理に基づくアクチュエータの開発には多大な時間と労力が必要と言える.そこで,様々な機能ユニットが有機的に組み合わされた体制による,いわゆるオープンイノベーションによる研究開発の推進が必要とされる.新たなアクチュエータの開発のため,数多くの一芸に秀でる企業群による開発が考えられるが,その実例はほとんど見あた

らないことから，最も有望な開発形態の一つが産学連携によると期待できる．

　それでは，産学連携から生まれたアクチュエータ開発の現状を探る前に，これまでの開発事例を振り返ってみよう．例えば，手軽に写真を撮影できるデジタルカメラから，手ぶれによる撮影失敗を排除した「手ぶれ防止機構」には，レンズシフト方式，可変プリズム方式，撮像素子シフト方式など，各メーカ独自の方式が存在する[6-1]．その中で，最も巧妙な方式としては，カメラ本体の振動方向に合わせて光学素子であるレンズの中心位置を微小駆動することで手ぶれをキャンセルする方式と，撮像素子そのものの中心位置を微小駆動する方式は，同一の駆動メカニズムを用いて実現されており，そのアクチュエータは実に産学連携によって生まれたものである．もともとは 1980 年代後半に圧電素子を用いた微小位置決め素子として大学（東京大学工学系研究科・樋口俊郎研究室）で開発されたもので，極めて単純な構造でありながら nm オーダの位置分解能を実現することが出来た[6-2]．その後，カメラメーカ（ミノルタ（株）：当時）との共同研究の進展によりリニアステージが開発され，電流に対する周波数特性は DC～1 kHz の範囲内で動作可能であることが確認された[6-3]．さらにカメラメーカは単独で性能向上を追求し，実用的な制御回路を開発した[6-4]．これらの大学からの基礎研究ならびに技術移転の結果，2000 年度からはカメラメーカが開発に着手し，レンズ位置補正方式のアクチュエータ部分の特許権[6-5]が成立した．2003 年度には最初のレンズ一体型コンパクトカメラが上市されている．また，撮像素子を位置補正する方式の特許権[6-6]は 2004 年に成立しており，レンズ交換可能な一眼レフ方式のデジタルカメラが 2005 年度に上市されている．振り返ると，基礎研究スタートから少なくとも 15 年以上の歳月が過ぎて，大学で生まれた技術が新たな市場を形成するようになっている．

　つぎに，新しい動作原理に基づくアクチュエータが産学連携で生まれ，実用化されていくプロセスの現状と今後の姿を眺めてみたい．現在は，国立大学も法人化されたことにより，大学自らが特許化を行い，技術移転のパッケージとして取り扱うことが可能になっていることと，その技術を企業に移転する際に必要なノウハウや技術指導も各大学独自の契約スタイルで実施することが可能になっている．また，技術移転を推進するための（財）科学技術振興機構（JST）が主催するイベントである「イノベーションジャパン：大学見

本市」や，特許・技術を産業界向けに紹介するための「新技術説明会」等も開催されている．さらに全国的に大学の特許技術をライセンスするための技術移転機関（TLO）が設置されており，技術移転コーディネータの地道な活動によって研究成果の移転活動が行われている．これらのことから，注意深く求める技術を探索すれば，企業が「新型アクチュエータ技術」の萌芽を見いだすことは一段と容易になってきている．したがって，基礎研究段階から企業との連携によって必要な研究資源を投入すれば，以前と比べれば相当スピードアップした研究開発が可能な環境が格段に整備されている．

　今後も，産学連携の進展を支援する各種サービスの充実が進展しつつある．全国的な視点からはJ-STORE[6-7]（JSTの研究成果展開総合データベース）がワンストップ化を進めている一方，地域においては「中国地域産学官連携コンソーシアム（通称さんさんコンソ，現在，岡山大学と鳥取大学を中心に推進）[6-8]のように地域版の研究シーズデータベースも構築されており，情報源のマルチチャンネル化が一層充実すると期待される．また，大学間でも研究分野毎の連携が進展すると期待されるので，全国に分散する同一分野の研究者を束ねた活動の場も実現するであろう．このようにして，オープンイノベーションを実現するための産学連携の進展が，新しい動作原理に基づくアクチュエータの研究開発を促進していくものと期待される．

6.1.2　アクチュエータ特許の現状

　アクチュエータに関する特許出願の現状を見てみよう．なお，検索条件は項末に示す．

　図6.1は，アクチュエータの動作原理別の特許件数を示しており，灰色が公開特許件数，黒色が特許件数を示す．調査は特許電子図書館[6-9]の検索によって行った．なお，高分子アクチュエータには相変態型やイオン濃度変化型などの各種動作原理が存在するが，全体件数が少ないことから，ここでは一括して取り扱う．図から明らかなように，「電磁型」，「圧電型」および「油圧型」アクチュエータが特許技術における3大アクチュエータである．また，公開件数に対する特許件数の割合の平均は25.7％であるが，油圧アクチュエータは45.7％で群を抜いて高い．

　つぎに，これらの件数の内，企業の出願件数を図6.2に示すが，傾向は図6.1

と同様であることがわかる．要するに，アクチュエータに関する特許は企業からの出願が圧倒的に多数を占めており，出願分野は社会で実用化されている駆動原理に関するものが主流であることがわかる．

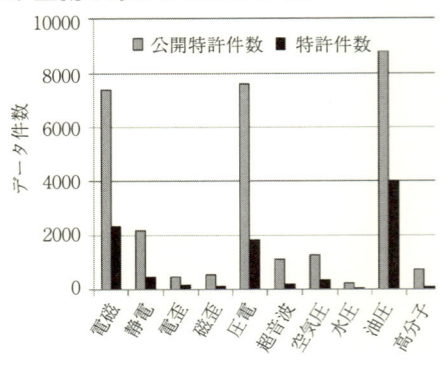

図 6.1 アクチュエータの動作原理別特許件数

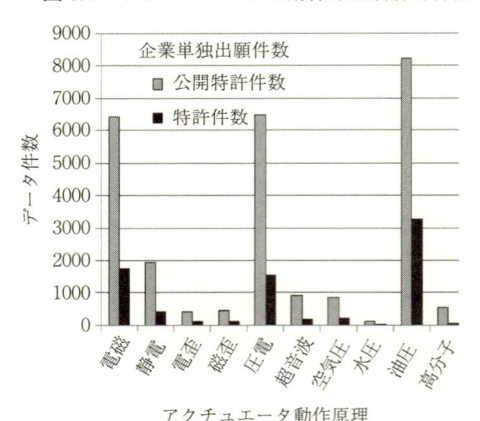

図 6.2 企業出願の特許件数

では，新しいアクチュエータ開発動向はどのようになっているのであろうか．
図 6.3 は企業と大学の共同研究等による成果を特許出願した件数を示している．図より明らかなように，出願件数は極めて少なく，企業単独出願件数の 1/100 以下である．また，特徴的な事実は，出願件数に対する特許化の少なさであり，出願件数 85 件に対して特許化されたものはわずか 5 件であり，特許

6.1 産学連携，特許動向

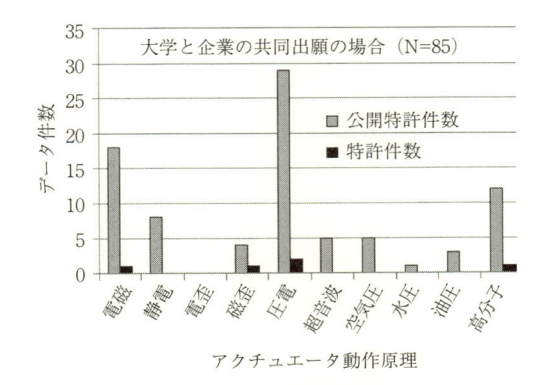

図6.3 企業と大学の共同出願特許件数

化率は 5.9% に過ぎない．

ここで，図 6.4 に共同出願案件の公開年度の分布を示す．データ検索時点では早期公開案件以外は 2008 年 10 月以降の出願が検索結果に反映されないことを考え合わせると，図のように 2006 年度以降の公開案件すなわち 2004 年度以降の出願が急増していることが明らかである．

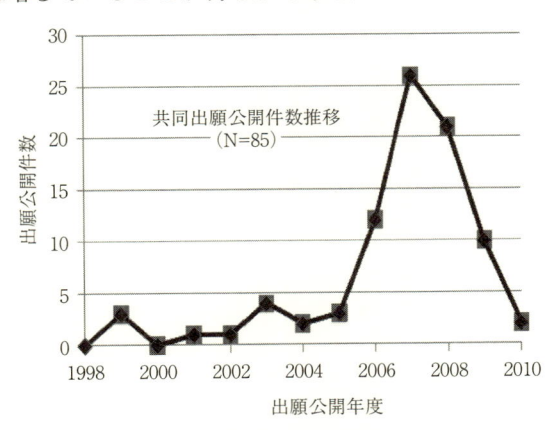

図6.4 共同出願特許件数の年度別推移

これらのことから，共同出願案件の特許化率が低いことには二つの理由が考えられる．まず，企業と大学との共同研究は，双方の研究スピードの差異から緊急性において二番手の中期的なテーマが選択される場合が多い．このような

場合には，得られた研究成果についてもひとまず特許出願しておき，ある程度の時間をかけた上で特許性を検討した後で審査請求されることが多い．つぎに，共同出願案件85件中，国立大学法人による案件が76件存在しているが，2004（平成16）年度の法人化以降に出願された案件が大半であることから審査請求された案件の数がまだ少ないと考えられる．

さて，次世代のアクチュエータ技術の萌芽は大学に存在していると考えてみると，大学からの出願の様相を検討してみる必要がある．図6.5は，大学単独の出願件数を示している．電磁型，圧電型以外にも静電型，空気圧型，高分子型アクチュエータに関する出願が比較的多いことがわかる．また，企業との共同出願案件の場合と比べて特許化率が高く，出願公開121件中30件が特許化されており，特許化率は24.8％と，全アクチュエータの特許化率にほぼ等しい．特許化経費の確保が思うにまかせない大学の経済状況を考えると出願件数が少ないことはやむを得ないが，特許化率の高さには知的財産というパッケージを通じて産業界に技術移転していこうとする大学の意思が反映されており，今後は従来型3大アクチュエータ以外の新型構造の技術が社会で実用化されていくものと期待される．

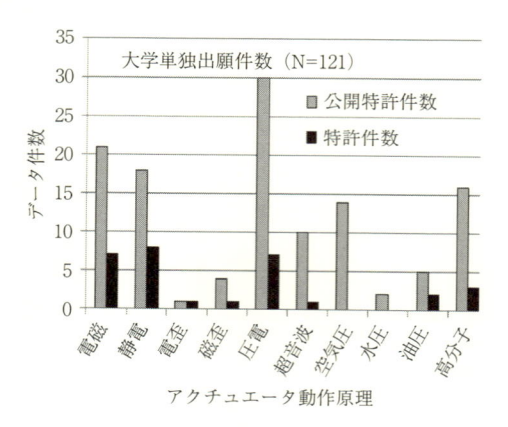

図6.5 大学の単独出願特許件数

最後に，特許検索時の条件は以下のとおりである．特許電子図書館の全データを対象として過去の特許件数を検索した．結果的に1999年以前のデータは出力されていないが，時間軸上の制約は設けていない．大学は「大学＋学校」

を検索式に入力した．また，企業は「会社　コーポレーテッド　コーポレーション　コーポレイテッド　リミテッド　コーポレ」を入力した．検索式の厳密性には拘らず，全体傾向の把握に努めた．また，大学単独出願案件および企業と大学の共同出願案件は件数が少ないことから全件の書誌事項を確認した．

6.1.3 産業界に向けたアクチュエータ特許のライセンス戦略

　企業の知的財産戦略では，幅広く強力な特許の網を構築することが新産業を成立させる上で必須である．つまり，新たな市場を立ち上げる場合，先行者利益を確保するためには第三者の市場への新規参入を極力阻害する必要がある．その際に防波堤の役割を果たすものが特許であり，その効力の及ぶ範囲が広いほど，すなわち，幅広い特許群を形成できているほど，後発企業の侵入を阻止し易い．

　ところが，大学は企業とは異なる知財戦略をとらざるを得ない．なぜならば，大学で行われる研究は人類の営みに対して全方位で日々営々と行われており，人文社会系，自然科学および生命系に大別される各分野に対して，戦略上適切な資源を傾注する必要があるので，特定分野だけに選択的な集中投資を行うことが事実上困難である．加えて，大学という公器で獲得された知の結晶と呼べる知的財産は，公的財産という側面も持つ．しかも，新規技術を特許によって権利化するために大学が投入し得る資金は驚くほど少ないことから，出願件数自体が大変少ない．例えば，2008（平成20）年度に全国立大学から出願された特許件数は7,032件（文部科学省調べ）であり，これは2009（平成21）年度に公開されたキヤノン株式会社一社の公開特許公報件数（7,263件）よりも少ないと言う具合である．このような事情から，強力な特許網を形成すること自体が困難な状況にある．このため，大学では，コア技術に相当する基本的な知見に対して数少ない特許をアドバルーン的に出願申請し，大学自ら提携する技術移転機関（TLO）を介して産業界との接点を形成することで技術移転の糸口を設けざるを得ない．

　ところで，本書で取り上げる新しい動作原理に基づくアクチュエータの応用範囲は相当に広い．ここで，動作原理そのものに基づく基本特許を企業と共同出願した場合，当該企業の関心が乏しい分野への展開は，実現性が非常に薄くなる．このような弊害を避けるためには，基本特許の権利は大学で保有してお

くべきである．しかし，アクチュエータを製品化するには，多くの周辺技術が必要であり，典型的な多特許1製品型である．したがって，製品化や応用分野に応じて適切な企業と共同研究を行い，その成果を当該分野に限って共同出願する，あるいは大学が所有する権利部分を企業にライセンシングした後，製品化研究によって必要な特許群を形成することが望ましい．したがって，大学からの技術移転には，コア特許技術による移転に加えて，特許技術を成立させ得るノウハウ，技術指導などの周辺サービスを伴う三位一体型のライセンシング業務が今後の主流に成るだろう．

6.2 アクチュエータの将来展望

第1章で述べたように，新しい機能や優れた性能を持つアクチュエータの出現は，医療・福祉，産業技術，安全・安心，環境，先端科学といった様々な分野において，色々なイノベーションを引き起こす可能性を持っている．しかし，近年の急速なIT技術の社会への展開に比べると，新しいアクチュエータ技術の展開は遅いと言わざるを得ない．アクチュエータは，機械システムの動作性能を決定づける重要な部品である一方で，システム全体から見ると「部品の一つ」とも言える．それ故に，高度な性能と同時に，低価格，耐久性が強く求められ，新しいアクチュエータにとっては研究開発段階から実用化段階への移行のハードルが極めて高いことがその理由の一つである．

アクチュエータの研究開発，実用化を加速しその可能性を引き出すには，このような状況を踏まえた上で，研究開発の進め方や適切な研究開発体制の構築が重要である．本節では，まず異分野融合・産学連携という観点からアクチュエータの研究開発の推進について述べた後，今後期待されるアクチュエータについて述べたい．

6.2.1 異分野融合・産学連携による研究推進

第1章で述べたように，新しいアクチュエータを開発するには，物理学，化学といった基礎学問から，材料科学，加工，計測・制御，機構要素，電磁気学，流体力学，熱力学といった各種工学，さらに，開発するアクチュエータの使われる状況にまで，様々な専門知識や技術の融合が必要となる場合が多い．異分

野の研究者／技術者のディスカッションを通じて新しいアクチュエータのアイディアが生まれることも多い．アクチュエータの実用化を進めるには大学の研究者と産業界の研究者／技術者が共同で研究開発を進める，いわゆる産学連携も新しいアクチュエータの実用化には不可欠な要素である．

このように，新しいアクチュエータを実現するには，まず，アクチュエータに関する基礎的な共通認識を持った色々な分野の研究者／技術者の人的あるいは組織的なネットワークが必要である．また，その研究開発のプロセスにはいくつかのパターンがある．シーズオリエント研究，ニーズオリエント研究，産学連携研究というそれぞれの観点から考えてみる．

(1) シーズオリエント研究

新しいアクチュエータ実現の引き金となるシーズの代表例は新しい機能性材料である．材料科学が提供する新しい機能性材料の出現は，アクチュエータ研究者／技術者にとっては貴重な宝物であるとともに大きなチャレンジでもある．

材料科学の成果によってアクチュエータの性能が大幅に向上した例として，1970年代〜1980年代に特に展開した電磁モータの高出力化が挙げられる．希土類磁石の開発により電磁モータの性能が格段に向上した．高性能磁石の出現は磁気特性の向上といういわば量的な進歩と言える．このため，アクチュエータの研究／開発者にとっては従来の設計手法の延長上で新しい電磁モータの設計を行うことができるし，電磁モータのユーザ（機械の設計技術者）にとっては，従来の電磁モータの置き換えによって新しく出現した高性能アクチュエータを利用することができる．このような量的な向上のシーズに対しては，新しいアクチュエータの実用化は比較的短期間に大きく進む．

同じ材料科学の成果に基づいて始まる場合でも，形状記憶合金や機能性流体の場合は少々状況が異なる．研究の進行速度も，実用化への展開にも時間がかかる．これらの材料は，それまでの機能性材料にはなかった質的に新しい機能を有するので，その特性を生かすにはアクチュエータ研究者／技術者はまず素材の新しい使い方を考えなければならないのである．従来のアクチュエータと量的な勝負をしようとすると難しい場合が多い．例えば形状記憶合金を用いて回転型モータの実現を目指すと，現状の電磁モータを打ち負かすだけの性能や

特徴を出すのがなかなか難しい．そうではなく，形状記憶合金の場合は，例えばマイクロロボットにおいて収縮動作を行う細い人工筋肉，あるいは，小型の火災探知機のように温度変化に応じて自律的に動作する知的機能を持ったアクチュエータ等，従来のアクチュエータでは不可能な使い方を考えることが必要である．既存のアクチュエータではできない，優れたアプリケーションを見つけられるかが実用化のポイントとなる．

　新しい加工手法の出現が生み出した新アクチュエータもある．マイクロ静電アクチュエータである．リソグラフィや成膜技術など半導体加工で用いられる微細加工技術を活用して微細な機械を作る技術は MEMS (Micro Electro Mechanical Systems) として 1980 年代に始まった．この駆動機構の一つとしてそれまであまり注目されていなかった静電気力を利用したアクチュエータが一躍注目をあび，研究が大きく進んだ．その例の一つは 1 章で紹介した MMD (Micro Mirror Device) である．この場合は，MEMS という新しい加工技術がきっかけとなり，MMD という優れた応用と結びついた結果である．

(2) ニーズオリエント研究

　既存のアクチュエータでは不可能で，新しいアクチュエータの出現を切望するアクチュエータのユーザがいる場合，ニーズを目標にした研究が進められる．アクチュエータの研究／開発者はアクチュエータのユーザと協力して目標とするアクチュエータのスペックを明確化し，その実現可能性を（場合によってはそのアクチュエータ開発の意義も）評価し，必要に応じて基盤技術の研究者／開発者とも協力してアクチュエータの開発を進める．

　このような経緯をたどって開発されるアクチュエータの代表例は，特殊環境で動作するアクチュエータである．4.2.3 項で紹介した超音波モータを例にとって説明する．「NMR 分析において 7[T] を超える強磁場下で試料を正確に回転させることができればこれまでできなかった分析ができるようになる．なんとか 7[T] の環境で動くモータを作って欲しい．」NMR 分析を行っている研究者からのこのような相談が 4.2.3 項で紹介した超音波モータの研究を始めるきっかけであった．現在は既に強磁場下での回転に成功し，さらなる次の要求に応えるべく，強磁場に加えて数 [K] 程度の極低温環境下で動作するモータの開発に取り組んでいる．極低温下では通常のピエゾ素子の性能が大きく低下するの

で，材料科学分野との協力も必要となってくる．

上記のNMR分析用モータの場合は，モータに要求されるスペック（磁場強度，温度，回転数，トルク，分解能，モータ回転により発生する磁気ノイズ，アクチュエータの寸法制約，等々）が明確に与えられるが，必ずしもそうではないケースも多い．

5.5節で述べた大腸内への内視鏡誘導アクチュエータの場合は，医学部の医師より相談があり，その後内視鏡メーカの協力を得つつ研究を進めてきたものである．このケースでは，当初アクチュエータに要求される機能が定性的にも定量的にも明確ではないので，まずアクチュエータのユーザとアクチュエータ研究者が協力してアクチュエータの形態やスペックを明確にするところから研究を始めなければならない．即ち，大腸内視鏡誘導アクチュエータは，回転や直動といった従来からある基本的な動作ではなく，大腸内を進むという大目的に従ってどのような動きをするアクチュエータにするか，といった段階から考えることが必要となった．さらに，動作環境（形状，摩擦係数，硬さ，等々）や，アクチュエータに要求される速度や力も必ずしも明確ではなく，アクチュエータの構成やスペック等開発目標を設定する作業が必要となる．上記のNMR分析用モータの開発とは大きく異なった研究ステップが要求されるのである．

(3) 産学連携による研究推進

アクチュエータは実学としての価値が高く，数多い大学の研究テーマの中でも，産学連携に適した分野であるといえる．岡山大学のアクチュエータ研究センターでも，特にアクチュエータのユーザである企業との産学連携活動を数多く進めており，技術移転，製品化，大学のライセンス収入に結びついた例も多い．

アクチュエータの実用化には，価格，製造方法，耐久性が極めて重要な要素となっており，研究開発の早い時期からこのような視点を持って，大学の研究者と産業界の研究者／技術者が協力して研究開発を進めることが重要である場合が多い．

産学連携は人材育成の面でも有益である．産業界からの派遣技術者／研究者が大学内の施設に常駐し，産学両者が一つの共通課題に対して日常的に密接に

協力して研究を行うケースでは，研究開発の副次的効果として，異分野知識の吸収，産学の相互理解（大学の若手教職員や学生は産業界の実践的研究開発姿勢を，社会人は若手研究者や学生からの最新技術情報，知識刺激）の面で，相互の人的成長は非常に大きい．岡山大学では，共同研究活動に加えて，さらに，実践的キャリア形成のためのプログラムや大学敷地内に設置されたインキュベーションセンターも活用して，実践的な人材育成に努めている（図6-6参照）．

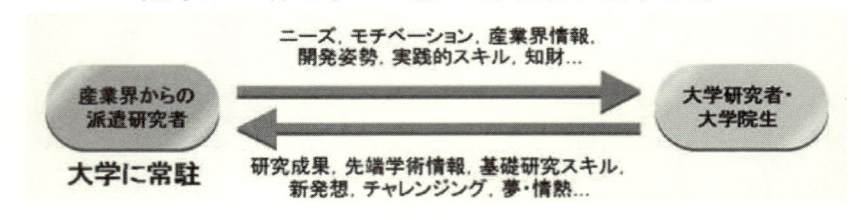

図6.6 アクチュエータの産学連携研究による人材育成

6.2.2 新アクチュエータ開発の期待

今後，開発とその応用が期待される新しいアクチュエータの例として，(1) ミニチュアアクチュエータ，(2) ソフトアクチュエータ，(3) インテリジェントアクチュエータ，(4) 特殊環境アクチュエータを取り上げて，期待を述べてみたい．

(1) ミニチュアアクチュエータ

筆者らは，mmサイズのアクチュエータの実現に大きな期待を寄せている．例えば，1mm程度の外径を持つ細径モータや，1mm程度の厚さの扁平モータである．これまでにもこのようなサイズのモータの試作例はいくつかあるが，エンコーダや減速機が未搭載で性能的に不十分なものも多く，また価格や

6.2 アクチュエータの将来展望

耐久性の面でも実用段階に達しているとは言い難い.

このようなミニチュアアクチュエータは,まず従来のアクチュエータでは入り込めない狭い場所での活用が大きく期待される.例えば,薄型情報端末機器に搭載される力提示インタフェイス用扁平モータ,配管内検査ロボットを駆動する高トルクミニチュアモータ,マイクロフライト(情報収集用超小型無人飛行機)用モータ,携帯用マイクロ流体制御用ポンプ,等々,民生機器や産業機器に多くイノベーションを引き起こすことが期待される.医療用でもこのサイズのアクチュエータが期待されている.例えば,血管内カテーテルの先端に搭載して検査や治療を行うアクチュエータ,カプセル内視鏡に自走機能を与えるアクチュエータ,内視鏡下の作業ツール,等々,様々なものがある.上記のような応用では,従来のアクチュエータに比べると,大きな力,トルク密度(力やトルクをアクチュエータ容積で割った値)が要求される場合が多い.ミニチュア化と同時に高トルク/力の実現ができれば,社会に大きな貢献を果たすことになる.

ミニチュアアクチュエータのもう一つの活用は集積化である.ミニチュアのアクチュエータを高密度で配置すれば,これまでにないきめ細やかな力学情報の提示や作業を行う機器が実現できる.例えば,高集積の点字パネル,人間の手並みの動作自由度を有し器用な作業を行うロボットハンド,等々である.

(2) ソフトアクチュエータ

少々極端な言い方になるかも知れないが,従来の機械設計は高剛性の実現を目指してきたとも言える.大きな力,高速動作,精密位置決め,といった性能を実現するには,高剛性の構造体と駆動機構が必須だった.このため,従来のアクチュエータも基本的には,高剛性の動作を目指して開発が進められてきた.例えば,ロボットの関節を駆動するモータでは,高負荷,高速動作時におけるロボットアームの残留振動を抑制するために,いかに高剛性のサーボモータを開発するかが重要項目の一つであった.

これに対して,近年柔らかさを持つ機械の必要性が高まってきた.例えば,本書でも取り上げた,空気圧で動作するソフトアクチュエータ(3.2.2項)や,それらの医学,バイオ研究への応用(5.1節),リハビリテーションへの応用(5.3節),内視鏡誘導アクチュエータ(5.5節)である.このほか,農作物や

小動物など柔軟で不定形状の対象を取り扱うロボットハンド等でも必要となっている.

柔軟な素材ででき，環境や作業対象の形状や硬さ分布に適応しながら動作するソフトアクチュエータとその応用に関する研究開発が進められている.

現在，盛んに研究が進められている新機能材料を用いたアクチュエータの一つとして，2.1.4項で取り上げた高分子ポリマーを用いた人工筋肉の研究が挙げられる．材料とアクチュエータの専門家が協力して研究が進められており，今後の展開が期待できる.

(3) インテリジェントアクチュエータ

1台の普通自動車には，100個以上のアクチュエータが搭載されていると言われる．例えば，燃料噴射バルブ，ウォッシャー液の送液ポンプ，ワイパー，パワーウィンドウ，空調ファン，ドアミラー，ドアロック，CDドライブ，等々，数えればきりがないほど多くのアクチュエータが搭載されている．また，高機能のロボットでは，単に位置サーボがかかるだけではなく，力制御，コンプライアンス制御，等々，高度な動作がアクチュエータに求められる.

このように，近年の機械システムでは，使われるアクチュエータの数が増大するとともに，高度な機能がアクチュエータに求められるようになってきた.

このためには，アクチュエータに各種のセンサやプロセッサを搭載し，自律的に動作する機能や，他のアクチュエータやホストコンピュータとの通信機能を有する，いわゆる知能を持ったインテリジェントアクチュエータの研究開発が期待される．これにより，きめ細やかな制御が行えるようになるとともに，ホストコンピュータとの通信量低減により機械システム全体の信頼性が向上し，シンプルなシステム設計が行えるようになると期待できる.

(4) 特殊環境アクチュエータ

特殊な環境で動作するアクチュエータ，特にそのニーズが明確で大きい場合は，アクチュエータの研究者/開発者にとっては極めてチャレンジのし甲斐がある研究対象となってくる.

特殊環境アクチュエータとして，強磁場下で動作するアクチュエータの例がわかりやすい．磁気共鳴画像法（Magnetic Resonance Imaging, MRI 日本語

（英語，略語））装置は現代の医療現場では不可欠な診断技術として広く普及している．通常は被験者の体を静止させて検査が行われるが，近年，MRIの中で手術をしたり，あるいは被験者の体に力を加えてその反応を見るなど，MRI下で人体に物理的な作用を及ぼしながら検査する新しいチャレンジが生まれつつある．MRIでは通常は高いもので3［T］程度の磁場を用いるが，このような環境では通常の電磁モータは動作しないどころか，磁石に強く吸引されて非常に危険な状態（ミサイル効果）になると言われている．また仮に動作したとしても，電磁モータが発生する磁気ノイズは画像に悪影響を与える．4.2.3項で取り上げたNMR分析の場合は磁場が7［T］とさらに高い．強磁場下で動作し，磁気ノイズを発生しないアクチュエータが実現できれば，今までにない検査方法や分析方法が実現できる．

このほかにも様々な特殊環境が考えられるが，筆者らは特に，特殊な圧力（高真空〜高圧）と温度（極低温〜高温）環境で動作するアクチュエータの実現を期待している．

図6.7は，アクチュエータが置かれる温度環境と圧力環境をそれぞれ横軸と縦軸にとって，各領域に期待されるアクチュエータをまとめたものである．

現状のアクチュエータをそのまま特殊環境に持っていくと様々な問題が起き

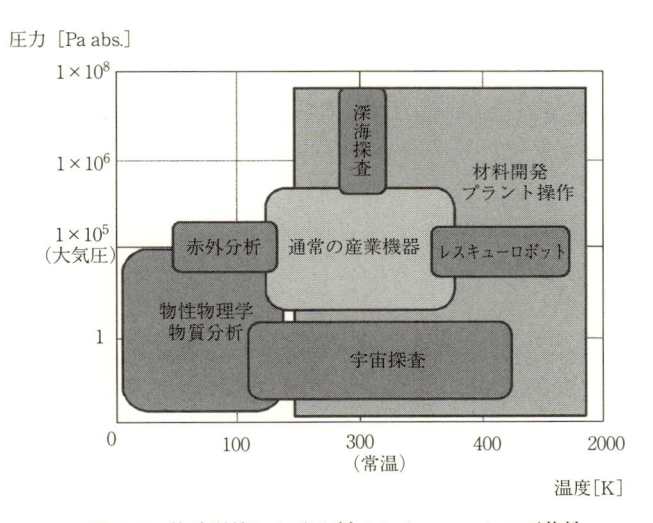

図6.7 特殊環境における新アクチュエータの可能性

る．通常のモータでは軸受部は潤滑油を用いているが，潤滑油は真空中や高温下では気化し，また高圧下や低温下では潤滑油としての役割を果たさなくなる．材料の特性も特殊環境では大きく変わってしまう．一般に，磁性材料や圧電材料は温度を上げるとその性能は低下してゆき，キュリー温度に達するとそれぞれ磁性と圧電の特性を失う．一方で，一部の圧電材料に見られる極低温環境で性能が向上する現象や，例えば4.5節で述べた超電導現象のように，特殊環境をうまく利用することで，優れたアクチュエータの実現が行える可能性もある．

このようなアクチュエータが実現できれば，図6.7に示すように，宇宙探査，深海探査，材料開発，基礎科学研究のツールとして大きく貢献することができる．

参 考 文 献

[6-1] 芝崎清茂：ディジタル一眼レフカメラの手ぶれ防止技術，映像情報メディア学会誌，Vol. 61, No. 3, pp. 279-283 (2007).

[6-2] 樋口俊郎，渡辺正浩，工藤謙一：圧電素子の急速変形を利用した超精密位置決め機構，精密工学会誌，Vol. 54, No. 11, pp. 2107-2112 (1988).

[6-3] 吉田龍一，岡本泰弘，樋口俊郎，浜松 玲：スムースインパクト駆動機構(SIDM)の開発―駆動機構の提案と基本特性―，精密工学会誌，Vol. 65, No. 1, pp. 111-115 (1999).

[6-4] 吉田龍一，岡本泰弘，岡田浩幸：スムースインパクト駆動機構（SIDM）の開発（第2報）―駆動電圧波形の最適化―，精密工学会誌，Vol. 68, No. 4, pp. 536-541 (2002).

[6-5] 特許第3424454号（登録日 2003.5.2）

[6-6] 特許第3551174号（登録日 2004.5.14）

[6-7] J-STORE：http://jstore.jst.go.jp/

[6-8] さんさんコンソ：http://www.sangaku-cons.net/

[6-9] 特許電子図書館：http://www.ipdl.inpit.go.jp/homepg.ipdl

索 引

C
CCD　74
Cds　74
CMOS　74
CVD 法　20

D
Dynamic culture system　183

F
FMA（Flexible Microactuator）　103

G
GMR　77

H
HAL　208

I
IM チェッカ　199
IPM（Interior Permanent Magnet）　107
IPM モータ　116

J
J-STORE　223

L
LD　75
LED　75

M
MEMS　77
MMD（Micro Mirror Device）　5

P
PD　75
pH 応答性高分子ゲル　30
PI モデル　85
Polydimethyl siloxane　178
PZT　75

Q
QOL（Quality of Life）　196

S
SQUID　77

T
TECS（Tilting Embryo Culture System）　183

Y
YAG レーザ　44

あ 行
アクティブフィン　103
圧電アクチュエータ　3
圧電効果　17
圧電素子　149
圧電素子アクチュエータ　83
圧電定数　18
圧電トランス　94
圧・容積関係　181
後引き板付電磁石　108

イノベーションジャパン：大学見本市　222
衣服状パワーアシスト装置　204
インテグリン　179
インテリジェントアクチュエータ　234
インボリュート　35

ウェアラブルパワーアシスト装置　204
ウェットエッチング　55
渦電流損　23
薄肉ゴムチューブアクチュエータ　213
埋め込み磁石型モータ　116
埋め込み磁石モータ　107

エアロゾル法　20
永久電流　157

オーステナイト　26
オープンイノベーション　221
オープンループの制御　151
オペレータ理論　86

か 行

回転子　146，149
海綿骨　200
外乱オブザーバ　105
顎関節　198
核磁気共鳴装置　133
撹拌装置　145
ガソリンエンジン　125
硬さ　186
硬さ指標　190
可変動弁機構　127
カーボンファイバー　180
加齢　193
環境浄化　166
環境低負荷　164
カンチレバー　131

機械モビリティ　196
技術移転機関（TLO）　223
技術移転コーディネータ　223
機能回復訓練　206
機能的回復　208
逆圧電効果　17
逆運動学　145
キャビテーション　52，169，171
休止気筒　128
球面ステッピングモータ　146，149
球面同期モータ　147
球面モータ　143
球面誘導モータ　148
境界潤滑　40
境界潤滑状態　41
強制振動法　187
強誘電体メモリー　16
極性パターン　159
巨大磁気抵抗効果　77
筋硬度　194

空圧アクチュエータ　2
空気圧アクチュエータ　100
空気圧ゴム人工筋　101
空気圧シリンダ　100
空気式パラレルマニピュレータ　209
駆動電流　160
グリーンシート法　20

傾斜体外培養システム　183
形状記憶効果　25
形状記憶合金　5，25
健康寿命　201
研削加工　48
研削抵抗　49
顕微受精　182

高速フーリエ変換　191

後方楕円運動　96
高齢社会　201
固体核磁気共鳴　133
固定子　146, 150
固定度　199
コモンレール　122, 125, 167
転がり軸受　38
混合潤滑状態　41
コンタクトレンズ材料　185

さ　行

産学連携　222
酸化物超電導物質　153
三相交流　148
残留分極　15

仕上面粗さ　50
シート状湾曲空気圧ゴム人工筋　102
シェアーストレス　184
シェービング　60
歯科インプラント　199
磁気浮上列車　157
磁気ベクトルポテンシャル　65
磁場侵入長　154
車載シート　194
衝撃応答法　187
上肢用パワーアシストウェア　205
焦電効果　17
食事動作支援　206
真円度　50
新技術説明会　223
心筋細胞　179
進行波　212
ジンバル機構　147

水圧アクチュエータ　165
水素吸蔵合金　99, 165
水熱合成法　21

スクリーン印刷法　20
ストライベック線図　40
スパッタリング法　20
滑り軸受　38
スラグ流　140
スラリー　52
ずり弾性係数　191
ずり粘性係数　191

生活の質　202
生体機械インピーダンス　188
静的計測　186
静電アクチュエータ　5
積層型　93
接触コンプライアンス　189
節点力法　71
繊維強化　205
蠕動　185

走査型原子間力顕微鏡　129
走査型トンネル電子顕微鏡　129
走査型プローブ顕微鏡　129
相補型金属酸化膜半導体　74
ソフトアクチュエータ　6, 101, 102, 203, 233
ソフトアシストウェア　204
ゾルゲル法　21

た　行

第一種超電導体　154
体外受精　182
体外培養システム　177
体積相転移　31, 32
第二種超電導体　154
「大面積電子ビーム照射」法　46
多自由度　143
立ち上がり動作支援装置　206
単一共振モデル　190

弾性イメージング 188, 189
弾性係数 192
単分散液滴 138, 139, 140

チタン酸ジルコン酸鉛 18
着磁電流 160
着磁方法 159
中国地域産学官連携コンソーシアム 223
チューブ型スキャナ 130
超音波型 148
超音波振動子 95
超音波モータ 4
超高齢社会 144
超弾性効果 25
超短パルスレーザ 46
超電導アクチュエータ 151
超電導現象 152
超電導バルク体 151
超電導量子干渉素子 77
直流ヒステリシスループ 24

ディーゼルエンジン 121, 167
定格寿命 39
手首リハビリ支援装置 209
鉄コバルト合金 21
鉄損 23
電圧が与えられた有限要素法 109
電荷結合素子 74
電気機械結合係数 18
電気自動車用モータ 107
電磁鋼板 22
電磁ソレノイド 108
電子ビーム加工 41
電磁弁 125
電場応答性高分子ゲル 31

動的計測 187
動揺度 196

動揺度チェッカ 198
特殊加工 41
特殊環境 164
特殊環境アクチュエータ 234
トラクションドライブ 38
砥粒加工 51

な 行

内視鏡誘導用アクチュエータ 212
ナノエマルション 139

二酸化チタン 169, 171
日常生活支援 208
日常生活動作（ADL） 202
2方向大湾曲ラバーアクチュエータ 104
乳化 138, 139
乳癌触診シミュレータ 210

燃料噴射弁 109, 123

ノミナルモデル 105

は 行

排出抑制 166
バイモルフ型 93
把持動作 209
バックラッシュ 81
発光ダイオード 75
波動歯車装置 36
バブラ 212
パワーアシストグローブ 204

ピアシング 60
ピエゾアクチュエータ 123
ピエゾ駆動式 123
ピエゾスタック 125
ピエゾ素子 125
光応答性高分子ゲル 30

皮質骨　200
ヒステリシス　84
ヒステリシス損　23
非線形制御系設計法　86
非対称なバックラッシュ要素　83
非対称なヒステリシス特性　86
ヒト臍帯血管内皮細胞　178
表面粗さ　54
表面磁石型　114
ピン止め　155

ファイバーレーザ　44
フェライト　21
フォトダイオード　75
フォトリソ技術　56
不感帯要素　80
浮上原理　156
浮上力　161
浮動原理　52
不妊治療　178
ブラスト加工　54
フレキシブルマイクロアクチュエータ　103
分域　14
噴射圧力　125
噴射ポンプ　122

ペロブスカイト型　19
弁リフトカーブ　127
弁リフト量　127, 128

方向性電磁鋼板　22
放電加工　41
放電スライシング法　43
飽和分極　15
飽和要素　79
母性原則　48
ホロノミック　145

ポンプ損失　126, 128

ま 行

マイクロ円筒トラバース研削　49
マイクロ化学プロセス　134, 135, 136
マイクロ工具　61
マイクロシェーピング　60
マイクロ切削加工　56
マイクロ塑性加工　56
マイクロ電磁バルブ　142
マイクロドッティング　61
マイクロドリリング　58
マイクロパターニング　52
マイクロバニシング　60
マイクロパンチング　60
マイクロ放電加工　59
マイクロ歩行ロボット　103
マイクロミキサー　136, 137
マイクロリアクター　135, 136, 137, 138
マイクロリーミング　58
マイクロ流路培養系　184
マイクロロータリーリアクター　141
マイスナー効果　154
マクスウェルの応力法　70
マッキベン型空気圧ゴム人工筋　101
マッキンベン型ゴム人工筋　203
マッサージ効果　195
マルテンサイト　26

水環境浄化　169
ミニチュアアクチュエータ　232

ムーニー　94
無段変速機　38
無方向性電磁鋼板　22

メカニカルストレス　177
メカノセンサ　177

モータ　114

や 行

油圧アクチュエータ　2, 100, 165
有限要素法　64
遊星歯車装置　35

要介護　201
要支援　201

ら 行

ラジカル　171
卵管　183
ランジュバン型振動子　95
ランジュバン型ねじり振動子　139

リーチ機能　209
リニア電磁アクチュエータ　111
リハビリテーション　207
流体潤滑状態　41
量子化磁束　155
リラクサー　18
リレー要素　81
履歴曲線　16
臨界温度　152
臨界磁場　152
臨界電流密度　152

励磁システム　158
冷凍機装置　163
レーザ加工　41, 44
レーザダイオード　75

ローレンツ力　155
ロッカーアーム　127
ロボット関節　143

わ 行

ワイヤ放電加工　42
ワイヤ放電研削法　42
湾曲型空気圧ゴム人工筋　102

アクチュエータが未来を創る

2011 年 11 月 15 日　初　版

編　者　岡山大学アクチュエータ研究センター
発行者　飯塚尚彦
発行所　産業図書株式会社
　　　　〒102-0072 東京都千代田区飯田橋 2-11-3
　　　　電話　03(3261)7821(代)
　　　　FAX　03(3239)2178
　　　　http://www.san-to.co.jp
装　幀　菅　雅彦

© Actuator Research Center Okayama University　2011　　　印刷・製本　平河工業社
ISBN978-4-7828-4101-3　C3053